"十三五"国家重点出版物出版规划项目

现代电子战技术丛书

从电子战走向电磁频谱战
——电子对抗史话

From Electronic to Spectrum Warfare
——History of Electronic Countermeasure

姜道安　石荣　程静欣　等编著

国防工业出版社

·北京·

内 容 简 介

电子战又称为电子对抗,从诞生至今已有百余年的历史。本书主要以这段百年历史为创作素材,从电磁频谱的利用、占有、争夺与管控的视角对电子对抗的整个发展历程进行了全面细致的梳理和点面结合的阐释。主要包括:电子战的作战域;电子战的诞生,即 20 世纪前半叶两次世界大战中通信电子战、导航电子战、雷达电子战相继登上历史的舞台及其在电磁频谱中所开创的全新作战样式;电子战的兴起,即 20 世纪后半叶光电对抗将电子战的用频范围从微波频段拓展至光波频段,这一时期的越南战争和中东战争中交战各方在电磁频谱域展开了激烈的战斗;电子战的异军突起,即 21 世纪前后的海湾战争、科索沃战争、阿富汗战争、伊拉克战争中的电子战得到更加广泛的应用与全新的发展,充分体现了电磁频谱在现代战争中的重要地位与关键作用,更加突显了人类在电磁频谱域中作战的全新模式与关注重点。全书最后对电子战向电磁频谱战迈进过程中在认知电子战、协同电子战、综合一体化、小型化集成、高功率电磁武器、光电与微波的综合应用等方向上的新发展进行了展望,描绘了电磁频谱战生机勃勃的未来。

本书适合于使用电子对抗装备的部队指战员、装备的采办管理人员、装备发展规划的论证人员,以及装备设计研发的工程技术人员等参考与学习,同时也适合于愿意从全新的视角来理解与认识现代电子战与电磁频谱战的广大军事爱好者阅读。

图书在版编目(CIP)数据

从电子战走向电磁频谱战:电子对抗史话/姜道安等编著. —北京:国防工业出版社,2023.2(2024.8 重印)
ISBN 978 – 7 – 118 – 12747 – 8

Ⅰ.①从… Ⅱ.①姜… Ⅲ.①电子对抗 – 战争史 – 世界 Ⅳ.①E919

中国国家版本馆 CIP 数据核字(2023)第 022473 号

审图号:GS(2021)8405 号

※

国防工业出版社出版发行
(北京市海淀区紫竹院南路23 号 邮政编码100048)
雅迪云印(天津)科技有限公司印刷
新华书店经售

*

开本 710×1000 1/16 插页 8 印张 20¾ 字数 362 千字
2024 年 8 月第 1 版第 3 次印刷 印数 3001—4500 册 定价 148.00 元

(本书如有印装错误,我社负责调换)

国防书店:(010)88540777　　书店传真:(010)88540776
发行业务:(010)88540717　　发行传真:(010)88540762

"现代电子战技术丛书"编委会

编委会主任 杨小牛

院士顾问 张锡祥 凌永顺 吕跃广 刘泽金 刘永坚
　　　　　　王沙飞 陆 军

编委会副主任 刘 涛 王大鹏 楼才义

编委会委员（排名不分先后）
　　　　许西安 张友益 张春磊 郭 劲 季华益 胡以华
　　　　高晓滨 赵国庆 黄知涛 安 红 甘荣兵 郭福成
　　　　高 颖 刘松涛 王龙涛 刘振兴

丛书总策划 王晓光

丛书序

新时代的电子战与电子战的新时代

广义上讲,电子战领域也是电子信息领域中的一员或者叫一个分支。然而,这种"广义"而言的貌似其实也没有太多意义。如果说电子战想用一首歌来唱响它的旋律的话,那一定是《我们不一样》。

的确,作为需要靠不断博弈、对抗来"吃饭"的领域,电子战有着太多的特殊之处——其中最为明显、最为突出的一点就是,从博弈的基本逻辑上来讲,电子战的发展节奏永远无法超越作战对象的发展节奏。就如同谍战片里面的跟踪镜头一样,再强大的跟踪人员也只能做到近距离跟踪而不被发现,却永远无法做到跑到跟踪目标的前方去跟踪。

换言之,无论是电子战装备还是其技术的预先布局必须基于具体的作战对象的发展现状或者发展趋势、发展规划。即便如此,考虑到对作战对象现状的把握无法做到完备,而作战对象的发展趋势、发展规划又大多存在诸多变数,因此,基于这些考虑的电子战预先布局通常也存在很大的风险。

总之,尽管世界各国对电子战重要性的认识不断提升——甚至电磁频谱都已经被视作一个独立的作战域,电子战(甚至是更为广义的电磁频谱战)作为一种独立作战样式的前景也非常乐观——但电子战的发展模式似乎并未由于所受重视程度的提升而有任何改变。更为严重的问题是,电子战发展模式的这种"惰性"又直接导致了电子战理论与技术方面发展模式的"滞后性"——新理论、新技术为电子战领域带来实质性影响的时间总是滞后于其他电子信息领域,主动性、自发性、仅适用于本领域的电子战理论与技术创新较之其他电子信息领域也进展缓慢。

凡此种种，不一而足。总的来说，电子战领域有一个确定的过去，有一个相对确定的现在，但没法拥有一个确定的未来。通常我们将电子战领域与其作战对象之间的博弈称作"猫鼠游戏"或者"魔道相长"，乍看这两种说法好像对于博弈双方一视同仁，但殊不知无论"猫鼠"也好，还是"魔道"也好，从逻辑上来讲都是有先后的。作战对象的发展直接能够决定或"引领"电子战的发展方向，而反之则非常困难。也就是说，博弈的起点总是作战对象，博弈的主动权也掌握在作战对象手中，而电子战所能做的就是在作战对象所制定规则的"引领下"一次次轮回，无法跳出。

然而，凡事皆有例外。而具体到电子战领域，足以导致"例外"的原因可归纳为如下两方面。

其一，"新时代的电子战"。

电子信息领域新理论新技术层出不穷、飞速发展的当前，总有一些新理论、新技术能够为电子战跳出"轮回"提供可能性。这其中，颇具潜力的理论与技术很多，但大数据分析与人工智能无疑会位列其中。

大数据分析为电子战领域带来的革命性影响可归纳为**"有望实现电子战领域从精度驱动到数据驱动的变革"**。在采用大数据分析之前，电子战理论与技术都可视作是围绕"测量精度"展开的，从信号的发现、测向、定位、识别一直到干扰引导与干扰等诸多环节，无一例外都是在不断提升"测量精度"的过程中实现综合能力提升的。然而，大数据分析为我们提供了另外一种思路——只要能够获得足够多的数据样本（样本的精度高低并不重要），就可以通过各种分析方法来得到远高于"基于精度的"理论与技术的性能（通常是跨数量级的性能提升）。因此，可以看出，大数据分析不仅仅是提升电子战性能的又一种技术，而是有望改变整个电子战领域性能提升思路的顶层理论。从这一点来看，该技术很有可能为电子战领域跳出上面所述之"轮回"提供一种途径。

人工智能为电子战领域带来的革命性影响可归纳为**"有望实现电子战领域从功能固化到自我提升的变革"**。人工智能用于电子战领域则催生出认知电子战这一新理念，而认知电子战理念的重要性在于，它不仅仅让电子战具备思考、推理、记忆、想象、学习等能力，而且还有望让认知电子战与其他认知化电子信息系统一起，催生出一种新的战法，即，

"智能战"。因此,可以看出,人工智能有望改变整个电子战领域的作战模式。从这一点来看,该技术也有可能为电子战领域跳出上面所述之"轮回"提供一种备选途径。

总之,电子信息领域理论与技术发展的新时代也为电子战领域带来无限的可能性。

其二,"电子战的新时代"。

自1905年诞生以来,电子战领域发展到现在已经有100多年历史,这一历史远超雷达、敌我识别、导航等领域的发展历史。在这么长的发展历史中,尽管电子战领域一直未能跳出"猫鼠游戏"的怪圈,但也形成了很多本领域专有的、与具体作战对象关系不那么密切的理论与技术积淀,而这些理论与技术的发展相对成体系、有脉络。近年来,这些理论与技术已经突破或即将突破一些"瓶颈",有望将电子战领域带入一个新的时代。

这些理论与技术大致可分为两类:一类是符合电子战发展脉络且与电子战发展历史一脉相承的理论与技术,例如,网络化电子战理论与技术(网络中心电子战理论与技术)、软件化电子战理论与技术、无人化电子战理论与技术等;另一类是基础性电子战技术,例如,信号盲源分离理论与技术、电子战能力评估理论与技术、电磁环境仿真与模拟技术、测向与定位技术等。

总之,电子战领域100多年的理论与技术积淀终于在当前厚积薄发,有望将电子战带入一个新的时代。

本套丛书即是在上述背景下组织撰写的,尽管无法一次性完备地覆盖电子战所有理论与技术,但组织撰写这套丛书本身至少可以表明这样一个事实——有一群志同道合之士,已经发愿让电子战领域有一个确定且美好的未来。

一愿生,则万缘相随。

愿心到处,必有所获。

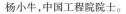

2018年6月

杨小牛,中国工程院院士。

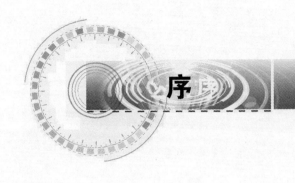

序

随着电子技术和光电技术的飞速发展,电磁频谱域已经成为现代战争中重要的作战域之一,并且正在成为决定未来战争胜负的关键。2015 年美国战略预算评估中心发布的一篇名为《电波致胜》的报告中首次提出了电磁频谱战的概念,它将整个电磁频谱视作一个"作战域",而电磁频谱域内的所有敌对行为、行动自然就叫作"电磁频谱战"。虽然概念被提出的时间不长,但实际上,自军方开始将电磁频谱用于作战行动以来,电磁频谱战就已经存在了。20 世纪前半叶,通信战、导航战和雷达战的相继出现标志着电磁频谱战的诞生,这一时期的电磁频谱战主要集中在微波频段;20 世纪后半叶,光电对抗的出现将电磁频谱战扩展到光波频段;21 世纪前后,电磁频谱战得到了更加广泛的应用与全新的发展,逐渐成为决定战争胜负的一个关键因素。《从电子战走向电磁频谱战——电子对抗史话》(简称《史话》)一书以第一次世界大战以来的历次战争为主线,重新梳理了电磁频谱战从出现到繁荣发展的精彩过程,既展现了电磁频谱战发展与探索的历史过程,又从历史发展的视角揭示了电磁频谱战的未来。

读史可以明鉴。《史话》一书:既关注历史,又放眼未来;既讲述典故与战例,又揭示背后的规律;既深入浅出,又融会贯通;既启迪思考,又点拨智慧;让读者在品味历史精彩的同时,感受到技术的伟大,让更多的有志于从事电磁频谱战研究的人员坚定信念,持续前行。本书非常适合于愿意从全新的视角来理解与认识电磁频谱战的广大相关从业人员和军事爱好者阅读。

中国工程院院士 杨烨

2022 年 6 月

前 言

  电子战作为现代战争的主角,在当今的高技术信息化作战中发挥着核心关键作用。电子战又称为电子对抗,从 1904 年诞生至今已有百余年的历史,在这期间不断地创新与融合,衍生出了众多的发展方向。当前电子战最新的发展趋势就是向电磁频谱战迈进,由此也充分体现出电子战与电磁频谱之间的紧密关联。本书取名为《从电子战走向电磁频谱战——电子对抗史话》,就是要从历史的沿革,梳理出电磁频谱中各种资源的利用、各种力量的争斗、各种思想的碰撞、各种火花的闪耀,让更多的投身于雷达探测、通信传输、导航定位、电子对抗等领域中的工程技术人员、装备采办与管理人员、装备使用与维修保障人员等都熟知这一段精彩而光辉的历史,当然本书也会展望电磁频谱战的未来前景,阐述电磁频谱战技术与装备的发展。以史为鉴可知兴衰与更替,要有正确方向的指引,我们在未来才不会迷茫,才能充满希望,所以本书既关注历史,又放眼未来;既讲述典故与战例,又揭示背后的规律,启迪思考、点拨智慧;围绕电磁频谱这一核心来展现电子战发展的辉煌与向电磁频谱战迈进的探索。

  全书共分 5 章,主要以演进时间与历史事件为两条主线,回顾了从电子战到电磁频谱战的整个发展历程并展望未来发展趋势。

  第 1 章从电磁理论的建立与电磁波的发现开始,简述电子战孕育的基础与环境,介绍了电磁波在无线通信、雷达探测、无线电导航、制导与干扰等主要领域的典型应用方式,体现了电磁频谱在现代战争中的重要作用,以及成为新的战略资源的必然发展规律,指出了电子战向电磁频谱战迈进的重要发展趋势。

整个20世纪前半叶是电子战诞生与蹒跚学步的时期,第2章就以这半个世纪的历史为背景,以两次世界大战为舞台,在回顾电子战诞生过程的基础上,对第一次世界大战中交战各方在电磁频谱中传递信息的通信应用、对电磁频谱的争抢,以及典型通信电子战战例进行了概述;对第二次世界大战中的导航电子战、雷达电子战的出现,以及通信电子战发展过程中所涉及的电磁频谱域中各次精彩的战斗进行了归纳总结,同时对上述在电磁频谱中作战的基本技术原理与典型作战装备进行了细致分析,构筑起了整个电磁频谱战斗空间的总体概貌。

第3章主要描绘了20世纪后半叶电子战茁壮成长的时期,在这一时期中光电对抗将电子战的用频范围从微波频段拓展至光波频段,同时也在电磁频谱中增添了新的作战方式。这一章主要讲述了越南战争和中东战争期间在电磁频谱域中所发生的激烈战斗,以及对战争最终成败的决定性影响,体现了电子战逐渐成为现代信息化作战中主角地位的历史确认过程,同时也反映这一时期在电磁频谱中作战的关键技术与典型用频装备的特点。

21世纪前后是电子战转型发展与异军突起的重要历史时期,从海湾战争、科索沃战争、阿富汗战争、伊拉克战争中我们可以发现电磁频谱中的战斗贯穿了整个现代高科技信息化战争的全过程,颠覆了只重火力打击的传统作战观念,将火力与信息并重、实体物理空间与电磁空间并重的全新战争观在世界各国的军事领域中广泛树立,这一段历史可以称为电子战走向成熟的时期。第4章主要对上述各次战争中电子战的应用与电子对抗技术及装备的发展进行了深入细致的阐述,同时也展现了电子战向电磁频谱战迈进的发展趋势与持续动力。

第5章主要从新技术与新装备发展的视角对电磁频谱战的未来进行了展望,分别以近期电磁频谱战中的热点与重点为基础进行了憧憬。人工智能点燃了认知电子战的引擎;网络化协同促进了分布式电子战的发展;综合一体化给电子战增添了多功能的特点;高集成奠定了电子战小型化的基础;高功率电磁武器成为电子战火力毁伤的重要手段;光电对抗拓展了电子对抗的作战空间……。总之,电磁频谱战是未来高技术信息化战争的主角,电磁频谱战是电子战更高阶的作战形式,电子战是赢得未来电磁频谱战的核心手段,谁掌控了电磁频谱,谁将占尽优势与先机。

本书从历史事件和电磁频谱的视角重新梳理了电子战的发展,同时也从发展的视角展现了电子战的未来,作为"现代电子战技术"丛书之一,本书在讲述历史的过程中也突出了电子战技术在历史上所发挥的关键作用,从历史事件中反映技术,从技术表述中揭示机理,通过技术花絮的讲解,做到深入浅出与融会贯通,让广大电子战从业人员既能品味出历史的精彩,又能感受到技术的伟大,让更多的有志于从事电子战事业的人员坚定信念,持续前行,这样我们创作的初心也就达到了。

全书由姜道安研究员总体策划、布局谋篇、主持编著并定稿成书。本书还汇集了电子对抗领域不同方向的专业人员,群策群力,共同完成了本书的编著,参与的人员主要包括石荣、程静欣、王晓东、梁达川、赵耀东、丁宇、武震、李鹏程、高由兵、梁超、常晋聃等。其中,王晓东和李鹏程从雷达对抗系统的角度编写了雷达对抗技术与装备的发展历程和未来的发展趋势;武震、赵耀东和高由兵分别从雷达探测、认知和对抗的角度介绍了微波频段电子对抗的发展历史;梁超和常晋聃则从作战应用的角度介绍了电磁频谱战的发展过程;梁达川和丁宇分别从光电探测与制导、激光武器发展和对抗的角度介绍了光波频段电磁频谱战的发展历史和未来的走向。中国电子科技集团公司第二十九研究所重点实验室的顾杰主任、刘江副主任、何俊岑副主任,以及中国电子科技集团公司第五十三研究所重点实验室的闫秀生副主任等对本书的编写给予了大力支持与帮助;刘永红老师和王晓光编审为本书的编辑出版做了大量工作。在此一并表示衷心的感谢!

编著本书的目的在于抛砖引玉,百家争鸣。由于水平有限,书中的疏漏与不当之处在所难免,欢迎广大读者不吝指教。

编著者

2022 年 8 月

目录

- 第1章 电子战之作战域：电磁波与电磁频谱 ································· 1
  - 1.1 电磁理论的建立与电磁波的发现 ···································· 1
  - 1.2 电磁波的典型利用 ·· 5
    - 1.2.1 利用电磁波传递信息——无线通信 ···························· 5
    - 1.2.2 利用电磁波发现目标——雷达探测 ···························· 7
    - 1.2.3 利用电磁波确定位置——无线电导航 ························· 10
    - 1.2.4 光频电磁波综合应用——探测制导与防护 ····················· 12
  - 1.3 电磁频谱成为新的战略资源 ······································· 18
  - 1.4 电磁频谱管控——从电子战到电磁频谱战 ··························· 25
    - 1.4.1 电子战的概念与内涵 ······································ 25
    - 1.4.2 从电子战到电磁频谱战 ···································· 27
  - 参考文献 ·· 29

- 第2章 电子战的诞生：两次世界大战中的电磁较量 ························· 31
  - 2.1 从民间用频冲突到军事用频干扰——诞生之际 ······················· 31
    - 2.1.1 民间对电磁频谱使用权的首次争抢——"美洲杯"快艇大赛 ··· 31
    - 2.1.2 军队在电磁频谱中的首次阻击行动——电子战诞生 ············· 32
  - 2.2 第一次世界大战前后电磁频谱的较量——起步之时 ··················· 35
    - 2.2.1 电磁空间的开放性——通信侦听显神威 ······················· 35

2.2.2　电磁波沿直线传播——无线电测向巧运用 ·················· 37
　　　2.2.3　电磁频谱亟待管控——电磁博弈建奇功 ······················ 42
　2.3　第二次世界大战前后电磁频谱的战斗——成长之初 ················ 43
　　　2.3.1　陆基无线电导航战——无线电导航与导航干扰的争斗 ······ 43
　　　2.3.2　利用电磁波的目标发现与掩盖——雷达探测与雷达
　　　　　　 对抗的争斗 ·· 58
　　　2.3.3　电磁波中的信息传输与阻止——无线电通信与通信
　　　　　　 对抗的较量 ·· 76
　　　2.3.4　1944年诺曼底登陆中的"霸王"行动——电磁频谱
　　　　　　 中战役级军事行动 ·· 85
　参考文献 ·· 87

第3章　电子战的兴起：越南战争和中东战争中的电子对抗 ············ 89
　3.1　越南战争前后 ·· 89
　　　3.1.1　无人机诱导侦察的先驱——"联合努力"计划 ················ 89
　　　3.1.2　防空压制战术的创新——"野鼬鼠"计划 ······················ 96
　　　3.1.3　电子战硬摧毁首次出现——"百舌鸟"反辐射导弹 ········ 99
　　　3.1.4　电子干扰云的雏形——干扰吊舱编队战术 ···················· 103
　　　3.1.5　专用电子战飞机的诞生——EA－6A ······························ 107
　　　3.1.6　光电制导技术的应用推动光电对抗登上历史的舞台 ······ 109
　3.2　中东战争前后 ·· 125
　　　3.2.1　电子战在第三次中东战争中的应用 ······························ 125
　　　3.2.2　电子战在反舰导弹对抗中的应用 ·································· 130
　　　3.2.3　电子战在贝卡谷地空袭中大显神威 ······························ 135
　　　3.2.4　光电对抗技术的广泛应用 ·· 137
　　　3.2.5　小结 ·· 142
　参考文献 ·· 143

第4章　电子战的异军突起：现代战争中的电磁频谱战 ···················· 145
　4.1　海湾战争前后 ·· 145
　4.2　科索沃战争 ·· 151
　　　4.2.1　科索沃战争中运用的主要电子战装备 ·························· 152
　　　4.2.2　科索沃战争中的电子战战术特点 ·································· 153
　　　4.2.3　科索沃战争中隐身神话破灭，电子战成为最大赢家 ······ 156
　4.3　阿富汗战争 ·· 156

4.4 伊拉克战争前后 …… 159
4.4.1 精确打击武器综合对抗手段 …… 159
4.4.2 电子战在 IED 反恐领域中大量应用 …… 168
4.4.3 反无人机领域中的电磁频谱战 …… 174
4.4.4 EA-18G 先进电子战飞机首次参与实战 …… 176
4.5 电磁频谱战装备与技术的进展 …… 177
4.5.1 雷达对抗技术与装备发展的新特点 …… 180
4.5.2 太空成为新的电磁频谱战场 …… 187
4.5.3 光电探测与精确制导技术的发展 …… 202
4.5.4 光电对抗技术迅速发展 …… 216
参考文献 …… 221

第5章 电子战发展新方向：智能化、网络化、综合一体化 …… 223
5.1 人工智能点燃了认知电子战的引擎 …… 223
5.1.1 从概念提出到走向繁荣 …… 223
5.1.2 人机大战的巅峰对决 …… 231
5.1.3 与电子战的不期而遇 …… 236
5.2 网络化协同促进了分布式电子战的发展 …… 243
5.2.1 网络化协同技术为分布式电子战提供了可能 …… 243
5.2.2 分布式协同电子战带来的作战效能提升 …… 244
5.2.3 典型的网络化分布式协同电子战项目 …… 245
5.2.4 无人"蜂群"技术催生新的分布式电子战作战方式 …… 248
5.3 综合一体化给电子战增添了多功能的特点 …… 250
5.3.1 综合一体化的概念和起源 …… 252
5.3.2 电子战装备综合一体化 …… 254
5.3.3 战场态势显示综合一体化 …… 258
5.3.4 其他一体化的发展 …… 270
5.4 高集成奠定了电子战小型化的基础 …… 272
5.4.1 美国国防部史上的四大元器件项目 …… 272
5.4.2 最新的先进电子战组件项目 …… 272
5.4.3 先进电子战组件目前取得的成果 …… 274
5.4.4 先进电子战组件项目的未来发展及影响 …… 275
5.5 高功率电磁武器成为电子战火力毁伤的重要手段 …… 277
5.5.1 高功率微波武器的发展 …… 277
5.5.2 高能激光武器彰显精准高效的定向攻击能力 …… 280

5.6　光电对抗拓展了电子对抗的作战空间 …………………… 290
　　　　5.6.1　光波与微波相结合的电子战 …………………………… 290
　　　　5.6.2　空间光电对抗 …………………………………………… 294
　　　　5.6.3　激光探测技术 …………………………………………… 298
　　5.7　从电子战走向电磁频谱战——掌控电磁频谱发挥现代战争
　　　　主角作用 ……………………………………………………… 302
　参考文献 …………………………………………………………………… 306
■主要缩略语 ………………………………………………………………… 310

第 1 章

电子战之作战域：
电磁波与电磁频谱

讲述电子对抗史话，就是要从历史的视角梳理和阐述与电磁频谱相关的军事斗争事件，展现其精彩的历程，反映其发展的规律，揭示其蕴含的智慧，所以我们首先需要对电磁频谱的特性、用途、价值，以及其与人类社会之间的关系有一个大致的了解。电磁频谱是指按电磁波的波长(或频率)连续排列的电磁波族谱，在军事上电磁频谱既是传递信息的一种通信载体，又是目标感知的一种探测媒介，已经成为现代战争中交战双方争夺的制高点之一。要全面认识电磁频谱，我们首先还得从电磁波的发现开始谈起。

1.1 电磁理论的建立与电磁波的发现

人类历史上的众多学科中知识的积淀与拓展都是从理论研究开始起步的，在此基础上才能展开试验验证与推广应用，电磁领域同样也不例外。

1) 基础电磁理论的创建

大家在"中学物理"课程中早就学习过了基础的电磁学理论，早已经熟知：自然界中的物体都由原子构成，而原子是由带正电荷的原子核与带负电荷的核外电子组成；带电粒子周围存在电场，这些带电粒子的定向运动就产生了电流，而电流周围又伴随着磁场，等。实际上这些基础的电磁理论在19世纪中就早已建立。

1820年，丹麦物理学家奥斯特(图1.1)发现：如果电路中有电流通过，它附近普通罗盘上的磁针就会发生偏移，这就是由电流产生磁场的效应。其中电流的大小与激励出磁场的强弱之间的定量关系可用安培环路定律来描述。

1821年，英国的法拉第从奥斯特试验中获得启发，认为如果磁铁固定，通电线圈就可能产生运动，根据这一设想他成功发明了世界上第一台电动机。1831年，法拉第在电磁试验中又发现：当一块磁铁穿过一个闭合线路时，线路中就会有电流产生，这就是由磁场产生电场的效应，又称为电磁感应。法拉第通过大量的试验数

汉斯·克里斯蒂安·奥斯特　　安德烈·玛丽·安培　　迈克尔·法拉第　　约翰·卡尔·弗里德里希·高斯

图1.1　基础电磁理论的奠基性人物

据分析与归纳总结，建立起了磁场激励电场的数学模型，这就是著名的法拉第电磁感应定律。

如前所述，安培环路定律揭示了由电场激励出磁场的规律，法拉第电磁感应定律揭示了由磁场产生电场的规律，再加上描述闭合曲面内的电荷分布与产生电场之间关系的高斯定律，共同构建起了19世纪初人类社会中电磁学的基础理论，为电磁波的发现奠定了前期理论基础。

2）发现电磁波——从理论到实践

1873年，英国物理学家詹姆斯·克拉克·麦克斯韦（James Clerk Maxwell，图1.2）站在前人的肩膀上，继承了高斯定律、安培环路定律、法拉第电磁感应定律的已有成果，在此基础上通过增加了磁通连续性定律，将电场与磁场的所有规律综合在了一起，建立起了完整的电磁场理论体系，其核心思想就是：变化的磁场可以激发涡旋电场，变化的电场可以激发涡旋磁场，它们之间相互激发并在空间中形成对外不断辐射的电磁波，由此提出了著名的电磁波传播假说，并指出光也是一种电磁波，同时首次利用数学模型描述了电磁波所具有的特性，这就是著名的麦克斯韦方程组，电磁波理论也由此诞生。

这一开创性工作永记史册，但麦克斯韦当时所使用的复杂数学公式与我们现在所见到简洁而优美的表达相差甚远，现在的麦克斯韦方程组实际上是1885—1887年一位名叫奥利弗·亥维赛（Oliver Heaviside）的科学家所提供的，他努力消除了麦克斯韦原始数学公式中的复杂性，引入了矢量符号，将物理的完美性与数学的高雅性推向了极致，如式（1.1）所示。而且他针对该方程组还列举了一个波导和传输线的实际应用实例，这些实例极大地推动了电磁波的应用性研究。由简化之后的麦克斯韦方程组可立即推导出亥姆霍兹方程，而这是一个典型的波动方程，因此从本质上揭示了电磁波的波动特性。对电磁波而言，单位时间内波动的次数

第1章 电子战之作战域：电磁波与电磁频谱

(a) 詹姆斯·克拉克·麦克斯韦

(b) 海因里希·鲁道夫·赫兹

图 1.2 人类发现电磁波过程中的两位杰出先驱

由频率这一物理量来描述，不同频率的电磁波便构成了整个电磁频谱，人类对电磁频谱的认识与利用也由此拉开了序幕。

$$\text{麦克斯韦方程组} \qquad\qquad \text{亥姆霍兹方程}$$

$$\begin{cases} \nabla \times E = \dfrac{-\partial B}{\partial t} - M \\[4pt] \nabla \times H = \dfrac{\partial D}{\partial t} + J \\[4pt] \nabla \cdot D = \rho \\[4pt] \nabla \cdot B = 0 \end{cases} \Rightarrow \quad \nabla^2 E + \omega^2 \mu\varepsilon E = 0 \qquad (1.1)$$

式中：E 为电场强度；$B = H\mu$ 为磁感应强度；M 为磁流密度；H 为磁场强度；$D = E\varepsilon$ 为电位移矢量；J 为电流密度；ρ 为电荷密度；μ 为磁导率；ε 为介电常数；ω 为波动角频率。

到目前为止，人类所有的电磁理论与应用实例都是建立在式(1.1)的基础之上，所以式(1.1)成为整个电磁领域的奠基之石。

对于从事数学与物理学研究的专业人士来讲，式(1.1)非常的简洁与优美；但对于普通大众而言，式(1.1)却是如此的深奥和迷茫。如果从工程应用的视角来观察式(1.1)中的4个数学等式，则：第一个等式的物理意义是可以由变化的磁场激励出电场；第二个等式的物理意义是可以由变化的电场激励出磁场；第三个和第四个等式描述了电场与磁场的闭合特性。电场与磁场相互激发，产生的电磁波就在空间中直线传播与扩散开去了。只要大家理解到此就足以阅读本书后续的内容。

如前所述，由于早期麦克斯韦方程组在数学表达上的复杂性，使得19世纪中只有极少数人能够深刻理解这一数学方程组所蕴含的重大物理意义,这其中有一位就是德国物理学教授和难得的天才试验工作者海因里希·鲁道夫·赫兹(Heinrich Rudolf Hertz)。他在1887—1889年间做了一系列试验,采用电火花放电向空间传播信号与感应接收的方式(试验装置与原理如图1.3所示)证实了麦克斯韦从理论上所预言的电磁波的存在,以及所具有的相关特性,从而在人类历史上首次推开了电磁空间中一扇神秘的大门,从此将人类领入了这一神奇而又伟大的电磁领域。

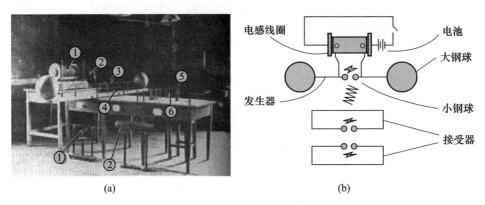

图1.3 赫兹的电火花放电试验装置与原理图

目前,人类社会中广泛使用的无线电台、雷达、广播、电视、手机、无线局域网、卫星导航等这些利用电磁波来工作的电子设备,它们的发明与应用都离不开历史上麦克斯韦的理论指导与赫兹的试验启发。如图1.4所示,从电磁频谱的角度来看:人类当前开发利用的电磁频谱已经非常广阔,各种应用不计其数,从波长为1000m量级的长波无线电到波长为1μm量级的可见光都在人们的生产生活与军事国防中发挥着极其重要的作用,但并不局限于此,更长或更短波长的电磁波在未来还会得到进一步的开发与利用。

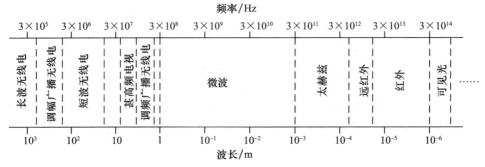

图1.4 由不同频率/波长的电磁波所构成的电磁频谱

由于电磁频谱的广域性,为了方便研究与应用,人们将整个电磁频谱进行了频段划分,基于不同的标准,划分结果也有差异,其中常见的电磁频谱的频段划分如表 1.1 所列。

表 1.1 常见的电磁频谱的频段划分列表

频段名称	频率范围	频段名称	频率范围
低频(LF)	30～300kHz	中频(MF)	300kHz～3MHz
高频(HF)	3MHz～30MHz	甚高频(VHF)	30～300MHz
超高频(UHF)	300～1000MHz	L 频段	1～2GHz
S 频段	2～4GHz	C 频段	4～8GHz
X 频段	8～12GHz	Ku 频段	12～18GHz
K 频段	18～26GHz	Ka 频段	26～40GHz
U 频段	40～60GHz	V 频段	50～75GHz
W 频段	75～110GHz	F 频段	90～140GHz

如前所述,图 1.4 与表 1.1 仅仅展现了电磁频谱中的一小部分,尽管如此,这一部分电磁频谱就如地球上的土地、水源、石油等自然资源一样,成为近百年以来人类社会发展与进步的核心资源,也是世界各国争抢与占有的焦点。自从人类诞生以来,战争就从来没有停止过,而战争的核心目的之一就是抢夺资源,电磁频谱作为一种重要资源同样也不例外,既有开发利用,也有强取豪夺;既有侵占之争,也有正义之战,这就是本书所要讲述的电磁频谱战的来由。下面我们首先从电磁频谱的代表性开发利用谈起。

1.2 电磁波的典型利用

目前,对电磁频谱的开发与对电磁波的利用已经扩展到了人类社会的方方面面。在此,我们主要从无线通信、雷达探测、无线电导航、可见光、红外与紫外频段的光波利用为典型代表来进行介绍。

1.2.1 利用电磁波传递信息——无线通信

在 19 世纪 80 年代,赫兹用试验证实了电磁波的真实存在之后,人类对电磁波的开发利用首先从信息传输与交换的通信领域蹒跚起步。

1897 年,意大利的古利莫·马可尼(Gugliemo Marconi)首次研发出能够在圣马蒂装甲巡洋舰与拉斯佩齐亚船坞之间建立起的无线电通信链路,其设备照片和工作原理如图 1.5 所示，该设备的传输距离达到 17.7km。经过改进之后，1899 年英国皇家海军在英国西海岸演习时，两艘巡洋舰和一艘战舰安装了马可尼的无线电通信设备，其通信传输距离达到了 143.2km。1901 年 12 月，马可尼采用中心频率为 310kHz、发射功率为 10kW 的发射机将莫尔斯字母 S（三个点）从加拿大纽芬兰发送到了相隔 3200km 以外的英国康沃尔。

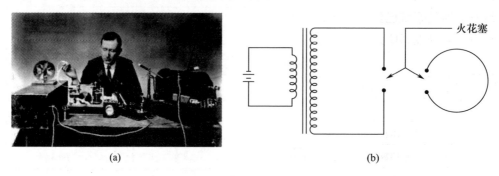

图 1.5　马可尼研发的火花塞无线电通信设备及原理图

在马可尼的开创性工作之后，人类利用电磁波进行无线通信的应用取得了飞速的进展，其里程碑事件概要总结如下：

1904—1920 年，开展了调幅无线电广播传输试验，第一个商业广播电台 KDKA 在美国的匹兹堡开始投入使用。1918 年，埃德温·霍华德·阿姆斯特朗（Edwin Howard Armstrong）改善了无线电差外差接收机，为无线电通信信号的高性能接收奠定了良好的基础。

1923—1938 年，无线电视开始测试与试验。

1939—1945 年，第二次世界大战期间频率调制的无线通信系统开始广泛应用于军事通信领域。

1962 年，人类进入卫星通信时代，第一颗通信卫星发射并得到应用，为人类搭建起了星地通信链路，实现了跨洲的远距离语音传输。

1965 年，在空间探索中的"水手"-Ⅳ号探测卫星从火星向地球传回了观测图片，使得人类在探索宇宙空间的道路上迈出了重要一步。

1966—1975 年，商用卫星通信中继服务开始投入应用，普通大众也能享受到卫星通信所带来的优越服务。

1972 年，美国摩托罗拉（Motorola）公司开发了蜂窝无线电话系统；在这一年人类也第一次实现了由卫星进行的跨大西洋的电视直播。

1981 年，美国联邦通信委员会（FCC）制定了相关的规则，并创建了商业蜂窝电话服务。1985 年，FCC 开放了 900MHz、2.4GHz 以及 5.8GHz 频带用于未经授权的无线电操作,并最终发展成为应用于短距离、宽带无线网络的 WiFi 技术标准。

1990—2000 年,无线数字通信逐渐兴起,数字寻呼机开始应用,第二代数字蜂窝电话系统 GSM 开始全球应用,WiFi 无线局域网逐渐普及。

从 2000 年开始,无线移动通信系统从 3G 逐渐向 4G 过度,到了 2020 年,5G 无线移动通信系统已经进入商业应用,而 5G 把人类的无线通信能力推向一个前所未有的新高度,5G 无线通信的典型性能指标如表 1.2 所列。

表 1.2　5G 无线通信的典型性能指标

核心指标	具体性能
无线传输的峰值速率	>10Gb/s
用户体验传输速率	≥100Mb/s
连接数量密度	百万连接/km²
业务密度	10(Gb/s)/km²
无线传输的端到端时延	毫秒量级

2014 年 6 月,美国国家航空航天局(NASA)宣布:国际空间站已经成功利用激光通信技术将一段时长 37s 的高清视频在 3.5s 之内传回了地面,开创了空间通信的新纪元。空间激光通信相对于传统的空间微波通信而言传输速度得到大幅度提高,利用微波通信传输同样的数据量要耗费 10min。

以上仅仅是从无线通信传输这一类应用来回顾百余年来人类利用电磁波传递信息的发展历程。以大家身边最熟悉的地面移动通信为例,目前已经广泛使用的 4G 无线移动通信给人们的生产生活带了极大的便利,而 5G 无线移动通信的到来会更高速、更高效、更智能,从而实现"信息随心至,万物触手及"的愿景,这足以展现人类利用电磁波进行信息传输的光辉业绩。

1.2.2　利用电磁波发现目标——雷达探测

1904 年,德国科学家克里斯琴·赫尔斯迈耶(Christian Hulsmeyer)获得了一项发明专利,他把无线电发射机与接收机按照一定的位置关系并排安装在一起,收/发采用不同的天线,电磁波从发射天线辐射出来之后从某个金属物体反射回来时能够激励接收机,以此来探测金属物体的存在。按照这一工作原理,该装置可用来探测海面上的船只、冰山等物体,赫尔斯迈耶把这一发明称为"机器望远镜",在他的发明中接收机在收到回波信号之后使一个铃铛发出声响,以提醒附近有其他船只。赫尔斯迈耶的这一发明可以看成是现代雷达的雏形,只不过在这一系统中只有目标探测功能,而没有距离测量能力。1904年5月,赫尔斯迈耶将他发明的这套设备安装在德国科洛涅的霍恩措伦桥上,用于探测莱茵河上来往的船只,当这些船只进入该设备的探测波束范围内时,铃铛就开始发出声响;在船只驶出波束覆盖范围铃铛就停止发音。当时的试验数据表明该装置的探测距离已经达到了大约3000m。

在那个年代,大家都没有意识到赫尔斯迈耶这项发明的巨大军事用途所在,直到大约20多年之后,使用电磁波来探测目标的思想才再次引起了人们的关注。20世纪30年代,英国、美国、法国、德国、荷兰、苏联、日本等国家都走上了独立研制针对空中飞行目标的实用性电磁探测装置的道路,这就是大家现在所说的无线电探测与测距设备——雷达(Radar)。雷达不仅可以在远距离上发现来袭飞机,而且还可以对海面舰船进行远距离探测。

在20世纪40年代第二次世界大战爆发之前,上述国家都独立研制出了各具特色的射频雷达,这些雷达的工作频率大多在甚高频(VHF)频段。例如:1934年美国海军研究实验室的R. M. 佩奇(R. M. Page)拍摄了第一张来自飞机的雷达短脉冲回波的照片;1935年英国与德国第一次试验验证了对飞机目标的短脉冲测距;1937年由罗伯特·沃森·瓦特(Robert Watson Watt)设计的第一部可使用的"本土链(Chain Home)"雷达在英国建成;1938年美国陆军通信兵的SCR-268雷达成为首部实用的200MHz防空火控雷达,该雷达后来生产了3100部,其探测距离超过185km;1939年美国研制了第一部实用的XAF舰载雷达,安装在美国海军"纽约"号战舰上对飞机的探测距离达到了157km。在第二次世界大战中,雷达(图1.6)成为交战双方探测飞机和舰艇目标的重要手段。

在雷达技术方面,第二次世界大战中的英国当时走在了世界的最前面,他们除了研制并部署了"本土链"射频雷达之外,在1940年就研制出了世界上第一支磁控管。当时的英国首相温斯顿·伦纳德·斯宾塞·丘吉尔(Winston Leonard Spencer Churchill)为了确保英国即使在遭到德国占领之后仍然能够持续战斗下去,他极力支持将英国的科研成果及时转移到美国,为英国保留技术根基。1940年11月,在不列颠战斗达到高峰时,丘吉尔派遣以亨利·托马斯·蒂泽德(Henry Thomas Tizard)爵士为首的技术代表团去美国,带去了伯明翰大学约翰·兰德尔(John Randall)博士和哈利·布特(Harry Boot)先生在几个月之前刚研制出来的高功率磁控管,该磁控管能够在3GHz工作频率上产生出前所未有的10kW微波功率,从而为后续微波雷达的研制创造了条件。实际上,在第二次世界大战中后期美军与英军已经开始使用3GHz的微波雷达,对整个第二次世界大战的胜利发挥了重要作用,因为在当时的电磁频谱争夺战中,交战双方都在

第1章 电子战之作战域：电磁波与电磁频谱

使用射频干扰机来干扰对方的雷达。但是，由于德国没有及时研制出1GHz以上微波频段的功率器件，导致其在面对盟军的微波雷达探测时，无法采取有效的有源干扰，在电磁频谱争夺战中处于劣势状态，这也使得其被动挨打的局面长久得不到扭转。值得一提的是，日本在1942年也独立研制出一种3GHz高功率磁控管，并开展了微波雷达探测试验，但后续一直没有投入实际应用。对盟军来讲，这是非常值得庆幸的，否则交战双方对电磁频谱的争夺将从VHF/UHF（超高频）频段迅速扩展至微波频段。

(a)

(b)

图1.6 第二次世界大战期间的典型雷达

从第二次世界大战结束至今，雷达在技术体制上得到了极大的发展，从传统的非相参脉冲体制发展到相参脉冲体制；从单脉冲体制发展到脉冲多普勒体制；从窄带点目标探测体制发展到超宽带合成孔径雷达（SAR）成像体制；从机械扫描体制发展到全数字阵列化体制。在雷达发射机输出功率上，从几十千瓦到几百千瓦，从几兆瓦到几十兆瓦。在探测距离上从几十千米到几百千米，目前能够从地面上探测空间卫星目标的雷达也投入使用，探测距离达到了成千上万千米。雷达的这一发展过程可由图1.7形象地表现出来。

另外，在电磁频谱利用过程中雷达的工作频段从最初的高频（HF）、VHF、UHF频段在20世纪60年代就已经发展到了L、S、C、X、Ku、K频段，随后又扩展至Ka频段、THz频段。实际上在激光雷达进入工程应用之后，几乎在电磁频谱的各个频段上都有雷达探测器的应用身影。雷达使用电磁波不仅实现了目标发现、测距与测速，而且还实现了目标成像与识别。

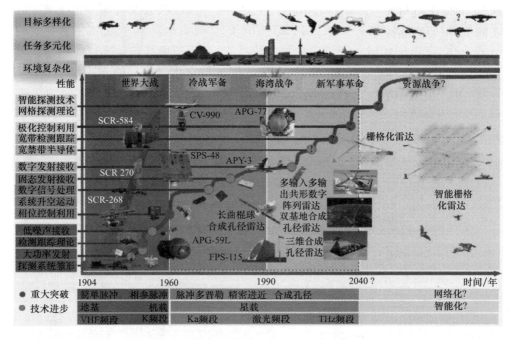

图1.7 雷达的发展历程(见彩图)

1.2.3 利用电磁波确定位置——无线电导航

电磁波在自由空间中以 $3 \times 10^8 \mathrm{m/s}$ 的光速沿直线传播,所以从理论上讲,只需要精确测量出电磁波从发射机到接收机之间的传播时间,便可计算出二者之间的距离等于光速与传播时间的乘积。无线电导航正是利用了电磁波的这一基本特性来完成导航任务。导航系统通常包括装在运载体上的导航设备,以及装在其他地方与导航设备配合使用的导航台,凡是导航台与移动载体之间用电磁波为媒介来实现导航的方式,通称为无线电导航,无线电导航的发展历史简要归纳总结如下。

第一次世界大战前后是无线电导航的发明阶段。此时以电磁波测向技术为基础,首先应用于航海领域;然后在航空领域应用。1912年,在航海中采用了0.1~1.75MHz频段的无线电罗盘和信标机实施导航。1929年,在航空中也开始使用0.2~0.4MHz频段的四航道信标机和无线电罗盘。随后,建立了大量的信标台,其上安放信标机,无线电罗盘导航得到了更加广泛的应用。图1.8所示为B-24轰炸机上使用的无线电罗盘,工作时罗盘上的指针会自动指向信标台所在方向,从而为飞机提供自身相对于信标台的方位信息。飞行员只要选择几个已知位置的信标台,并使飞机与之保持相应的角度,就可以通过测向交叉定位原理推断出自己所在的位置,便能够按照预定航线顺利飞抵目的地。

(a) B-24轰炸机上使用的无线电罗盘

(b) 奥福德岬信标台

图 1.8 早期的无线电罗盘与信标台照片

在第二次世界大战期间,无线电导航系统得到了迅速发展。1941 年出现了仪表着陆系统和精密近进雷达;1942 年出现了台卡导航系统;1943 年基于双曲线定位原理引入了罗兰 – A(Loran – A)导航系统,该系统发射载频为 2MHz 的脉冲信号,导航作用范围达到了约 741km;1946 年伏尔甚高频全向信标机开始使用;1949 年测距器近程航空导航系统出现。

1955 年,出现了罗兰 – C(Loran – C)导航系统,虽然载频降低为 100kHz,但导航作用距离扩展至大约 1852km,单次定位精度为 460m,重复定位精度为 18 ~ 90m。同年,塔康(TACAN)战术航空导航系统开始应用,工作频段扩展至 960 ~ 1215MHz,主要为军用飞机平台实施导航。

1958 年,奥米伽(Omega)导航系统开始应用,采用连续波信号,工作频率为 10 ~ 14kHz,同样基于双曲线定位体制,信号可穿透水下 10m 以上,定位精度为 3 ~ 7km,数据更新速率 0.1 次/min。虽然该系统的定位精度并不高,但使用 8 个导航台就可实现全球覆盖,而且还可以为行驶于较浅海域中的潜艇提供导航定位服务。

由此可见,自从无线电导航在第一次世界大战前后诞生以来,由于军事需求的牵引在第二次世界大战中迅速发展,第二次世界大战战后在此基础上得到了进一步的完善,基本形成了当前的陆基无线电导航格局。航海用的无线电导航系统以双曲线定位体制为主,航空用的无线电导航系统则以测距测向体制为主。从 20 世纪 50 年代以来,各种陆基无线电导航系统通过组网方式基本完成了全球覆盖;虽然目前卫星导航系统已经广泛应用,但上述陆基导航系统仍在继续使用,并且还在持续发展之中。

从20世纪50年代开始,美国与苏联就启动研发卫星导航系统。子午仪是美国海军研制的世界上第一个投入使用的全球卫星定位系统,其主要目的是为潜艇和水面舰艇提供全球导航定位。1958年开始研制,1964年发射第一颗人造地球卫星并投入使用,1988年发射最后一颗人造地球卫星,经过32年的连续运行之后,于1996年底退役。子午仪实际上揭开了卫星导航定位时代的序幕,成为人类历史上第一代全球卫星导航系统,如图1.9(a)所示。

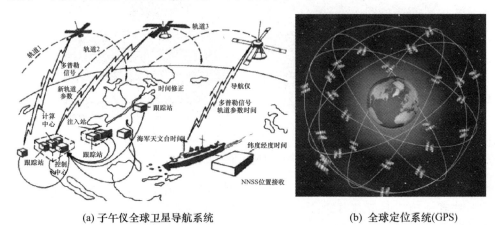

(a) 子午仪全球卫星导航系统　　　　(b) 全球定位系统(GPS)

图1.9　第一代与第二代全球卫星导航系统

20世纪70至80年代,美国国防部在子午仪的基础上,开始研制第二代全球卫星导航系统(GPS),这是一个由24颗卫星、地面控制站和用户设备构成的星基无线电定位系统,如图1.9(b)所示。在全世界任何地方、任何气象条件下为用户提供实时、连续、高精度的三维位置、速度和时间等导航信息,全球定位系统(GPS)解决了无线定位系统覆盖范围和定位精度之间的矛盾。除了美国及其盟国军用以外,还可供世界各国民用。

在此之后,世界各国掀起了研发卫星导航系统的高潮,目前美国的GPS,俄罗斯的格洛纳斯(GLONASS),中国的北斗卫星导航系统,欧盟的伽利略卫星导航系统构成了世界上四大全球卫星导航系统。除此之外,还有印度的区域卫星导航系统(IRNSS),日本的准天顶区域卫星导航系统(QZSS)等。这些卫星导航系统使得无线电导航发展到了一个全新的阶段,同时也拓展了人类对电磁波利用与开发的新方向。

1.2.4　光频电磁波综合应用——探测制导与防护

实际上,非科学用意的光频电磁波的军事应用可追溯到2千多年以前。在

第1章 电子战之作战域：电磁波与电磁频谱

古代，侦察和作战主要依赖于目视，光频段的应用和对抗主要集中在可见光波段。传说早在公元前221年，阿基米德就曾让守城战士用多面大镜子汇聚太阳光照射引燃罗马舰队的船帆。古希腊步兵在战斗中曾用抛光的盾牌反射太阳光致眩敌人。1415年，亨利五世的射手们就是等待太阳光晃射法国士兵的时候发动攻击。在可见光对抗方面，作战双方为了隐蔽作战企图和作战行动，经常采用各种伪装手段或利用不良天候、扬尘等来隐匿自己，干扰、阻止敌方的侦察、瞄准。而在我国，类似于"草船借箭""烽火狼烟"等可见光频段电磁波的应用在历史上比比皆是。

第一次世界大战期间，英国为了减少军舰被潜艇攻击而造成的损失，在船体上涂抹分裂的条纹图案以掩饰船体的长度与外貌，可以有效防止潜艇计算出合适的瞄准点。第二次世界大战期间，光学的应用和对抗受到进一步重视。德军将新研制成功的红外夜视仪在坦克上应用；美军也将刚刚研制出的红外夜视仪用于肃清固守岛屿顽抗的日军，在当时的夜战中均发挥了重要作用。参战各国还纷纷采用各种不同的手段对抗目视、光学观瞄器材。烟幕作为可见光对抗的主要手段得到广泛应用，并取得了十分显著的效果。1941年11月，俄军首次使用发烟罐施放烟幕，掩护部队行动。苏军在强渡第聂伯河战役中，用烟幕遮蔽了69个渡口，德军虽出动2300架次以上的飞机进行狂轰滥炸，仅有6枚炸弹命中目标。烟幕、伪装等至今仍是光电对抗体系的重要组成部分。

在第二次世界大战以后，随着硫化铅红外探测器件、红宝石激光器等的发明，光学技术与电子技术紧密结合在一起。人们对光的探测能力从可见光逐步向紫外、红外频段扩展，形成了更宽频段上的侦察、制导能力。在对光的利用上，从以前只能被动利用自然界已有的光到可以主动按照需求产生和调控光，形成了激光雷达、激光制导武器等光电装备。

1.2.4.1 利用光频电磁波识别威胁——光电探测与侦察

我们能够看到物体是因为人眼接收到了来自物体表面的光，这些光主要来自物体表面的反射和物体自身的辐射。反射光的强度和波长由环境光和物体表面的反射性质共同决定。白天时的环境光通常是太阳光，属于我们常说的"白光"，其频率从紫外到可见光一直延伸到红外频段。不同物体的表面会对太阳光的不同频段选择性地反射或吸收，在人眼看来就会形成不同的颜色。而在夜晚或环境光很弱的情况下，物体表面的反射光也变得很弱，我们就无法看到物体。

除了反射光以外，任何有温度的物体都会不停地自发向外辐射电磁波，即使是夜晚，我们也可以通过接收物体自身辐射的电磁波来观测物体。通常情况下，物体辐射的电磁波处于红外光频段，需要特殊的红外探测器才能观察到。物体自身辐射的光波长和强度与物体的温度有关，温度越高辐射光的波长越短、强度越大，炼钢时高温的铁锭发出的红色甚至白色的亮光就是属于自发辐射，生活中常用的白炽灯的光也是一种高温钨丝产生的自发辐射。飞机或坦克的发动机在工作时的温度很高，会产生很强的红外辐射光，与周围环境形成强烈对比，红外制导的武器就是通过这些红外辐射光来锁定飞机或坦克，进而对其发动攻击。目前，在军事上大量应用的光电侦察告警设备、电视/红外制导武器就是利用各种光电探测器收集目标反射或自发辐射的不同频段的光波来获取目标的位置、形状、材质等信息。

光电侦察告警装备是基于光波在目标与背景上的反射或者基于目标与背景之间自身辐射电磁波的差异来达到目标探测与识别的目的，可以用于对目标进行告警、跟踪、瞄准的军事侦察仪器或系统。其与微波、声学、磁学等侦察装备相辅相成、相互补充，共同构成一个完整的战略战术的侦察告警体系，为各级指战员快速、准确、全面地掌握敌情，提供了先决前提条件。

光电侦察告警装备最主要的优点在于其具有较高的成像分辨率，可以提供较清晰的目标图像，就这点而言，其他侦察装备是无法与其相比的；另外，大部分光电侦察装备都是被动型的，具有很好的隐蔽性，不易被敌方探测到；而且，由于光传播时具有很好的方向性，因此其抗干扰能力会强于其他手段，可以在强电磁对抗环境下工作。随着红外探测器技术的不断发展，光电侦察告警装备也可以实现全天候的工作。

在军事上，光电侦察设备可以用于执行战斗、战役、战略3个不同层次的侦察任务。例如：可以用来探测与跟踪洲际导弹的发射，探测洲际导弹发射井与机动洲际导弹的位置；可以用来监视空中、地面、地下核武器爆炸试验的发生；探测与跟踪水面舰艇与水下潜艇的活动情况；探测地面与地下埋设的地雷，探测化学战剂的使用情况；探测与跟踪飞机与战术导弹的来袭情况；探测与监视敌方部队的活动，可以对战场进行监视并且还可以时刻对敌方打击效果进行侦察评估。

光电侦察装备由于其在搜集战术战略情况过程中所起的重要作用，世界各国在各个领域，如卫星、无人侦察机、固定翼飞机、地面车辆以及固定侦察阵地等方面广泛地采用各种光电侦察器材。基于探测器不同的工作频段，现可以将侦察装备分为可见光侦察装备、微光侦察装备、红外侦察装备和光电综合侦察装备。而光电告警设备则特指用于对来袭的光电武器进行威胁告警的设备。它利用光电技术手段对来袭的光电武器、侦察器材以及武器平台或弹药所辐射或散射的光波信号进行截获和识别，获取威胁情报和参数信息，并发出告警。根据告警设备的工作频段或光源类别，光电告警设备一般分为激光侦察告警设备、红外侦察告警设备、紫外侦察告警设备等几种，同时具有两种或以上频段告警能力的告警装备称为光电综合告警装备。

光电侦察告警以被动工作方式为主,具有目标定位精度高、反应速度快等特点。其定向精度一般根据实际需要而选定,一般情况下,定向禁锢的做到十几度或几十度即可满足要求;当光电侦察告警信息引导跟踪瞄准装备时,则需要目标定向精度达到毫弧度量级。光电侦察告警的反应时间可做到毫秒量级,具有准实时性。

光电侦察告警有多种体制,装载于飞机、舰船、战车、卫星、固定目标等多种平台上,快速判明威胁,确定威胁特性和来袭方位信息,实时向武器平台提供威胁告警信息,以采取必要的对抗措施或规避行动。

1.2.4.2 利用光频电磁波引导攻击——光电精确制导

精确制导武器是指通过采用先进的信息技术,在导弹或弹药的飞行过程中,能够不断测量目标信息并修正自身的飞行航线和状态,保证最终准确命中目标的武器。精确制导武器是信息技术发展的产物,是一系列先进技术的综合体。精确制导技术分类有多种,按探测器工作波段可以分为光学、射频和声学3类,其中光学精确制导技术通常具有最高的制导精度,至今有70%的精确制导武器采用了光学精确制导技术。与微波探测相比,光波探测具有分辨率高、易于成像、测量精度高、无多路径影响、隐蔽性好、重量轻、体积小等优点;但也有明显不足之处,即受天候影响较大,在大气层内作用距离不能太远。常见的光学精确制导技术有电视制导、红外制导、激光制导和光电复合制导等。

电视制导是利用电视摄像机捕获、识别、定位、跟踪直至摧毁目标,电视制导的方式有三种。①电视寻的制导:电视摄像机装在精确制导武器的弹体头部,由弹上的摄像机自动寻的和跟踪。②电视遥控制导:精确制导武器上装有微波传输设备,电视摄像机摄取的目标及背景图像用微波传送给制导站,由制导站形成指令再发送回来,导引精确制导武器命中目标。这种制导方式可以使制导站了解攻击情况,在多目标情况下便于操作人员选择最重要的目标进行攻击。③电视跟踪指令制导:外部电视摄像机捕获、跟踪目标,由无线电指令导引精确制导武器飞向目标。

电视制导分辨率高、工作可靠、成本低,不易受到电子干扰,制导精度高,可直接成像,便于鉴别真假目标,而且技术成熟。国外20世纪70年代就开始研究应用,如"白星眼"(AGM-62 Walleye)空地导弹、"幼畜"(AGM-65 Maverick)空地导弹、AGM-114反坦克导弹、KAB-1500KR航空制导炸弹等制导武器,在空间与大气层外等动能拦截器上也得到了应用。电视制导在烟、雾、尘埃等影响下能见度低,作战效能下降,被动成像难以获得距离信息。由于自身存在的不足,传统的电视制导朝着复合制导、自主寻的、高精度、智能化方向发展。

红外制导则是利用红外探测器捕获和跟踪目标自身辐射的能量来实现寻的

制导的技术。红外制导技术分为红外成像制导技术和红外点源(红外非成像)制导技术。红外非成像制导技术就是利用红外探测器捕获和跟踪目标自身所辐射的红外能量来实现精确制导的一种技术手段,它的特点是制导精度高,不受无线电干扰的影响,可昼夜作战,但它的正常工作受云、雾和烟尘的影响,作用距离有限,一般用作近程武器的制导系统或远程武器的末制导系统。红外成像制导的图像质量与电视相近,但却可在夜间和低能见度下作战,已成为制导技术的一个主要发展方向。采用红外点源或亚成像制导技术的武器主要有:美国的"红眼睛"(FIM-43,Redeye)防空导弹、"毒刺"(FIM-92,Stinger)防空导弹、法国的"西北风"防空导弹(Mistral Missile)、俄罗斯的"萨姆"-7(SAM-7)防空导弹和中国的"红缨"五号防空导弹等。采用红外成像制导技术的武器有"智能卵石"(Brilliant Pebbles)拦截弹、美以合作研制的"箭"-2(Array-2)反导系统、美国"战斧"(BGM-109,Tomahawk)巡航导弹、英法共同研制的"风暴前兆"(StormShadow)巡航导弹等。

激光制导是由弹外或弹上的激光束照射目标,弹上的激光导引头等制导装置利用目标漫反射或敏感发射光束,跟踪目标引导导弹或制导炸弹命中目标的制导技术。激光制导分为半主动寻的制导、驾束制导和主动寻的制导等方式。目前使用最多的是照射光束置于弹外的激光半主动制导技术。半主动制导的典型型号有美国的"宝石路"(Paveway)系列炸弹、"海尔法"(AGM-114,Hell fire)反坦克导弹、"铜斑蛇"(M712,Copperhead)激光制导炮弹、法国的AS·30L空地导弹、俄罗斯的X-29式空地导弹、"红土地"-M2制导炮弹;驾束制导的典型型号有瑞典的RBS-70便携式防空导弹、瑞士的"阿达茨"(Adatz)导弹等。由于激光可形成二维强度像和三维像,且图像稳定,便于识别算法的软件实现与处理,激光主动成像制导技术是激光制导的发展方向之一。

光电复合制导是指采用两种或多种模式的寻的导引头参与制导,共同完成导弹的寻的制导任务。随着制导导弹在攻击过程中遇到的对抗手段越来越多、越来越复杂,以及目标的隐身、掠地(海)进攻等战术的应用,采用传统的单一模式寻的制导已经不能完成作战使命,因而出现了双模式或多模式复合寻的制导技术,并已成为世界各国研究的热点。目前,在精确制导武器中已采用的或正在发展的多模复合导引头主要采用双模复合的形式,其中主要有微波/红外、毫米波/红外、激光/红外、可见光/红外、红外/紫外、激光/激光雷达等。这些复合制导模式最大的优点就是可以相互取长补短,具有综合优势,有效地提高制导精度和抗干扰能力。多模制导的典型代表有美国的"毒刺"防空导弹采用红外/紫外双模导引头、法国的"秃鹰"(AGM-53A Condor)空地导弹采用毫米波/红外复合制导,美国的"拉姆"(RAM)舰空导弹采用被动雷达与红外复合制导。中波红外/长波红外的双波长导引头在区域高层反导系统中将得到应用。其他国家也都在积极发展复合制导武器，21世纪多模复合制导将会有更大的发展，甚至会成为精确制导技术的主要方式。

技术花絮——光

光是一种电磁波。狭义地讲，光是指人眼能够观察到的特定频段的电磁波，广义的光还包括人眼不可见的更低频的红外光和更高频的紫外光乃至X射线。除了具有电磁波所特有的衍射、干涉现象以外，光与物质作用时还表现出明显的粒子性，人们称光形成的粒子为光子。

19世纪70年代，麦克斯韦首次在理论上指出，变化的电场和变化的磁场可以相互激励产生电磁波，而这种波的传播速度等于光速，于是推断光可能也是一种电磁波。在麦克斯韦去世后不久，赫兹通过实验证明了麦克斯韦理论的正确性。事实上，如图1.10所示，从低频率的交流电传输，到高频率的无线通信和雷达探测，再到更高频率的各种颜色的光波，再到极高频率的放射射线，人们已知的电磁波频谱可以跨越24个量级。而人眼能看到的光只是整个电磁频谱上极小的一部分，它的频率范围约为$(3.9 \sim 7.7) \times 10^{14}$ Hz，相应的波长范围为390～760nm。在可见光的频段，不同的频率或波长的光具有不同的颜色，其中红色光的频率最低，紫色光的频率最高。因此人们把频率比红光更低的不可见光称为红外光，而把频率比紫光更高的光称为紫外光。

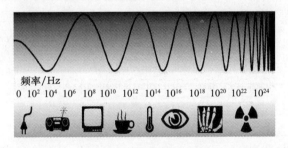

图1.10 电磁频谱分布

光的来源主要有三种。

第一种是热辐射，任何有温度的物体都会不停地向外发射光，物体的温度越高，发射的光的波长越短。室温下的物体发出的光一般都位于红外波段，人眼不可见，而当其温度足够高时则可以发出可见光，白炽灯发出的光就是高温的钨丝产生的热辐射光。

(续)

> 第二种是荧光，当电子由能量高的能级或能带向低的能级或能带跃迁时，就会将减少的能量以光的形式发射出来。荧光通常具有特定的波长，我们常用的发光二极管（LED）灯发出的光就属于荧光，现在绝大部分的激光实质上也是一种荧光。
>
> 第三种就是带电粒子加速运动产生的光，大型粒子对撞机工作时需要对带电粒子进行加速使其获得巨大的能量，在这一过程中，带电粒子会发出高亮度的 X 射线，在生物、物理、医学等方面具有重要应用价值。

1.3 电磁频谱成为新的战略资源

如前所述，人类利用电磁波来实现信息的传递、目标的探测和位置的确定，分别开发了通信、雷达和导航三大应用方向，并在此基础上将电磁波的用频范围从微波频段向光波频段进行了扩展，从而确立了电磁频谱在人类发展史上的重要地位。下面，分别从微波频谱与光波频谱这两个方面来分析电磁频谱成为战略资源的发展过程。

1）微波频谱

无线通信与雷达探测是微波频谱中两个最大的应用方向，如果二者不进行相互协调，它们对微波频谱的占有与利用也会产生矛盾与冲突，因为在一个局部空间内电磁频谱资源是有限的，同时也是宝贵的。针对这一有限的资源，国际电工委员会（IEC）对电磁频谱的划分与利用有着非常严格的规定。以卫星通信用频与雷达用频为例，国际电工委员会对微波频段各自使用频率的划分规定如表 1.3 与表 1.4 所列。

表 1.3　国际电工委员会对卫星通信频率使用的部分规定

频段名称	卫星通信用频范围
VHF 频段	240～400MHz
L 频段	1535～1558.5MHz；1636.5～1669MHz
S 频段	2500～2690MHz；3700～4000MHz
C 频段	4000～4200MHz；5925～6425MHz；7250～7750MHz；7900～8000MHz
X 频段	8000～8400MHz；10.9～12.0GHz
Ku～K 频段	12.0～12.75GHz；14.0～14.5GHz；20.2～21.2GHz
毫米波频段	30.0～31.0GHz；43.5～45.5GHz

第1章 电子战之作战域：电磁波与电磁频谱

表1.4 国际电工委员会对雷达频率使用的部分规定（Ⅱ区）

频段名称	雷达用频范围
VHF 频段	138～144MHz;216～225MHz
UHF 频段	420～450MHz;890～942MHz
L 频段	1215～1400MHz
S 频段	2300～2500MHz;2700～3700MHz
C 频段	5250～5925MHz
X 频段	8500～10680MHz
Ku～K 频段	13.4～14.0GHz;15.7～17.7GHz;24.05～24.25GHz
毫米波频段	33.4～36.0GHz;59～64GHz;76～81GHz;92～100GHz

从国际电工委员会对卫星通信用频和雷达用频的频段划分的上述规定可见：在同一个地区，二者的频段占用是完全独立的，从而确保了两类不同应用之间不会产生微波频谱使用上的相互冲突与干扰。

实际上，在现代战争中战场用频设备日益增多，特别是雷达探测器、无线通信网络等的大量使用，使得微波频谱成为重要的稀缺资源，竞争与拒止首先在微波频谱中展开，智能化的频谱利用与控制技术顺势得以发展。各种各样的电磁频谱应用造就了纷繁复杂的电磁环境，无论是在时间维度、空间维度、还是在频率维度、极化维度都对交战各方产生了巨大影响。从1975—2007年微波频谱的占用情况如图1.11所示，通过相互的对比可深刻体会到微波频谱资源的日趋紧张，并切身感

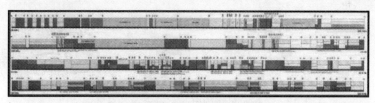

(a) 1975年对微波频谱的占用情况

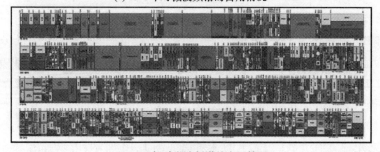

(b) 2007年对微波频谱的占用情况

图1.11 日益密集的频谱占用与纷繁复杂的电磁环境（见彩图）

受到对微波频谱实施有效开发与利用的巨大压力。

随着人类认识的深化和应用能力的提升,可使用的电磁频谱资源的范围虽然已经极大地拓展,但电磁频谱资源的总量仍是有限的,利用得越多越广泛,其稀缺性也越加显现,特别是在战场上,敌我双方对电磁频谱资源的大量使用,使电磁频谱资源越发紧张,这也就确立了电磁频谱资源的重要战略地位,如图1.12所示。

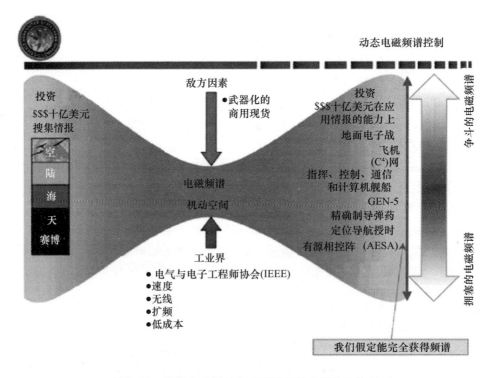

图1.12　战场上可用的电磁频谱资源的稀缺性体现

2）光波频谱

随着微波频段的频谱资源的日趋紧张,人们将目光投向了更高频的频谱空间——光波段。与微波不同,光波由于波长更短,因此具有更好的方向性和抗干扰能力,在同一个空间内,可以容纳更多的传输通道。另外,更短的波长也导致光波更容易被大气散射和吸收,导致其传播距离和可用的频谱宽度受限。

在可见光到近红外波段,大气的透射谱如图1.13所示,可以看出,尽管光波段覆盖的频谱很宽,但可以在大气中远距离传输的波段很少,这些波段我们称为大气的"窗口"。在可见光到近红外波段,大气的"窗口"如表 1.5 所列。而在红外波段,大气的"窗口"主要落在 3～5μm 的中波红外和 8～12μm 的长波红外区间。另外,在光波段,空气中的颗粒物,乃至空气分子本身都会对光产生较强的散射效应导致光的传输距离减小。

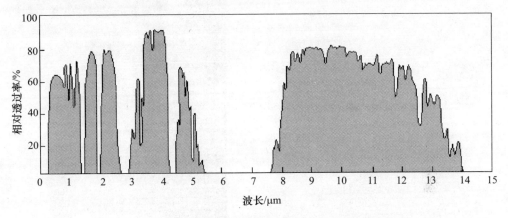

图 1.13　大气的吸收谱

表 1.5　可见光-近红外波段的大气窗口及其透射率

光谱波段	近紫外窗口	可见光窗口	近红外窗口	短波红外窗口	
$\lambda/\mu m$	0.3～0.4	0.4～0.7	0.7～1.1	1.5～1.8	2.05～2.40
透射率/%	70	95	80	60～95	>80

除了大气窗口的限制,对于激光雷达、激光制导等需要使用激光进行主动探测或指示的应用而言,光波段的频谱资源还要受到激光器波长的限制。激光器通常具有很窄的频谱宽度,且可调节的频谱范围很小。图 1.14 给出了现有的激光器波长分布和现阶段所能达到的功率水平。随着激光器技术的发展,激光器的波长已经基本可以覆盖从近紫外到远红外的光谱范围。然而,其在军事上的应用仍然受到激光器功率、体积、效费比等因素的限制,这也导致目前投入实际应用的激光器种类很少,频谱空间利用率非常低。

一方面大气传输特性和现有的激光器技术水平限制了光电设备的用频范围;另一方面,光电技术在军事上的应用日趋广泛,已经覆盖侦察、告警、制导、通信、伪装、欺骗、干扰、激光武器等方方面面,这就导致越来越多的光电设备需要共用相同的频谱空间,如表 1.6 所列,从而导致了光波频段的使用矛盾更加突出、争抢对抗更加激烈。

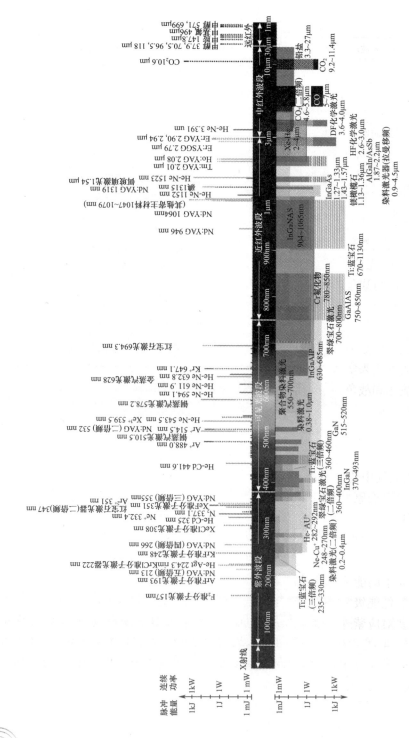

图1.14 现有的激光器波长及功率分布图(见彩图)

表1.6 光电装备的用频范围

光波段军事装备	工作波段或波长/μm
激光测距机	1.06、1.54、1.57
激光雷达	1.06、10.6
红外侦测及红外搜索跟踪装备	3~5、8~12
电视跟踪及微光夜视装备	0.38~0.76
红外点源制导	1~5、8~12
红外成像制导	3~5、8~12
激光制导	1.06
电视制导	0.38~0.76
强激光武器	1.06、1.315、3.8、10.6

综上所述，无论是微波频段还是光波频段，电磁频谱资源的总量是有限的，而且这一资源还与战争的成败紧密相关。如何有效利用与控制电磁频谱资源，以保证己方在电磁空间中的行动自由，并限制敌方的行动自由，正成为获取战场信息优势的核心关键要素。这也就自然引出了电磁频谱管控的必要性与紧迫性，在民用方面的管控主要是通过协商与协调的方式进行，而在军用方面的管控则是通过战斗与战争的方式来实现，这就引出了本书的主题——电磁频谱战，即在电磁频谱域中发生的战斗和战争。

技术花絮——大气与光的相互作用

光在大气中传播的过程中，不可避免地会与气体分子、灰尘颗粒等发生相互作用，导致沿原方向传播的光越来越弱。这些相互作用主要包括吸收作用和散射作用。

大气对光的吸收主要来自大气中的分子，每种分子都有其独特的吸收谱，不同种类的分子会吸收不同波长的光。大气分子对光的吸收源于其能级向上跃迁，当光子的能量等于或接近分子两个能级的能量差时，分子就会吸收该光子，同时从低能级跃迁到高能级。大气分子的能级主要分为三类：①电子振动能级，主要对应紫外光到可见光的吸收；②分子振动能级，主要对应于近红外至远红外波段的光吸收；③分子转动能级，主要对应远红外至微波波段的光吸收。在光波波段，大气中对光吸收作用比较明显的主要是水蒸气、二氧化碳、臭氧等分子。臭氧可以强烈地吸收紫外光，而二氧化碳和水蒸气对光的吸收主要集中

(续)

在红外波段。这些分子吸收谱的"空白"区域组成了大气的"窗口",频率处于"窗口"内的光受到的大气吸收很弱,能够远距离传输,军事上应用的光波段都集中在这些"窗口"内。

  大气对光的散射主要包括瑞利散射和米散射。大气分子的直径远小于光的波长,主要对光产生瑞利散射,散射强度与光波长的四次方成反比,也就是说,波长越短的光越容易被大气散射。如图1.15所示,天空的颜色主要来自大气对阳光的散射,阳光中蓝紫色的光受到的大气散射更强而人眼对紫色的光不敏感,导致我们看到的天空呈现蓝色。而太阳的颜色主要来自透过大气的阳光,阳光中的红光受到的大气散射最弱,更容易透过大气,导致太阳经常会呈现红色。大气中的灰尘、云中的水滴等颗粒直径一般远大于光的波长,主要对光产生米散射效应,散射强度与波长无关,各波长的光均匀地受到米散射影响,因此云朵会呈现白色,而雾霾严重的天空会呈现灰白色。我们能看到大气中的激光光束也是大气米散射作用。

图1.15 大气对阳光和激光的散射(见彩图)

技术花絮——激光器

  激光是一种具有很好的方向性、单色性和相干性的光,通常也具有很高的能量密度。本质上来讲,激光与LED灯发出的光是一样的,都是电子从高能级向低能级跃迁过程中辐射的荧光。然而两者的区别在于:如果把普通的荧光比作散兵游勇,激光则是一只训练有素、步调一致的军队。通常,荧光材料发出的荧光光子具有不同的方向、波长和相位,光子之间相互是没有关联的,也就是非相干的。而激光则不同,它实质上是由一个种子光源经过不断复制形成的,所有的光子具有相同的方向、波长和相位。

产生激光的三个要素是：增益介质、抽运源和谐振腔。图1.16展示了激光器的基本组成部分，其中1为增益介质，2代表抽运源，3和4组成谐振腔，5表示输出的激光。抽运源为增益介质提供能量，使其实现集居数反转；而增益介质将抽运源提供的能量转换成激光的能量，实现激光能量放大；谐振腔会使特定模式的激光反复经过增益介质，不断放大其能量。根据增益介质不同，激光器可以分为固体激光器、气体激光器、半导体激光器、光纤激光器、染料激光器等。激光器的抽运方式包括光抽运、电抽运、热抽运、化学抽运和核抽运等，不同增益介质的激光器适用不同的抽运方式。根据激光功率随时间变化关系，激光又可以分为连续激光和脉冲激光，连续激光就是激光的功率不随时间变化，而脉冲激光则像发射子弹一样输出的是一个又一个的光脉冲。

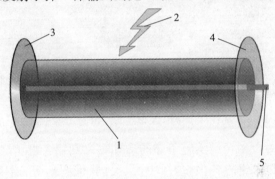

图1.16　激光器组成示意图

随着激光技术的不断发展，其在基础研究、生物医疗、工业加工以及军事武器装备等方面都得到了广泛的应用，而且在可预期的未来也必将发挥更加重要的作用。

1.4　电磁频谱管控——从电子战到电磁频谱战

1.4.1　电子战的概念与内涵

如图1.17所示，现代战争虽然已经在陆、海、空、天、赛博空间中全面展开，但是电磁频谱始终是贯穿上述各个作战空间的纽带，即电磁频谱是唯一连接所有作战空间、构成体系化作战，并具有整体化特性的桥梁。另外，电磁环境的复杂性与电磁频谱资源的稀缺性不仅增加了在电磁空间作战的难度,而且使得对抗双方在电磁空间的争夺上更富有挑战性。战争中任何一方,谁能够适应现代战场的复杂电磁环境、掌控电磁频谱,谁就能掌握战争的主动权。

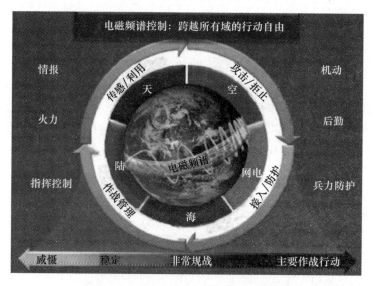

图1.17　现代战争中电磁频谱始终贯穿了各个作战空间

从本源上讲,对电磁频谱实施争夺的活动可以归属于电子战这一学科领域,电子战又称为电子对抗,世界各国,包括中国、美国、俄罗斯等,对电子对抗的称呼与定义有一些差异。中国的正式用语为"电子对抗";美国等西方国家称为"电子战";俄罗斯等独联体国家称为"无线电电子斗争"。虽然,世界各个国家对"电子对抗"的定义各有侧重,但对这一概念内涵的解释基本一致,大家都向相互借鉴和变通融合的方向发展。

2011年,中国人民解放军军事科学院正式发布了《中国人民解放军军语》,对我军使用的"电子对抗"这一术语进行了统一规范的定义。在我国,电子对抗是指使用电磁能、定向能等技术手段,控制电磁频谱,削弱、破坏敌方电子信息设备、系统及相关武器系统或人员的作战效能,同时保护己方电子信息设备、系统及相关武器系统或人员的作战效能正常发挥的作战行动。电子对抗包括:电子对抗侦察、电子进攻和电子防御三大部分,分为雷达对抗、通信对抗、光电对抗等不同分支,是信息作战的主要形式。

1)电子对抗侦察

电子对抗侦察是使用电子对抗侦察设备,截获敌方辐射的电磁波等信号,以获取敌方电子信息系统的技术特征参数、位置、类型、用途及相关武器和平台等情报的侦察。其目的是为电子进攻、电子防御作战决策和作战行动提供情报保障,包括电子对抗情报侦察和电子对抗支援侦察等。

电子对抗情报侦察是指对特定区域内的敌方电子设备进行长期监视或定期核查的电子对抗侦察;其目的是全面获取敌方电子设备和系统的战术技术参数,掌握其活动规律和发展动态,并为电子对抗支援侦察预先提供基础情报。

电子对抗支援侦察是指在作战准备和作战过程中为电子进攻、电子防御等作战行动提供情报保障的电子对抗侦察;其目的主要是实时截获、识别敌方电子设备的电磁辐射信号,判明其属性和威胁程度。

2) 电子进攻

电子进攻是指使用电子干扰装备和电磁脉冲武器、定向能武器、反辐射武器等,攻击敌方电子信息系统、设备及相关武器系统或人员的行动,包括电子干扰、电子摧毁等。

电子干扰是指利用电磁能对敌方电子信息设备或系统进行扰乱的行动;其目的是使敌方电子信息设备或系统的使用效能降低甚至失效。电子干扰按性质分为压制性干扰和欺骗性干扰;按方法分为有源电子干扰和无源电子干扰。

电子摧毁是指使用反辐射武器、定向能武器和电磁脉冲武器等毁伤敌方电子信息设备、系统及相关武器系统或人员的电子攻击行动。

3) 电子防御

电子防御是指为保护己方电子信息设备、系统及相关武器系统或人员作战效能的正常发挥而采取的措施和行动的总称;包括反电子对抗侦察、反电子干扰、抗电子摧毁和确保战场电磁兼容等。其中,战场电磁兼容是指战场电磁环境中己方各种用频设备和装备协调工作,不产生自扰互扰的状态。

1.4.2 从电子战到电磁频谱战

电子战从 1904 年诞生至今已有百余年的历史,实际上在这一百多年中,电子战不断地发生着变化,也持续地进行着变革,几乎每 5～10 年就有相关的新思想和新概念产生,虽然大浪淘沙之后留存下来的毕竟是少数,但这些思想上的碰撞与研讨也极大地推动了电子战的发展进步,具有极其重大的意义。

目前,在电子战领域最新的演进与发展动向是"电磁频谱战",又称为"电磁战",这是由美军发起并影响到全世界电磁空间作战的一次军事变革,因为美军以前的作战域包括陆、海、空、天和赛博空间,2017 年 1 月,美国前国防部长阿什顿·卡特(Ashton Baldwin Carter)签署了美军历史上首部《电子战战略》文件,明确将电磁频谱作为独立的作战空间,电磁频谱战正式登上战争舞台。实际上,电磁频谱战概念的形成也是一个逐渐发展的过程,如图 1.18 所示。

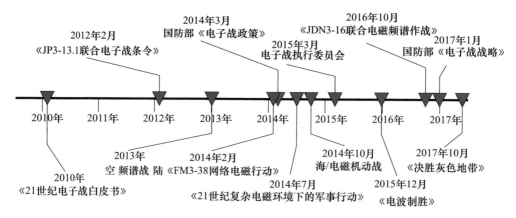

图 1.18 电磁频谱战概念形成过程图示

由图 1.18 可见,早在 2010 年美国电子战顶级智库"老乌鸦协会"(The Association of Old Crows)就公开发布了《美国"老乌鸦"协会电子战白皮书:21 世纪的电子战》,提出了电磁频谱控制(EMSC)的概念,把电磁频谱作为一个整体化作战空间,通过构建包括电子战、频谱管理及情报、侦察和监视(ISR)等一体化的联合电磁频谱作战,达成阻止敌方用频自由、确保己方用频自由的电磁频谱控制能力。2012 年 2 月,美国国防部对《JP3-13.1 联合电子战条令》进行了修订,增加了对"联合电磁频谱作战"的阐述,将其明确定义为电子战与联合电磁频谱管理行动的协同性工作。2013 年美国空军提出"频谱战";2014 年美国海军提出"电磁机动战"。同年,美国国防科技委员会发布了《21 世纪复杂电磁环境下的军事行动》报告,指出美军的频谱优势正面临严峻挑战,必须采取一系列举措才能重获优势。随后,美国军方开始实质性推进电磁频谱战。

2015 年 3 月,美国军方成立了兼具影响力和专业性的电子战顶层管理机构——电子战执行委员会,以期望从国防部层面对美军电子战装备力量建设、作战和训练进行统筹、监管和协调;另外,通过 2016 年 10 月制定的《JDN3-16 联合电磁频谱作战》条令和 2017 年 1 月发布的《电子战战略》,以法规性文件的形式明确了电子战在未来联合作战中的核心地位,推进电子战跨域联合、融入全程,以适应电磁频谱战的发展。除了一系列官方举措之外,民间智库"美国战略与预算评估中心"公开发布的《电波致胜》(又译为《决胜电磁波》)和《决胜灰色地带》两份报告,也对电磁频谱战起到了推波助澜的作用。报告强调电磁频谱战是在电磁频谱域存在冲突的客观战争形态,甚至在像中国东海、南海这种表面风平浪静、暗中激烈博弈的"灰色地带"冲突中,电子进攻等电磁频谱控制手段依然是解决问题的最优选项。

第 1 章 电子战之作战域：电磁波与电磁频谱

美国国防部过去将电磁频谱作为一个机动空间，而当前美军各方都意识到亟待需要提升电磁频谱和电子战的战略地位，有必要将电磁频谱作为一个新的作战域。2015 年 12 月，美国国防部首席信息官哈尔－沃森（Hal Watson）表示："国防部将研究把电磁频谱确定为一个作战域的所有需求及影响。"2016 年 4 月，美国国防部负责 C^4 和信息基础设施与能力的副首席信息官费南（Feinan）少将称："鉴于电磁频谱的重要性，我们将在该域实施攻击与防御行动，应考虑将其确定为新的作战域"。

电磁频谱作战域的形成是电子战发展的重要标志之一，正如美国战略与预算评估中心在《电波致胜》和《决胜灰色地带》报告中所指出的那样，电磁频谱中进行的所有行动都可以视为电磁频谱战的组成部分，就像把所有地面进行的作战行动都视为陆战的一部分，或者将所有空中进行的作战行动都视为空战的一部分一样。电子战是电磁频谱领域内重要的斗争形式，将成为电磁频谱战的核心组成和重要基石。同理，电子信息系统将被视为与飞机、坦克、舰艇一样的"平台"，电子战装备则成为重要的"武器"，电子攻击也具备了类似于"火力"的概念。这将极大地改变大家对电磁频谱与电子战的认识，极大地拓展电子战的范围，促进电子战的发展。

近年来与电子战相关的新概念、新理论大量涌现，一方面说明传统电子战在新形势下的发展充满活力，同时也在一定程度上反映了电子战不断发展和创新开拓的必然要求，在此背景下"电磁频谱战"这一继承了电子战传统内涵又增添了扩展内容的新概念应运而生。我们坚信：电磁频谱是独立的作战域；电磁频谱战是电子战的更高阶作战形式；电子战是赢得未来电磁频谱战的核心手段。在本书接下来的各章之中，我们首先将百余年的历史划分为多个阶段，分别从两次世界大战前后，从冷战开始经过越南战争到中东战争，从海湾战争至现今，来阐述人类对电磁频谱开发、利用、阻击、争抢和管控的整个发展历程，并对电磁频谱战对未来电子装备与技术发展的牵引进行展望，以全面反映从电子战走向电磁频谱战的整个发展过程。

参考文献

[1] NERI F. Introduction to electronic defense systems [M]. USA：SciTech Publishing, Inc. ，2001.

[2] POISEL R A. Introduction to communication electronic warfare systems [M]. 2nd ed. USA：Artech House Inc. ，2008.

[3] POISEL R A. Electronic warfare target location methods [M]. 2nd ed. USA：Artech House Inc. ，2012.

[4] ADAMY D. EW 101:A first course in electronic warfare[M]. USA:Artech House Publishers,2001.

[5] ADAMY D. EW 102:A second course in electronic warfare[M]. USA:Artech House Publishers, 2004.

[6] ADAMY D. EW 103:Communication electronic warfare[M]. USA:Artech House Publishers,2009.

[7] ADAMY D. EW 104:EW against a new generation of threats[M]. USA:Artech House Publishers, 2015.

[8] 军事科学院. 中国人民解放军军语[M]. 北京:军事科学出版社,2011.

[9] 艾尔弗雷德·普赖斯. 美国电子战史第一卷:创新的年代[M]. 北京:解放军出版社,1988.

[10] 艾尔弗雷德·普赖斯. 美国电子战史第二卷:复兴的年代[M]. 北京:解放军出版社,1994.

[11] 艾尔弗雷德·普赖斯. 美国电子战史第三卷:响彻盟军的滚滚雷声[M]. 北京:解放军出版社,2002.

[12] 布赖恩·克拉克,马克·岗津格. 决胜电磁波——重塑美国在电磁频谱领域的优势地位[R].《国际电子战》编辑部,译. 国际电子战,2015.

[13] 布赖恩·克拉克,马克·岗津格,杰西·斯洛曼. 决胜灰色地带——运用电磁战重获局势掌控优势[R].《国际电子战》编辑部,译. 国际电子战,2017.

[14] 熊群力,陈润生,杨小牛,等. 综合电子战:信息化战争的杀手锏[M]. 2版. 北京:国防工业出版社,2008.

[15] 张锡祥,白华,杨曼. 让千里眼变成近视眼:信息战中的雷达对抗[M]. 北京:电子工业出版社,2011.

[16] 吕跃广. 美推行电磁频谱战的思考与启示[J]. 电子对抗,2018(1):1-6.

[17] 杨小牛. 通信电子战:信息化战争的战场网络杀手[M]. 北京:电子工业出版社,2011.

[18] 石荣. 电子战战略推进:电磁频谱成为独立的作战空间[J]. 电子对抗,2018(1):36-45.

[19] 罗伯特·J·埃尔特. 美国"老乌鸦"协会电子战白皮书:二十一世纪的电子战[R]. 王燕,朱松,秦平,等译. 国际电子战,2010.

[20] 马岩. 二战时期的电子对抗——频谱中的指南针[J]. 兵器知识,2016(5):72-75.

[21] 牛眸,等. 卫星光学遥感器光谱波段选择的影响因素[J]. 航天返回与遥感,2004,25(3):29-35.

[22] 郭汝海,等. 光电对抗技术研究进展[J]. 光机电信息,2011,28(7):21-26.

[23] 刘松涛,等. 光电对抗技术及其发展[J]. 光电技术应用,2012,27(3):1-9.

[24] 维实. 军用光电侦察装备的发展[J]. 应用光学,1993,14(6):1-5.

[25] 易明,王晓,王龙. 美军光电对抗技术、装备现状与发展趋势初探[J]. 红外与激光工程,2006,35(5):601-607.

[26] 刘志春,袁文,苏震. 光电侦察告警技术的装备与发展[J]. 激光与红外,2008,38(7):630-632.

[27] 杨建宇. 雷达技术发展规律和宏观趋势分析[J]. 雷达学报,2012,1(1):19-27.

第 2 章

电子战的诞生：两次世界大战中的电磁较量

19世纪80年代，赫兹用试验证实了电磁波的真实存在之后，人类对电磁波的开发利用首先从通信领域起步。而在马可尼发明无线电台之后，19世纪末至20世纪初，使用无线电台发射电磁波来承载和传递信息这一无线电通信手段开始在世界各国广泛应用。因此，人类在电磁频谱上利用开发的冲突与矛盾也由此开始产生。

2.1 从民间用频冲突到军事用频干扰——诞生之际

民间的电磁频谱利用开发的冲突与矛盾首先出现在美洲杯快艇大赛中，而军事用频干扰的首次作战应用则发生在日俄海战中，上述两个代表性历史事件概要回顾如下。

2.1.1 民间对电磁频谱使用权的首次争抢——"美洲杯"快艇大赛

历史上首次记载的电磁频谱使用权冲突和争抢的事件发生在1901年9月美国举行的"美洲杯"快艇大赛期间。当时，各家新闻单位都联合通信公司，利用无线电通信手段将最新的赛事情况实施无线传输之后进行报道，由于公众对该赛事很感兴趣，如果哪家新闻报刊能首先发出最新的赛事报道，谁就能获得更大的利益。当时有3个主要的竞争者：

（1）马可尼与美联社组成的联合团队；
（2）美国无线电报公司与出版者协会组成的联合团队；
（3）美国无线电话和电报公司单独组队。

当时，由于这3个团队使用的无线电发报机所辐射出的电磁波信号的频率几乎相同，而且大家都在同一地点使用，这就必然产生在电磁频谱使用上的矛盾冲突。因为这3个团队在同一时间都会使用同一频率的电磁波，由于他们之间是相互竞争的关系,所以不存在相互之间的协商与协调,剩下的手段就只有争抢了。

当时,美国无线电话和电报公司使用了一种发射功率比其他两个竞争对手都要大得多的发报机,而且该公司的工程师约翰·皮卡德(John Pickard)还专门设计了一种巧妙方法,采用类似于摩尔斯电报码的方式对有限的信息进行简单编码,即每间隔一段时间发送一个持续10s的长划,就表示美国快艇"哥伦比亚"号领先;发出两个这样的长划,就表示英国快艇"沙姆罗克"号领先;发出3个这样的长划,表示二者并驾齐驱等。如此一来,在这一工作模式下美国无线电话和电报公司的发报机几乎独占了该电磁频谱的使用权,它既能干扰掉其他公司的信号,而且还可以用此设备准确及时地报道比赛的最新进展情况,在这一事件中美国无线电话和电报公司大大受益,同时这也成为有历史记载以来的首次人为的电子攻击事件。

事后,该公司的工程师约翰·皮卡德洋洋得意地说道:"当赛艇越过终点线时,我们按下了电键,使电键持续保持闭合,然后用一种简单的办法,即将一个重物压在电键上,使电键持续保持闭合。这样连续辐射电波……。电池持续供电了1h15min,我们用无线电发送了一个历史上从来没有发送过的最长的划"。

从技术角度来解释皮卡德的自评语:那时的无线电通信设备都采用火花塞发报机发射频率范围很宽的电磁信号,并且采用信号幅度调制来实现信息的承载,实际辐射到空中的无线电信号中心频率取决于天线长度。由于3个竞争团队都使用了长度近似相同的发射天线,所以大家发射的无线信号都几乎集中在同一个工作频点附近,再加上都采用幅度调制来承载信号,于是产生了调幅信号相互之间的共信道同频干扰。在此条件下,通信接收端只能解调出幅度最大的信号,这就意味着谁的发射机输出功率最大,谁就能实现可靠的信息传输,而其他对手的信号将会被压制干扰掉。在这一事件的3个竞争对手中无线电话和电报公司的皮卡德研制的发射机输出功率最大,而且他还专门为此优化设计了信号波形,所以最终取得了历史上商业领域中对电磁频谱抢占行动的首次胜利。

2.1.2 军队在电磁频谱中的首次阻击行动——电子战诞生

全世界公认的电子对抗诞生时间是1904年的日俄海战期间,在这次战争中日本与俄罗斯两国海军都使用了无线电通信手段。1904年4月14日凌晨,日本装甲巡洋舰"春日"号和"日进"号开始炮击俄国在旅顺港的海军基地,一些小型的日本船只在港口附近观察弹着点,并通过无线电台(图2.1)向远处的巡洋舰报告射击校准信息。此时,一名俄国无线电台操作员正好收听到了日本人发出的无线电信号,并意识到其重要性,于是立即用通信电台的火花式发射机对它实施干

第 2 章 电子战的诞生：两次世界大战中的电磁较量

扰，从而使得日军炮手无法准确获得射击的校准引导信息，发出的炮弹不能准确命中目标。最终，在本次炮击事件中，俄军的损失与伤亡很小。这一事件是战争状态下实施电子攻击并获得成功的首个战例，因此也成为电子对抗诞生的标志性事件。

图 2.1　20 世纪初广泛使用的无线电通信设备——火花塞发报机

实际上从技术的角度分析，俄国无线电台操作员使用通信电台来干扰日军的通信电台的过程，与前面所讲述的在美洲杯快艇大赛中美国无线电话和电报公司对其他竞争对手的发报机实施干扰的技术原理是基本相同的，这一点可由本节后续的"技术花絮"进行简要说明。同一时间、同一地区、同一频段上电磁频谱的使用是受限的，由此日俄双方对电磁频谱资源的争夺与占有，甚至直接决定了这次军事行动的成败。在这一次电磁频谱争夺战中，俄国无线电台操作员有效阻止了日军报务员对该电磁频谱的使用，使其不能有效传递炮位校正信息，从而赢得了最终的作战胜利。由此可见，电子对抗自从诞生之日开始，就已注定其一生都将在电磁频谱领域内实施战斗。

另外，虽然电子对抗的诞生是从通信干扰开始起步的，但在此次事件中通信干扰的使用也充满了巧合：当时并没有专用的电子侦察接收机和电子干扰发射机，这名俄国通信兵使用常规通信电台来既充当侦察接收机，又充当干扰信号发射机。这从另一个角度也揭示了近十余年来的研究热点"电子设备与电子对抗的一体化"实际上早在百年之前电子对抗诞生之初就已经埋下了"多功能一体化"思想的种子，只是现今我们才看到其快速成长而已。因为那时的通信电台既可以用作通信传输,也可以用于电子对抗,本质上就是"通信与通信对抗一体化"设备的雏形。

技术花絮——通信干扰与香农定理

虽然通信干扰早在1904年就已诞生,但是解释通信干扰本质机理的理论在40多年后才得以出现。1948年,美国贝尔实验室的克劳德·艾尔伍德·香农(Claude Elwood Shannon)教授发表了《通信的数学原理》的学术论文,提出了著名的香农定理:一个带宽为 B Hz,功率为 S W 的信号,在噪声功率为 N W 的信道上能够传输的最大信息速率 C (b/s) 在理论上由香农公式所表达,如图2.2所示。

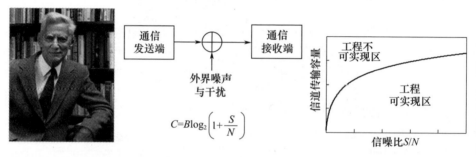

图2.2 香农与著名的香农公式

从理论上讲,通过干扰来阻断一条通信链路就是要将该链路的信息传输速率 C 尽可能地降低。由香农公式可知:通过增加这条通信链路上的噪声,降低信噪比 S/N,即可达到此目的。所以早期的通信干扰大都是通过向目标通信链路辐射大功率噪声干扰信号来实现的。

在此以早期的通信发报机为例来展现一下通信干扰的效果。设发报机的工作带宽为100 Hz,在无干扰条件下接收端的 $S/N = 100$,此时通信传输信道容量 $C = 665.8$ b/s;当实施噪声压制干扰,接收端的噪声功率是信号功率的10倍时,即 $S/N = 0.1$,此时通信传输信道容量 $C = 13.8$ b/s。与无干扰时对比,信道容量降低至约1/48,由此可见噪声干扰在降低通信链路传输性能上所发挥的巨大作用。虽然在后来的通信干扰中又发展了各种灵巧的干扰样式,但是噪声压制干扰始终是最基本的通信干扰手段,至今仍然广泛使用。

第2章 电子战的诞生：两次世界大战中的电磁较量

2.2 第一次世界大战前后电磁频谱的较量——起步之时

如前所述，在第一次世界大战中无线电通信电台作为军事信息快速传递的重要工具得到了十分广泛的应用，同样针对无线电通信而实施的侦察、测向、定位和干扰的电子战行动也如火如荼地展开，对抗双方围绕着电磁频谱的使用与拒止演绎出了通信对抗的各种精彩战例。利用电磁波来作战，看不见、摸不着，像幽灵一般，有的不知所云，遭到失败，有的运用自如，如虎添翼，虽然方式简单，但其巨大作用已初见端倪。

2.2.1 电磁空间的开放性——通信侦听显神威

从1904年日俄海战的电子战诞生过程的细节描述中我们可以发现：俄国无线电台操作员在收听到了日军发出的无线电信号之后才采取的通信干扰行动。实际上，这反映出电磁空间的开放性特征。日军发射的电磁波，日军自己可以接收，俄军也同样能够接收，如果俄军能够分析出接收到的日军发射电磁波信号中所承载的信息，那么自然就能获得日军的通信内容，这也就预示了通过无线电波来实施通信侦听的可能。

大家再返回到1901年"美洲杯"快艇大赛期间，如果另外两个竞争对手（马可尼与美联社组成的联合团队，美国无线电报公司与出版者协会组成的联合团队）能够破译出美国无线电话和电报公司所使用的通信编码承载信息的方式，那么即使自己的信号被干扰掉也不要紧。因为电磁空间是开放的，美国无线电话和电报公司利用大功率发射机发射电磁波信号的同时，自己也能接收到这些信号，只要能解码出其中的信息，同样能够获得比赛的最新进展情况，只不过这是通过"偷听"美国无线电话和电报公司的电磁波信号来间接获得的信息，这也反映出对无线电通信信号实施侦听的神奇效果。在军事上，通信侦听所发挥的巨大作用还要从第一次世界大战讲起，因为无线通信电台在第一次世界大战中已经被参战各国广泛使用，如图2.3所示。

在1914年第一次世界大战爆发之后，德军由于海上战区多，导致兵力部署力不从心，但是为了打破英国的海上封锁，德军意识到必须将主要作战力量投放到北海战区，相应的减少波罗的海战区兵力。而俄军波罗的海舰队此时正在芬兰湾展开防御，全力保卫芬兰湾和彼得格勒的安全，等待时机迎击德军以重兵突入海湾的行动。其实德军并没有大举进攻的意图，相反，他们也在等待俄国军队的进攻。然而德军为了掩饰其波罗的海战争计划的性质，遂采取佯动在俄国沿岸布雷。德军

(a) 无线电报设备机房　　　　　(b) 德军无线电台

(c) 双人自行车供电的无线电台

图 2.3　第一次世界大战中广泛使用的各种无线通信设备

的佯动目标只是俄海军舰队中的海上巡逻队，并不是向芬兰湾进攻。

1914 年 8 月 26 日清晨，海上大雾弥漫，能见度很低。德国轻型巡洋舰"马格德里"号和"奥格斯堡"号在 3 艘驱逐舰的掩护下，准备利用有利的气象条件，袭击位于芬兰湾的俄国海军巡逻舰。由于天气阴暗，大雾浓密，在海上急速行驶中的德国轻型巡洋舰"马格德里"号在奥斯霍尔姆岛附近触礁，其他舰只发现德国轻型巡洋舰"马格德里"号触礁，想要施以援手，但由于舰体损伤严重，也无济于事，无法继续航行。德国轻型巡洋舰"马格德里"号上的水兵顿时乱作一团，舰长也神色紧张，非常焦急，等待救援。不久，海上大雾散尽，俄国海军巡逻舰"勇士"号和"智神"号在巡逻中发现了这些德国巡洋舰，于是开始炮击这些德国轻型巡洋舰，在俄军猛烈的火力打击下，其他舰只只好丢下"马格德里"号仓皇逃跑。

舰长见同伴丢下他们不管，一气之下，下令炸毁军舰，水兵们听闻后十分恐慌，纷纷跳海。船上的无线电报务员在跳海时，也顾不得身上随身携带的两份信号书和用来翻译无线电报的密码本，一同落入海中。俄军在战后清理战场时，潜水员在海底找到了这两个绝密文件，兴奋至极。俄军拿到密码本后，马上组织无线电专家将其整理与破译。俄军司令部将一份信号书和密码本的复制品给了自己的盟友英国，英国也马上破译了这个不很复杂的密码，并迅速建立无线电接收台，用来截获来自德军的无线电情报。而此时的德国人却毫无察觉，仍使用之前的密码发送重要的情报。

第 2 章　电子战的诞生：两次世界大战中的电磁较量

1915 年 1 月 23 日，德国海军侦察兵司令官希佩尔（Hippel）海军中将接到命令，让他率领巡洋舰队前往多格尔沙洲进行侦察。命令是从德国总部用无线电拍发的，这一次英军的监听有了重要收获。英军利用从俄国手中得到的密码将电报全文全部破译，英海军指挥部立即派出了大量舰艇前往预定地点拦截德军的侦察舰队，如图 2.4 所示。1 月 24 日 7 时 15 分，德国轻型巡洋舰"科尔贝格"号同英国轻型巡洋舰"奥罗拉"号相遇，双方展开了激烈的战斗。

(a) 英军战舰

(b) 德军战舰

图 2.4　第一次世界大战中英德双方的战舰

希佩尔将军看到英军舰艇众多，兵力上占有绝对优势，来不及思考为什么会突然遭遇袭击，迅速命令舰队转向东南并加大航速，驶往赫尔兰湾。同时，他还用无线电向海军司令部报告了战场情况，请求司令部派战舰火速前来支援。英国舰队对德军穷追不舍，边追击边开炮射击，德军边撤退边给予还击，始终处于被动局面。一直持续到 11h16min。德国轻型巡洋舰队最终寡不敌众，停止了射击，丢下了身负重伤的装甲巡洋舰"布吕歇尔"号，逃之夭夭。

所谓"知己知彼，百战不殆"，在这场战役中，英国海军通过通信侦听事先截获并破译了德军出海的无线电命令，利用无线电通信侦听手段，占得军事行动的先机，成为先发制人的关键；同时也说明在开放的电磁空间中进行无线通信的致命缺陷，该电磁波信号可能会被敌人截获与记录，甚至会被破译而获得己方的通信内容。所以，无线通信发展近一百多年以来，对通信内容的加密与破译的斗争成为通信对抗中一个重要而神秘的分支，长期存在。在后续的电磁频谱战中，我们还会进一步体会到通信侦听与破密那神奇而伟大的力量。

2.2.2　电磁波沿直线传播——无线电测向巧运用

如前所述，电磁波在自由空间中沿直线传播，如果测量出了电磁波的传播方向线，就可立即推断出发射该电磁波的电磁辐射源一定位于这条直线上，这就是通过无线电测向来定位电磁辐射源的基本原理。

推动无线电测向技术发展的标志性事件是意大利科学家阿尔托姆（Altom）教

授利用圆环天线研制出了无线电测向系统。实际上,阿尔托姆教授发现了环形天线的"定向"作用,当天线的环状面与电磁波来波方向平行时,天线接收到的信号最强,而环状面与电磁波来波方向垂直时,天线接收到的信号最弱。如果将此环状天线进行旋转,接收到的目标辐射源的信号强度就会随天线旋转角度而改变,由此可计算出电磁波的来波方向。但由于环状天线的天线方向图波束较宽,信号强度测量精度不高,对应的测向精度也不高。

1909年,埃托雷·贝利尼(Ettore Bellibi)和亚里山德罗·托西(Alessandro Tosi)对环状天线进行了改进,如图2.5所示,利用两个相互垂直的环状天线组成了一个复合天线,该天线称为贝利尼-托西天线或B-T天线。该复合天线的波束方向图中有一个波束零点,当波束方向图零点在信号来波方向上时,接收到的信号强度最低,此时波束零点所对应的空间方向即是辐射源信号的来波方向,这一方法又称为"零点测向法",如图2.6所示。利用贝利尼-托西天线研制的测向系统又称为

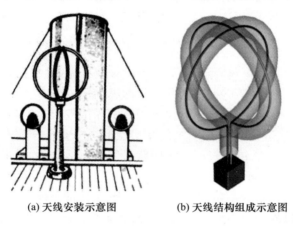

(a) 天线安装示意图　　(b) 天线结构组成示意图

图2.5　贝利尼-托西天线

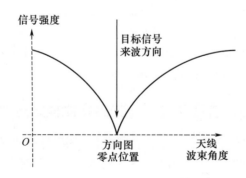

图2.6　对无线电通信信号实施测向的天线波束方向图

第2章 电子战的诞生：两次世界大战中的电磁较量

B-T测向仪。随着测向技术的发展,后来还又陆续发展出了比幅测向法等更先进的测向方法。

自从贝利尼-托西天线发明之后,无线电测向应用得到迅速推广。后来,又在天线后端加装了一种马可尼公司研制的、使用真空管的新型高灵敏度放大器,从而使得十分微弱的信号也能够被接收,测向精度得到了进一步的提高。在1915年的第一次世界大战期间,英国皇家海军就在英格兰东海岸架设了许多无线电通信测向站,通过B-T测向仪(图2.7)对来往于北海海域内的飞机和舰艇上的无线电通信发射机所辐射电磁信号的来波方向进行测向,通过多个测向线的交叉来对其实施定位。这是历史上记载的最早的电子侦察测向无源定位的军事应用。实际上,在第一次世界大战中无线电测向所发挥的巨大作用还得从英军围捕德军的潜艇谈起。

图2.7 英国海军型B-T测向仪

自从第一次世界大战爆发以来,德军潜艇由于水下航行隐蔽性强,飘荡不定,在北海战区像幽灵一样困扰着英国舰队,给英国舰船造成了很大的威胁,并给英国补给商船船队造成了很大损失。1914年9月22日,德军U-9号潜艇一天之内就击沉了3艘英国装甲巡洋舰。为了不放过给英国进行物资补给的商船,德军采取了无限制的疯狂潜艇战政策:一旦发现敌方船只,第一时间摧毁,常常导致误袭目标。1915年5月7日,U-20号潜艇击沉了从美国驶往英国的英国邮船"鲁西塔尼亚"号,引起了美国人的极大愤慨。美国政府5月14日在给德国照会中提出了强烈抗议。德国政府因此开始担心无限制的潜艇战将导致美国立即参战,于是在1916年夏秋之际德国政府下令德军潜艇按捕获法行动,停止使用无限制政策。德军潜艇凭借自身优良的隐蔽性能,多次成功地完成了对英军主力舰队的情报搜集和阻击任务。英军主力舰队虽然能够提前获得德军舰队出海的情报,却苦于找不到德军潜艇具体位置而一次次扑空。恰巧在这一时期,英国最新研制成功的无线电测向机派上了用场,在战场上立了大功。

此时的无线电测向与侦察设备是十分宝贵的电子侦察仪器,利用它可得到敌方大量的情报。通过对敌方无线电发射台位置和数量的确定,几乎可以推断出该地区有无大部队存在,因为部队的指挥同无线电台紧紧连在一起。另外,还可以根据确定的无线电发射台位置的分布情况,分析出敌人兵力的部署情况和作战意图;甚至根据敌方无线电发射台的位置的变动情况,推断出敌人的调动变化和下一步的作战企图。

英国人利用高灵敏的测向机来对付活动猖獗的德国潜艇,十分有效。由于德军潜艇都配置了大功率无线电发射机,且在固定的时间内,浮出水面向其司令部拍发长长的电报,用于战场情况报告。德军潜艇发射长时间的无线电信号,不但使掌握了德军密码的英国人能截获它的情报,而且也能利用测向机准确测定潜艇的方位。英国人秘密地获得德国潜艇的位置和活动规律后,将这些情报传递给英军反潜战舰,反潜战舰用奇袭的方法截击德军潜艇,这种战法有效地打击了德军潜艇的疯狂活动。从此,英国海军开始扭转被动的战局。

与此同时,在第一次世界大战中无线电测向机对击落频繁轰炸伦敦的德军飞艇也立下汗马功劳。德军飞艇晚上常来光顾伦敦,进行轰炸,给英国人带来了巨大的恐慌和不安。德军利用飞艇对伦敦进行轰炸前必须进行目标定位,才能实现对重要军事目标的毁伤。为此,德国人派出间谍来到英格兰,并在伦敦近郊的一幢房子里安装了袖珍便携式无线电信标,这种无线电信标通过源源不断地发射无线电波将飞艇精确地引导至伦敦上空。每次德军飞艇来袭之前,伦敦的上空总会出现陌生的电磁波信号,这一现象引起英国安全机构的怀疑,他们利用安装在车辆上的无线电测向机对这一异常的无线电信标发射源进行测向追踪,最终发现并定位了该信标,悄悄抓获了伦敦郊外的德国间谍。但是,聪明的英国人并没有立即拆除这个秘密信标,而是将计就计,将这个秘密的信标移到了远离伦敦的北海岸上,而在那里英军战机严阵以待。等到夜间德军飞艇再次来袭时,已经被无线电信标诱骗到了北海岸上空的英军战机伏击区,德军飞艇最终一命呜呼。

技术花絮——比幅测向

在电子侦察系统中一项重要的工作是确定目标辐射源相对于观察者(电子侦察设备)的角度,该测量过程称为测向,其中基于幅度比较的方法是常用的一种测向体制。

(续)

(1) 天线增益方向图与测向。如图 2.8 所示，定向天线的增益方向图与天线视轴的角度有关。将天线旋转经过辐射源，即可根据天线方位随时间的关系来确定信号的到达方向，即天线增益曲线的形状能够很好地描述辐射源的方位信息。所以，两次或多次主瓣内的目标截获就足以确定信号位于天线视轴的方位。

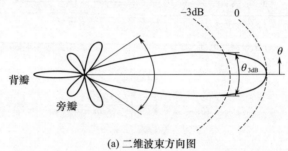

(a) 二维波束方向图

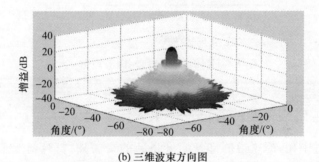

(b) 三维波束方向图

图 2.8 单天线增益方向图（见彩图）

(2) 多天线比幅测向。如图 2.9 所示，当两个指向不同的天线截获了同一信号时，其天线增益图给出一个输出信号幅度比。由幅度比可计算出信号的到达方向。该技术广泛应用于飞机和小型舰船上的雷达告警接收机，因为它不需要大型天线而且足以迅速地确定单个脉冲的到达方位，但通常来讲，它的测向精度较低（3°~15°量级）。

假设比幅曲线满足 $K(\theta) = \dfrac{F_1(\theta)}{F_2(\theta)} = e^{-2.7726\theta/(\pi/6)}$，当测量到两副天线接收信号的幅度比等于 0.8 时，可以解算出此时目标相对于接收天线波束交叉点的方位角度为 2.4°。

(续)

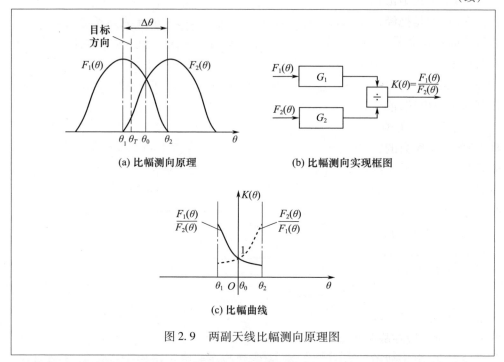

图 2.9 两副天线比幅测向原理图

2.2.3 电磁频谱亟待管控——电磁博弈建奇功

1916年5月中旬,德军指挥部开始准备新的奇袭战,打算给予英军一次沉重打击。袭击的目标是位于英国东海岸中部的日德兰海军基地。德国海军上将舍尔(Scher)认为,日德兰海军基地可能就是英国海军经常出现的地方。德军16艘大型和6艘小型潜艇预先在靠近基地的海面上排布开来。为完成这次奇袭行动,德军投入了公海舰队的全部兵力。这一次为了防止英国的无线电侦听和测向机构探测出德军的公海舰队驶离威廉港的情况发生,德国海军在起锚前几天,舍尔下令把德军舰队基地威廉港的一个无线电台换成"弗里德里希"的代号,用于迷惑还在有规律地侦收该信号的英国人,让他们误以为德军的公海舰队仍然停泊在威廉港中。

几天之后,英国无线电报务员注意到位于威廉港的一艘不明身份的舰艇发出的电报信号数量激增,经过破译,电报中都是要求增加水路扫雷器和油料补给的内容,这清楚地表明德国舰队正在准备一次重要的海上军事行动。因此,英国海军指挥部命令所有的沿岸无线电侦收台和无线电测向站密切注意威廉港内和海上德军舰艇的动向。由于天气恶劣,无法进行空中侦察,因此,德军推迟了这次奇袭行动。德军舰艇无法按时出击,导致舰艇上的军用储备很快就要用完,舍尔将军决定改变军事计划,不去炮击日德兰海军基地,转而前往斯卡格拉克海峡和挪威海岸附近进行佯攻,目的是把经常出没在日德兰海军基地附近海域的英军舰队吸引到那里,然后等待时机奇袭兵力薄弱的英国日德兰海军基地。舍尔不希望整个德军舰队在海上与英军舰队遭遇,于是他命令侦察兵司令官希佩尔海军中将率领他的第1和第2中队的巡洋舰以及一些驱逐舰在5月31日拂晓前驶往挪威港,然后他才自己率领舰队主力出航,前往日德兰海军基地。

　　5月30日,英国海军的无线电测向站根据一段时间的侦察结果统计分析后发现:一些不明船只的方位经常发生变动。这些变化使英国海军部确信德军舰队已离开基地,可能随时准备再次对不列颠的某个目标发动袭击。当天傍晚,一艘德军飞艇对不列颠沿岸进行侦察,这使海军部更加确信了判断的准确性,于是命令各舰队驶离基地,前往日德兰岛,结果英德两国主力舰队在日德兰海军基地附近遭遇,双方都出乎意料,德国海军上将舍尔未料到英军舰队主力会全体出动,而英国海军上将杰利科(Jellico)也不知道德军舰队正等在他要去的海域。这次相遇引发了第一次世界大战中最大的一次海战——日德兰海战。

　　可见电子侦察与反侦察,欺骗与反欺骗的电磁频谱战意识在第一次世界大战中就已经得到了充分的发展。德军释放的虚假无线电信号可以看作是一种最原始的电子防御手段在战争中的运用与尝试,这种电磁空间中的争斗反映出现代战争的日益复杂,电子战手段的逐渐丰富,信息掌控能力的关键作用等重要特点,同时也体现了电磁频谱使用的管控与通信侦察侦听之间的激烈较量。

2.3　第二次世界大战前后电磁频谱的战斗——成长之初

　　在第一次世界大战之后接下来的20多年里,人类不断开拓对电磁频谱的利用方向,利用电磁波来获得平台自身的位置信息,利用电磁波来探测目标,无线电导航与雷达探测相继登上了历史的舞台。电磁频谱中的战争从来都不会是单个角色的独唱,在继通信对抗之后,导航对抗与雷达对抗也破茧而出,将人类历史上电磁频谱中的战争再一次推向了高潮,而这新的一幕就在第二次世界大战中正式上演了。

2.3.1　陆基无线电导航战——无线电导航与导航干扰的争斗

　　1912年,航海领域就开始采用0.1~1.75MHz频段的无线电罗盘和信标机实施导航;到了1929年航空领域也开始使用0.2~0.4MHz频段的四航道信标机和无线电罗盘。由于采用的是电磁频谱中的中长波,所以上述系统的导航定位精度不高,在第一次世界大战中所发挥的作用并不大。第二次世界大战期间,无线电导航技术得到了突飞猛进的发展,交战双方都研制出了最新的陆基无线电导航系统,并且双方都针对对方实施了无线电导航干扰,从而上演了电磁频谱中导航战的一个小高潮。

2.3.1.1 英军对德军发起的无线电导航战

1) 英军对德军的导航战第一回合——针对"弯腿"的"阿司匹林"

(1) 德军研制"弯腿"无线电导航系统。

1940年春末,英国空军部科技情报局的青年科学家R·V·琼斯等从几个不同的来源接收到令人不安的报告:德军已经研制并运用了一种新的、代号"弯腿"的远距离盲目轰炸系统,这实际上是一种由德国著名电子设备生产厂商德律风根公司生产的远距离无线电导航系统,由"洛伦兹"盲降系统改进而成。该导航系统的工作原理概要介绍如下:在"弯腿(德语Knickebein)"无线电导航系统中由两台分离的大功率无线电发射机在德国及其占领区内发射窄波束电磁波,其中一个为引导波束,另一个为位置指示波束,这两束电磁波在英国境内一个目标上空相交,相交点处对应的地面目标便是德军需要轰炸的对象,如图2.10所示。德军的轰炸机起飞之后进入引导波束,并按照引导波束中的信号指示沿着该波束径直向目标区直线飞行;在飞行的过程中如果接收到位置指示波束的信号,则说明飞机已经到达目标区上空,便开始实施轰炸。由此可见,采用该系统之后无论是白天大雾,还

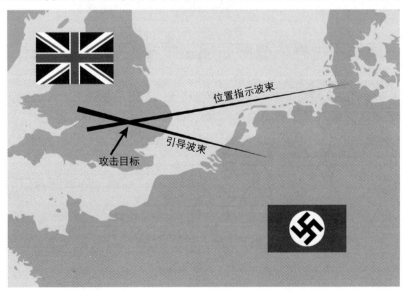

图2.10 "弯腿"无线电导航系统工作原理(见彩图)

是深夜漆黑,飞行员都不需要降低飞行高度去目视观察地面目标,只需按照无线电信号的指引盲目飞行与操作投弹即可,所以这极大地提高了德国空军投弹位置的准确性,同时高空投弹极大地降低了地面防空炮火对德军轰炸机的威胁,作战效能大为增强。

"弯腿"无线电导航系统中的引导波束采用了"洛伦兹"波束形成方法,如图 2.11 所示。轰炸机在进入到引导波束中沿该波束直线飞行时,如果飞行航向偏左,飞机就会接收到"洛伦兹"波束中"点"的信号,此时在飞行员的耳机里听到是"滴、滴、滴……"的声响,提示飞行员应该向右修正飞行航向;如果飞行航向偏右,飞机就会接收到"洛伦兹"波束中的"划"信号,此时在飞行员的耳机里听到是"答——答——答……"的声响,提示飞行员应该向左修正飞行航向;如果飞行航向处于引导波束正中,那么"点"和信号"划"信号重合,飞行员的耳机里听到是"哗——"的连续稳定声响。这样一来,轰炸机飞行员便能驾驶飞机沿引导波束的中心线径直飞向目标。

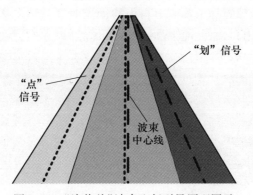

图 2.11 "洛伦兹"波束飞行引导原理图示

德军飞机上安装的导航接收机 FuG28a 实际上就是一种高灵敏度的"洛伦兹"接收机,该接收机操作简便,而且继承了以前"洛伦兹"盲降系统中的相关技术,如图 2.12 所示。如果以前接触过"洛伦兹"盲降系统的飞行员就会很快上手,无须严格培训,这对于"弯腿"导航系统在德军中的推广应用发挥了巨大作用。

德军的"弯腿"导航系统工作在 30～33.3MHz 频段,准备夜间用它来引导对英国进行空中轰炸。在法国和荷兰投降之后,德国在这些占领区设立了几个这样的导航信号发射站,如图 2.13 所示。德国"弯腿"导航系统是第二次世界大战早期最先进的利用电磁波实施导航的系统,远远领先于英国轰炸机早期的导航方法,当时英国空军早期的导航仍然依赖于传统的罗盘、地图和六分仪来寻找方位。德军为了确保"弯腿"导航系统中波束的高度指向性,研制了巨大的天线,这些天线实

(a)   (b)

图 2.12   "弯腿"导航系统中飞机上安装的导航接收机

际上是由许多偶极子天线组成的天线阵,阵列尺寸达到了上百米,从而确保了所发出的波束具有极强的指向性。另外,由于每次轰炸的目标的方位都是不同的,所以该天线阵还需要在方位上灵活转动,于是天线阵下方还需要安装大型的轴承与滑轮,使之可在一个圆形混凝土基座上自由转动以对准目标。从图 2.13 中天线阵基座与附近房屋的对比,大家就能强烈感受到天线阵尺寸的巨大。

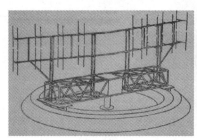

(a) 天线阵结构   (b) 天线阵基座

图 2.13   "弯腿"导航系统地面发射站

实际上到 1939 年底,德军就已经建造了 3 个"弯腿"导航系统的地面发射站:第一个是靠近荷兰的克莱沃,这是距离英国最近的德国城市;第二个是靠近丹麦边境的施托尔贝格;第三个是位于德国最西南角,且靠近法国和瑞士的勒拉赫。随着战争的推进,后来德军在欧洲占领区内修建了大量的"弯腿"系统的地面发射站,以引导对英国的轰炸。

(2) 英军研制"阿司匹林"导航干扰机。

为了尽快查清德军正在使用的"弯腿"导航系统,英国空军部故意以业余无线电爱好者的需要为由,购买了几部美国芝加哥哈利航空器公司研制的 S-27 接收机,其接收频段覆盖范围为 27~143MHz。英国空军将一部 S-27 接收机安装在

"安森"双发侦察飞机上,开始执行英国历史上首次机载信号情报侦察任务。在1940年6月21日,当"安森"双发侦察机在第三次执行任务过程中,机上工作人员发现了他们想要寻找的信号。一组完整的"弯腿"导航系统信号模型在英国林肯郡上空排成一列,处于模型南边的是莫尔斯"点"信号,北边的是莫尔斯"划"信号,中间有一个稳定的音符信号在游动。

在截获到"弯腿"导航系统信号之后,英国空军分析并推断出了该无线电导航系统的工作原理,于是组建了一支无线电对抗部队——第80联队,发起了著名的"波束战",即英国皇家空军对德军的"弯腿"导航系统实施干扰。由于研制专用干扰机的时间有限,为了尽快对德军的"弯腿"导航系统实施干扰,第80联队使用了多台医院常用于烧灼疗法的热透疗机作为信号调制源,以此来调制用于其他用途的高频无线电发射机,当然该发射机的发射频率与"弯腿"导航系统工作频率相同。该热透疗机能够发出一种不和谐的噪声,解调之后完全能够淹没德国空军飞行员耳机里收听到的"洛伦兹"波束声音。当执行夜间轰炸任务的德军飞行员听到这些新的声响时,误以为自己偏离了航线,于是开始改变飞机航向进行纠偏,从而使轰炸机脱离了引导波束,往往还不能再次找回波束方向,德军的轰炸精度急剧降低,导航干扰的效果已经初显。

1940年8月底,德国又在占领区的法国、荷兰、挪威沿海一带新建了一批"弯腿"导航系统的地面发射站,在这些站点的导航引导下,德国空军并在8月28日连续3个晚上出动上百架轰炸机对英国的利物浦实施夜间轰炸。9月7日,德军开始对英国伦敦实施轰炸,而此时英国也研制出了针对"弯腿"导航系统的专用大功率干扰机,代号"阿司匹林"。这一专用干扰机采用在"弯腿"导航系统工作频点上只发射"划"信号的干扰样式,而且干扰信号功率远远高于德军地面发射站的信号功率,这样一来德军飞行员的耳机里只能听到"答——答——答……"的声响,一直提示飞行员向左修正飞行航向。无论飞行员如何修正都接收不到正常的信号,导致部分德军飞机在夜空中做起了圆周运动,晕头转向的德军飞行员常常在错误的方向和错误时机上投弹,甚至投完弹之后还不能返航飞回德国。英军实施导航战的神奇效果不久就得到了证实,一些德军的炸弹投到了危险较小的英国乡村,英国农民十分憋屈,他们想象不出为什么他们菜地里的庄稼那么重要,值得成为德国空军的轰炸目标。

2) 英军对德军的导航战第二回合——针对"X-装置"的"溴化剂"

(1) 德军升级使用"X-装置"无线电导航系统。

德军的"弯腿"导航系统受到英军"阿司匹林"干扰机的大功率干扰而无法正常使用,立即启用了另一套"X-装置"无线电导航系统。虽然该系统的导航体制与"弯腿"导航系统类似,但是将系统工作频率从30MHz提升至了70MHz左右,除了保持原有的引导波束之外,将位置指示波束的数量增加到3个,这3个波束与引导波束之间的交点分别距离目标50km、20km和5km,如图2.14所示。

采用该套系统之后,轰炸机一开始可以贴着引导波束的边缘飞行,甚至可以做小幅度的规避飞行,这样就避免了完全沿着引导波束的中心线直线飞行容易暴露作战意图的缺陷。因为一旦雷达探测到了飞机,实施跟踪后便可得到德军轰炸机的飞行航迹,如果航迹是一条直线,那么英军就会提前预知位于该航迹直线延长线上的城市就可能是本次遭受袭击的目标,从而提前做好防空准备。

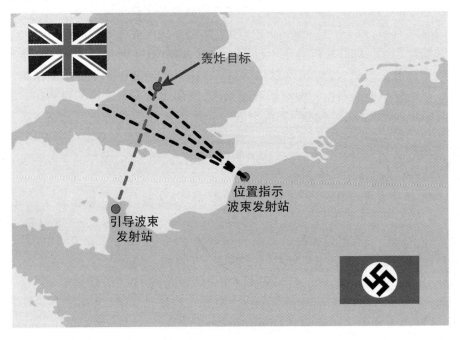

图2.14 "X-装置"无线电导航系统工作原理(见彩图)

采用"X-装置"导航系统之后,德军轰炸机(图2.15)在到达第一个波束交叉点之前,飞机的飞行路径都不是固定的,当飞行员接收到第一个位置指示波束中的信号时,便开始修正航向到引导波束中,这时才会沿着引导波束中心线径直飞向目标;当飞行员接收到第二个位置指示波束的信号时,轰炸机上的领航员便按下一个特制计时器上的按钮,计时器的第一个指针开始转动;当飞行员接收到第三个位置指示波束的信号时,领航员再按下计时器上的另一个按钮,计时器的第二个指针便开始转动,其转速比第一个指针转速快3倍,当两根指针重合时,轰炸机就立即投弹。

"X-装置"导航系统的导航原理简要说明如下。假设飞机的飞行速度为 v

图2.15 装备"X-装置"导航系统的德军战机

(km/s),计时器第一个指针的转动速度为ω_1(rad/s),在第一个指针开始转动时飞机距离目标还有20km;当飞机距离目标还有5km时,第二个指针以$4\omega_1$(rad/s)的速度开始转动,记第二个指针要追上第一个指针所花费的时间记为t(s),在此期间飞机飞行的距离R(km)可按照初等数学中的追击问题求解如下:

$$R = t \cdot v = \frac{\frac{20-5}{v}\omega_1}{4\omega_1 - \omega_1} \cdot v = 5 \tag{2.1}$$

由式(2.1)可见,只要轰炸机的飞行速度在最后20km飞行过程中保持恒定,就能确保在计时器的两个指针重合之时,轰炸机从第三个波束交叉点向前飞行的距离一定为5km,即刚好到达目标所在位置处。这样就可以实施轰炸投弹操作了。

在"弯腿"导航系统受到英军干扰之后,德国空军立即启用了"X-装置"导航系统,配备了该导航系统的德军第100轰炸机大队于1940年8月13日出动了大约20架飞机在"X-装置"导航系统的指引下成功轰炸了英国伯明翰的飞机零件制造厂。这次成功空袭又开启了德军新一轮精确轰炸行动,在接下来的两个多月时间里,第100轰炸机大队对英国进行了40余次成功空袭。到了1940年10月初第100轰炸机大队开始投放燃烧弹和照明弹,从而为其他没有安装"X-装置"导航系统的普通轰炸机指示目标,扩大轰炸的效果,英国损失惨重。

(2)英军研制"溴化剂"导航干扰机。

实际上,在1940年8月德军首次使用"X-装置"导航系统时,英军电子情报部队就已经侦察截获到了74MHz的异常信号,在经过几次确认之后发现了德军"X-装置"导航系统的秘密,由于当时在这一频段上英军没有合适的大功率无线电发射机,所以英军立即以一种陆军雷达为基础开始研制针对"X-装置"导航系统的干扰机,并以一种药品名称代号"溴化剂"来命名。经过2个多月的技术攻关,"溴化剂"导航干扰机终于研制完成,出厂装备部队。

1940年11月14日下午3点,德军发起了代号为"月光鸣奏曲"的空袭行动。虽然英军的第80联队立即侦察发现到德军的"X-装置"导航系统的波束在考文垂附近上空交汇,于是马上组织了4部"溴化剂"导航干扰机对德军航路上的飞机实施干扰,但这一次干扰竟然没有任何效果,德军轰炸机编队仍然顺利飞抵考文垂。德军第100轰炸机大队首先在目标区投下大量燃烧弹,整个考文垂处于一片火海之中,后续的德军轰炸机根据火势的指引持续实施了近10h的轰炸。这次空袭中德军449架飞机总共投下了56t燃烧弹、394t高爆炸弹和127枚伞降地雷;这次空袭成为第二次世界大战爆发以来,英国遭受的最严重的一次轰炸。

实际上,在这次轰炸中英国干扰机在工作频率上已经对准了"X-装置"导航系统所发射信号的频率,而且干扰功率也比较大,为什么没有一点干扰效果呢?随后,英国专家终于在一架缴获的德军飞机上安装的"X-装置"导航系统中发现了问题。英国专家将机载"X-装置"导航系统拆开后,在其中发现了一个特制的滤波器,该滤波器可以对接收到的音频信号进行过滤分选,能将与稍不同于"X-装置"导航系统波束特征的信号全部滤除,经过测试,该滤波器只允许调制频率为2kHz的音频信号通过。而在11月14日当天,4部"溴化剂"导航干扰机上所设置的音频调制频率为1.5kHz,根本无法通过该滤波器,所以当时的干扰效果极差。如果从专业技术的角度来描述就是干扰样式不匹配,即该干扰机的干扰波形设计有问题,没有与目标信号的调制频率保持一致。

查到问题所在之后,立即对干扰样式进行修改完善,在几天之内英军所有的"溴化剂"导航干扰机都将干扰信号的调制频率修正为2kHz。11月19日晚上,德军又想故伎重演,针对英国的伯明翰进行夜间空袭。这一次英军的"溴化剂"导航干扰机发挥了巨大作用,让沿着"X-装置"导航系统引导波束飞行的德军第100轰炸机大队丢失了目标,仅仅在伯明翰南部郊区投下了燃烧弹,由于目标指示的错误,后续的轰炸机更是无功而返,大量的炸弹都投到了荒地上。

在随后的时间里,英国装备了"溴化剂"导航干扰机的第80联队与德军装备了"X-装置"导航系统的第100轰炸机大队又进行了几轮较量。而且英军还优化了干扰策略,使用了两个虚假位置指示波束,在第二个和第三个交叉点之前与德军的引导波束相交,这样就可以使得德军飞行员提前启动计时器,造成飞机还没有飞到目标位置处就开始投弹,这些炸弹全部投到了郊外。另一方面,英国还启动了代号"海星"的位置诱骗计划,即在无人的荒地上燃起大片的篝火,模拟遭受燃烧弹袭击后的情形,德军后续的轰炸机看到地面上的大火,便将炸弹全部倾倒下去,但是轰炸的目标全部是无人区。

德军为了摆脱干扰,开始改变"X-装置"导航系统的工作频率,甚至在1个小时之内变换频率达到10多次;另外,还在"X-装置"导航系统波束中加入调制有字母信息的附加信号,以此来辨别波束的真假。但是这些抗干扰措施的效果随着英国"溴化剂"导航干扰机配置数量的增加,也逐渐下降。因为多个干扰机可以分别对不同频率的导航波束实施干扰,当干扰机的数量足够大时,德军轰炸机实际上已经完全接收不到自己地面导航台发来的信号,遭受到强烈的压制干扰,也就无所谓波束的真假了。很快,在第二个回合中德军的"X-装置"导航系统就这样被"溴化剂"干扰机给废掉了。

3)英军对德军的导航战第三回合——针对"Y-装置"导航系统的"转发"

(1)德军采用"Y-装置"导航系统。

在"X-装置"导航系统遭受严重干扰之后,德军又发明了"Y-装置"导航系统,该系统首先装备于第26轰炸机联队第3大队。"Y-装置"导航系统的导航原理完全不同于"弯腿"和"X-装置"导航系统,只使用一个波束来为轰炸机提供导航,这一个波束同时完成定向与测距这两个功能,而且导航精度还要高于"弯腿"和"X-装置"导航系统。

"Y-装置"导航系统的地面导航站首先将引导波束指向目标,然后每秒发送3组定向信号,飞机上的自动分析仪在接收到定向信号之后,在驾驶舱以专用仪表的形式给机组人员可视化指示方向误差,飞行员根据该误差进行航向修正。波束中每隔一段时间会叠加一个特殊信号,轰炸机在接收到该信号之后再将此信号转发回地面导航站,导航站根据发射与接收到的信号的时间差 $\Delta t(\mathrm{s})$ 通过下式计算轰炸机与地面导航站之间的距离 $R(\mathrm{m})$:

$$R = \frac{\Delta t \cdot c}{2} \tag{2.2}$$

式中:c 为电磁波的传播速度 $c = 3 \times 10^8 \mathrm{m/s}$。

实际上这一原理与雷达探测中的测距原理类似,只不过这里采用的是转发方式,用专业术语来表达,又可称为"二次雷达"。在地面导航站测量出距离 R 之后,地面人员用密语将位置信息通过无线电通信电台通报给轰炸机,在飞机到达目标上空时,地面站会直接给轰炸机下达投弹指令,如图2.16所示。由此可见,"Y-装置"导航系统实际上是一个通信导航一体化系统,在技术体制上是非常先进的。

从1941年1月开始德国空军就启用"Y-装置"导航系统引导,对几个英国内陆城市实施轰炸。第26轰炸机联队第3大队典型的进攻航线是:首先从普瓦的基地起飞,再飞往位于卡塞勒或瑟堡的"Y-装置"导航系统地面台;然后在引导波束的指引下跨越英吉利海峡;最后径直飞向目标实施轰炸。

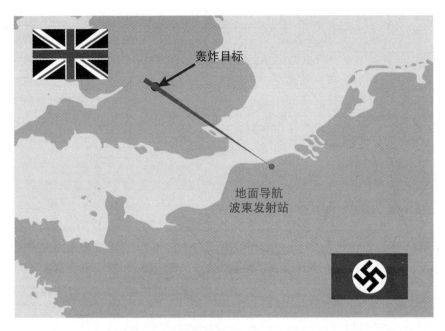

图 2.16　配备了"Y-装置"导航系统的德军典型进攻路线图(见彩图)

(2) 英军采用"转发式"导航干扰机。

虽然,"Y-装置"导航系统的技术体制非常先进,且导航精度很高,但其抗干扰能力却很差。英军采用的干扰策略是:首先将"Y-装置"导航系统地面站发射的测距信号录下来;然后再用大功率干扰机原样放回去。从技术上讲,这就是"转发式"干扰的雏形。如此一来,德军轰炸机就会接收到己方地面站和英军干扰站发射的 2 个测距信号,飞机上的转发器将这 2 个信号同时转发回德军的地面导航站,地面站将接收到 2 个测距信号而无法辨认真伪。如果干扰机实施密集转发,那么"Y-装置"导航系统地面导航站将接收到无数的测距信号,根本无法完成测距功能,其干扰原理如图 2.17 所示。

由于"Y-装置"导航系统的工作频率为 42~48MHz,这正好与英国广播公司(BBC)设置于亚历山德拉宫的电视台发射机频率基本一致。于是,英国人将电视台发射机用作干扰系统的发射机,将侦察录制的"Y-装置"导航信号传输到电视台后进行发射,从而使得德国空军的"Y-装置"导航系统彻底失效。

如前所述,"Y-装置"导航系统实际上是一个通信导航一体化系统,轰炸机的投弹指令是由地面站通过无线电电台下达的。所以,英军在干扰德军导航系统的同时也干扰其无线电通信链路,使得轰炸机完全接收不到地面站发送的投弹指令,飞机往往无功而返。在 1941 年 3 月的前 2 个星期里,第 26 轰炸机联队第 3 大队

第 2 章 电子战的诞生：两次世界大战中的电磁较量

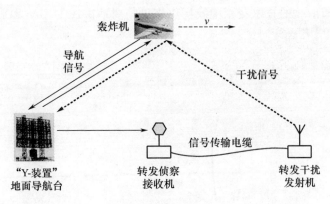

图 2.17 对"Y-装置"导航系统实施转发干扰的原理图

使用"Y-装置"导航系统引导进行了 89 次指示目标的领航飞行,但只有 18 次接收到了投弹指令,德国飞行员对于"Y-装置"导航系统的信任顿时土崩瓦解。"Y-装置"导航系统在遭受英军的有效干扰下也逐渐退出了历史的舞台。

2.3.1.2 德军对英军发起的无线电导航战

在上节中我们回顾了第二次世界大战早期英军对德军实施的无线电导航干扰,有效阻止了德军利用无线电导航系统引导轰炸机对英国本土的轰炸。到了第二次世界大战的中后期,战争形势的变化使得二者的角色也发生了反转,英军开始利用无线电导航系统的引导对德国本土实施轰炸,同样针对英军的轰炸,德军也开始对英军实施了无线电导航干扰。

1) 德军对英军的导航战第一回合——针对"前进"的干扰

虽然在第二次世界大战初期德国人使用无线电导航时,英国空军大多还停留在使用机械式天文罗盘来实施导航的阶段,但英国的技术研发进步十分迅猛。到了第二次世界大战中后期,英军不仅开始广泛采用无线电导航系统,而且无线电导航的体制先进性也超过了德国。如前所述,德军的"弯腿""X-装置""Y-装置"导航系统采用了测向交叉,以及与测距结合的导航体制,而英军采用的是多站时差定位的双曲线导航体制。在这一体制中,地面上的各个导航台同步同时发射不同的导航信号,飞机上的导航接收机测量各个导航信号从导航台传播到飞机的时间延迟之差。由初等数学中的平面解析几何定理可知:平面内距离两个固定点之间距离之差为一常数的点集,将组成一条以这两个固定点为焦点的双曲线。这样一来,飞机上的导航接收机通过对地面上 2 个导航台的信号时差测量就可以绘制出一条双曲线,通过另外 2 个导航台的信号时差测量就可以绘制出第二条双曲线,两条双曲线的交点位置处便是飞机所在的位置,如图 2.18 所示。从本质上讲,通过时差测量的双曲线导航原理与电子侦察中的到达时间差(TDOA)无源定位原理是

53

一致的,在本节后续的技术花絮中我们也将更简要地讲述 TDOA 无源定位原理,以便广大读者对二者进行对比。

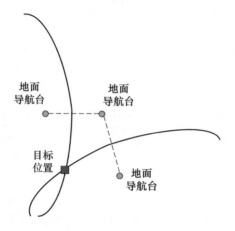

图 2.18　通过时差测量的双曲线导航原理

根据上述基于时差测量的双曲线导航原理,英军研制了"前进"导航系统,图 2.19(a)是博物馆中陈列的"前进"导航系统中的机载设备,左边的是信号接收机,右边的是用于信号到达时差测量的示波器;图 2.19(b)是博物馆中陈列的"前进"导航系统的地面导航台发射机。

(a) 机载设备

(b) 地面台发射机

图 2.19　"前进"导航系统机载设备与地面站设备

虽然在第二次世界大战初期英国就启动了"前进"导航系统的研制工作,但是直到第二次世界大战中后期该系统才在英国空军中推广应用。1942 年 2 月,英国皇家空军先期接收了 300 套手工赶制的"前进"导航接收机;到了 3 月英国空军 30% 的轰炸机上都安装了该系统。在 3 月 8 日晚上,英军派出了一支配备有"前进"导航系统的"惠灵顿"轰炸机部队对德国鲁尔地区兵工厂重镇埃森实施轰炸。

值得庆幸的是德军没有实施干扰，200多架轰炸机在黑夜中有33%准确抵达目标区域，而以往仅仅只有10%~25%的轰炸机能够完成任务。虽然，这次轰炸大部分炸弹实际落在了城市的南部，克虏伯兵工厂逃过一劫，但这次行动证明了"前进"导航系统的有效性。

1942年3月13日，装有"前进"导航系统的飞机准确地在德国科隆投下照明弹，随后跟进的大批轰炸机对其实施了猛烈的轰炸。后续的打击评估数据表明，英军在使用"前进"导航系统之后，轰炸机对德国城市的轰炸效果是以往的5倍。

面对英军猛烈的轰炸，德军也从击落的英国轰炸机中找到了"前进"导航设备，并发现了其中的秘密。德国空军通信总监马提尼将军召开紧急会议，对相关的干扰措施进行了研究与部署。德国电信专家莫盖尔受命研发了针对"前进"导航系统的压制干扰机。由于早期的"前进"导航系统工作于20~30MHz频段，所以莫盖尔将部分大功率短波通信发射机改装成导航干扰机，部署于德国各大城市周围。

1942年8月4日，英国空军再次使用"前进"导航系统对埃森实施小规模轰炸，但是22架轰炸机报告称：在距离目标20~30km时受到严重干扰，完全接收不到"前进"导航地面站所发射的信号。由此可见，莫盖尔临时改装的导航干扰机发挥了作用。紧接着，德军针对"前进"导航系统研制的"海因里希"专用大功率干扰机开始生产与装备部队，英军的"前进"导航系统遭受到越来越严重的干扰，轰炸效能也逐渐下降。但是，英军没有就此放弃，他们扩展了"前进"导航系统的工作频率，研制出新型号的工作频率涵盖了：20~30MHz、40~50MHz、50~70MHz、70~90MHz这4个频段，机组人员可以通过切换频段来规避干扰。但是德军也随之扩展干扰机的工作频段，使得英军"前进"导航系统的导航效能急剧降低。

技术花絮——TDOA时差定位技术

电子侦察中的到达时间差（TDOA）定位方法从几何意义上讲也是一种双曲线定位方法，其基本原理是测量信号从目标到各个从站的传播距离与信号从目标到主站的传播距离之差来实施定位。从理论上讲，目标应位于分别以各从站和主站作为焦点的一组双曲线的交汇点上，其原理如图2.20所示。

当主站和各从站的位置已知，且都接收辐射源信号，可相应测得同一个辐射源发射脉冲信号抵达主站及各个从站的时间差。主站A和一个从站B得到的时间到达差与辐射源到这两个站的距离差成正比，因此可得到以这两个站的位置A和B为焦点的一条双曲线S_1。主站A和另一从站C得到的时间差同样可以得到一条双曲线S_2，辐射源的位置就是这两条双曲线的交点。

(续)

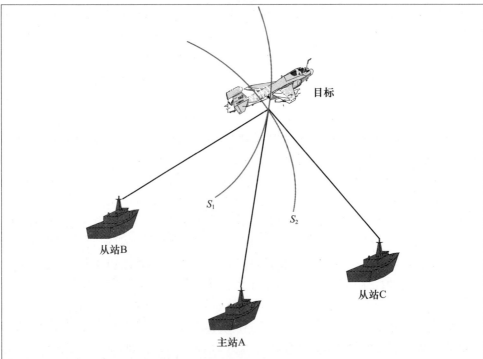

图 2.20 分布式时差定位原理示意图

设待定位的目标位置坐标为 (x,y)，主站 A 的位置坐标为 (x_1,y_1)，从站 B 的位置坐标为 (x_2,y_2)，从站 C 的位置坐标为 (x_3,y_3)，则从站 B 和主站 A 到待定位目标的传播距离差 R_{21} 满足如下关系式：

$$R_{21} = c \cdot \Delta t_{21} = \sqrt{(x-x_2)^2 + (y-y_2)^2} - \sqrt{(x-x_1)^2 + (y-y_1)^2}$$

如果已知待定位目标到 3 个探测站的距离差，联立两个方程，求解方程组的解，再利用先验信息剔除一个无效的解，剩下的就是待定位目标的位置坐标 (x,y)。

对辐射源进行二维时差定位只需要 3 个站，而当对辐射源进行三维时差定位时，则至少需要 4 个站。TDOA 定位精度取决于时差测量精度，该方法是在无源定位问题中应用非常普遍，同时也非常有效的一种定位方法。

2) 德军对英军的导航战第二回合——针对"双簧管"的干扰

在"前进"导航系统遭受严重干扰之后，英军同样启动了另一套无线电导航系统"双簧管"，该导航系统的工作原理简要概述如下。在位于英国南部的多佛和东部的克罗莫分别设置一个地面导航信号发射台,位于多佛的导航台称为"猫台",负责追踪和修正飞机飞行的航线,使飞机始终围绕着以"猫台"为圆心,R_1 为半径的圆弧飞行;而位于克罗莫的导航台称为"鼠台",负责实时测量飞机与"鼠台"之间的距离,当该距离达到预设值 R_2 时,结合一系列修正参数向飞机适时发出投弹指令。通过"猫台"和"鼠台"导航系统的位置,以及 R_1 与 R_2 距离的设定来确定轰炸目标的位置,如图 2.21 所示。

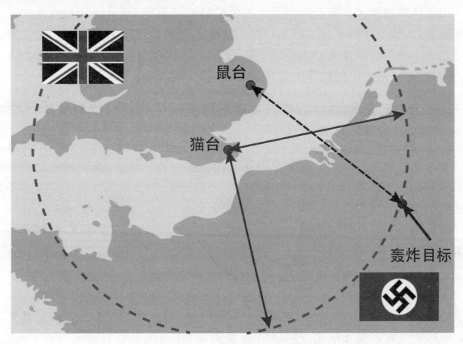

图 2.21 "双簧管"导航系统工作原理(见彩图)

在上述导航系统中距离 R_1 与 R_2 的测量同样采用地面站发射信号、飞机转发信号返回地面站的方式来实现,这一方式与德军的"Y-装置"导航系统的测距原理完全相同,都是采用"二次雷达"原理,而航向修正指令与投弹指令同样也是地面站通过通信链路发出。由此可见,"双簧管"导航系统与"Y-装置"导航系统是非常相似的。前面我们讲到,德军的"Y-装置"导航系统抗干扰能力很差,被英军实施转发干扰后就逐渐退出了历史的舞台。为什么英国人要走德国人的老路,采用类似的导航方法呢?

实际上在英军使用"双簧管"导航系统之后,德军针对"双簧管"导航系统也开始实施干扰,一开始"双簧管"导航系统工作于 220~250MHz 频段,德军的干扰效果也不错。但是,这一次英军发挥了技术上的优势,即将"双簧管"导航系统的工作频率直接提升至了3GHz频段,由于德国无法生产出工作于3GHz的微波器件,无法研制出该频段的信号侦察接收机,所以德军根本接收不到3GHz的信号,无法发现英国人在该频段实施的无线电导航。即使德国人通过谍报等手段已经获知了英军的无线电导航系统工作在3GHz频段,但德国无法生产出3GHz的干扰机,德国人也只能眼睁睁地望着英军的轰炸机在黑夜中准确地飞临自己的头顶之上,投下一枚又一枚重磅炸弹,而自己毫无还手之力。

由上述英德两国在第二次世界大战中的导航战可见,在电磁频谱战中谁掌控了电磁频谱,谁就获得了战争的主动权。这也是当前世界各国都积极致力于开发利用新的电磁频段的强大动力所在,谁在新的电磁频段有了新的器件,而别人没有,那么在这一新的电磁频段中自己就有了绝对的主导权。

2.3.2 利用电磁波的目标发现与掩盖——雷达探测与雷达对抗的争斗

在电磁波的开发利用上人类首先从无线电通信开始起步,而利用电磁波来探测外界目标的原理虽然在1904年就得到了试验验证,但大家都没有注意到它所蕴含的巨大价值所在。直到后来,飞机在战争中发挥的作用越来越大,及时发现空中飞机目标的军事需求变得十分迫切。20世纪20年代,人们才再次回想起利用电磁波来探测空中目标的设想,从这时起雷达的研制才被世界各国提上议事日程。

2.3.2.1 雷达探测开始登上历史舞台并广泛应用

雷达系统通常使用脉冲波形和定向天线向特定空域发射电磁波以搜索目标,该空域内的目标把一部分电磁波能量反射回雷达,雷达接收机对这些回波信号进行处理之后从中提取出距离、速度、角度等参数,从而实现对目标的发现与测量。雷达发射的脉冲信号与接收到的目标反射回波信号如图2.22所示。

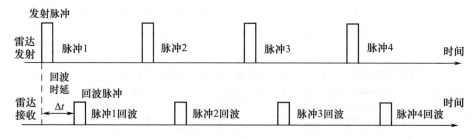

图2.22 雷达发射脉冲信号与接收到的目标反射回波信号

由图2.22可见,雷达通过检测回波脉冲信号来发现目标,测量出目标回波时延$\Delta t(\text{s})$,即可由下式计算目标与雷达之间的距离$R(\text{m})$:

第2章 电子战的诞生：两次世界大战中的电磁较量

$$R = \frac{\Delta t \cdot c}{2} \tag{2.3}$$

实际上，雷达探测到目标的首要条件是要检测到回波信号，回波信号越强就越容易检测。而回波信号的功率强度大小取决于雷达的发射功率、天线增益、天线有效面积、目标的雷达截面积等因素，主要由雷达方程来描述，关于雷达方程的详细阐释可参见本节后面的技术花絮。雷达方程从原理上说明：雷达的发射功率越大、天线口径越大、天线有效面积越大、目标的雷达截面积越大，所接收到的目标回波信号功率也就越大；而雷达与目标之间的距离越大，所接收到的目标回波信号功率越小。

此处以第二次世界大战期间一部典型的工作于300MHz频段、天线口径为6m、发射机输出功率为100kW的雷达对100km外雷达截面积为20m²的一架飞机目标实施探测为例，由雷达方程可计算出该雷达接收到的目标回波信号功率约为0.64×10^{-12}W。由此可见，雷达接收到的目标回波信号功率相对于发射机输出来讲已经非常小了，相差了大约17个数量级。再加上当时的雷达信号处理技术刚刚起步，采用的都是最简单的检测流程，在此条件下当时雷达的探测能力并不强。

在第二次世界大战爆发之前的十多年里，英国、德国、美国、日本、苏联等国家都已经独立研制出了各具特色的试验型雷达，利用这些试验样机可以探测到空中飞机和海面舰船，确定这些目标的方位与距离。在第二次世界大战爆发之后，由于雷达在战争中发挥了巨大作用，激励参战各国大力发展雷达技术，改进雷达装备，新型雷达一个接一个地被快速研制出来，大批量生产装备部队并投入战斗。第二次世界大战期间具有代表性的雷达装备及其主要性能参数如表2.1所列。

表2.1 第二次世界大战期间具有代表性的雷达装备及主要性能参数列表

型号名称	主要性能参数及相关信息	国家	类型
弗雷亚	工作频段57~187MHz；峰值功率15~20kW；最大搜索距离161km；首部服役时间1938年；生产数量1000多部	德国	二坐标警戒雷达
猛犸象	该雷达是世界上首部相控阵雷达，采用6个天线进行电扫描；工作频段120~150MHz；峰值功率200kW；最大搜索距离297km；首部服役时间1942年；生产数量约20部	德国	二坐标相控阵警戒雷达
沃塞曼	该雷达为三坐标雷达，方位上机械扫描，俯仰上电扫描；工作频段119~156MHz；峰值功率100kW；最大搜索距离281km；首部服役时间1942年；生产数量约150部	德国	三坐标警戒雷达
维尔茨堡	A型工作频段553~566MHz；B型工作频段517~529MHz；C型工作频段440~470MHz；峰值功率5~11kW；最大搜索距离40km；最大跟踪距离24km；采用25Hz圆锥扫描；首部服役时间1940年；生产数量3000~4000部。该雷达是第二次世界大战中生产数量最多的雷达，采用了许多抗干扰措施	德国	高射炮和探照灯火控雷达

实际上,第二次世界大战期间雷达的使用是非常广泛的。在目标探测方面的典型雷达是德军研制的"弗雷亚"警戒雷达,该雷达生产了1000多部,如图2.23(a)所示,以及"维尔茨堡"高射炮和探照灯控制雷达,该雷达生产了3000~4000部,如图2.23(b)所示。

(a) "弗雷亚"警戒雷达　　　　(b) "维尔茨堡"高射炮和探照灯控制雷达

图2.23　第二次世界大战期间德军广泛使用的警戒雷达与火控雷达

从图2.23中可以看到,"弗雷亚"雷达采用了收发天线分置的设计方式,位于下方的发射天线与位于上方的接收天线都是由矩形偶极子天线阵构成。底座的方舱内部刚好有一人的高度,雷达操作员就在此方舱内操控雷达实施目标探测。实际上"弗雷亚"雷达在第二次世界大战期间也在不停地改进,改进后的雷达天线阵上方还加装了敌我识别天线。

在反映第二次世界大战历史的各种经典影片,如著名的"伦敦上空的鹰",都会提到英国研制的"本土链"雷达,该雷达被广泛部署于英国东海岸,对英吉利海峡和西欧大陆上空进行探测,并且该雷达在探测德军轰炸英国的飞机目标中发挥了巨大作用。虽然,英国的"本土链"雷达具有光辉的战史,但从技术上讲,"本土链"雷达并没有"弗雷亚"雷达先进,不过英军在防空指挥的效率上要远远高于德国。从图2.23中可以发现,"弗雷亚"雷达站的操作方舱狭小不堪,仅供少数几名操作员执行任务;而英国"本土链"雷达的操作间与防空指挥系统联成了一个整体。由图2.24(a)可见,"本土链"雷达天线被架设在几十米高的铁塔上,铁塔旁边的小房屋就是雷达站,图2.24(b)所示的是雷达站内部工作场景,照片中一名雷达目标标图员头戴耳机,通过内部通话器收听雷达操作员的目标位置报告,然后及时标注目标位置,而其他几名标图员密切协同,核对并绘制出各批目标的航迹,位于他们后方的指挥员手持电话实时进行指挥并向防空系统上报最新的态势情况。由此可见,英国人即使在雷达探测技术上比起德国人稍逊一筹,但他们通过有效的人机协同方式弥补了这一缺陷,同样提升了战力。

(a) "本土链"雷达

(b) 雷达站内部照片

图 2.24　英国的"本土链"雷达及其雷达站内部照片

技术花絮——雷达方程与探测原理

雷达通过确定物体相对于雷达的距离和角度来探测并定位该物体。一部雷达确定到某个物体(我们将其称为目标)的距离是通过测量光速传播的电磁信号往返目标的时间来完成的。雷达到目标的距离等于光速乘上自发射一个信号到接收到由目标反射回来的同一个信号所用时间的一半。雷达通过定向天线来确定目标的角度位置,定向天线具有增益方向图,随着与天线视轴的夹角不同而变化。因为天线方向相对于目标是变化的,所以通过比较回波信号的幅度就可以计算出雷达位置到目标的水平和/或垂直角度。如果雷达天线的视轴缓慢扫过目标的角度位置,当测到接收信号的幅度最大时,就能确定目标是在雷达天线所指的方向上。雷达探测目标的原理如图 2.25 所示。

(续)

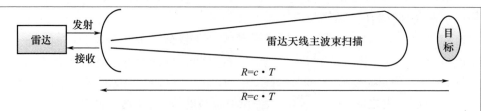

图 2.25　雷达探测原理

雷达方程广泛用于描述到达雷达接收机的信号能量,它与发射机的输出功率、天线增益、雷达截面积、发射频率、雷达照射目标的时间以及从雷达至目标的距离有关,该方程的通用形式为

$$SE = \frac{P_{AVE} G^2 \sigma \lambda^2 T_{OT}}{(4\pi)^3 R^4}$$

式中:SE——接收到的信号能量(W·s);

P_{AVE}——平均发射功率(W);

G——天线增益;

λ——发射脉冲的波长(m);

σ——目标的雷达截面积(m^2);

T_{OT}——脉冲照射目标时间(s);

R——到目标距离(m)。

假设发射机和接收机位于同一位置且具有相同的天线增益,该方程式最常见的形式为

$$P_R = \frac{P_T G^2 \lambda^2 \sigma}{(4\pi)^3 R^4}$$

式中:P_R——接收到的功率(W);

P_T——发射机功率(W);

G——天线增益;

λ——发射脉冲的波长(m);

σ——目标的雷达截面积(m^2);

R——到目标距离(m)。

假设雷达发射机功率为100kW,发射天线增益为1000(30dB),雷达工作在10GHz(X波段),被探测目标的雷达截面积为10m^2,雷达接收的最小回波功率为10^{-12}W(-90dBm),由雷达方程可解算出该雷达探测的最大距离为25.9km。

第 2 章　电子战的诞生：两次世界大战中的电磁较量

2.3.2.2　1942 年实施的首批次针对预警雷达的有源干扰

如前所述,雷达作为无线电探测与测距的重要工具在第二次世界大战中得到广泛应用,"魔高一尺、道高一丈",对应的雷达干扰装备也几乎与此同时登上了历史的舞台。雷达干扰的目的就是要降低雷达探测目标的性能,使其不能有效发现目标,不能获得目标的方位与距离信息。在第二次世界大战期间"雷达探测"与"雷达干扰"二者之间在电磁频谱中展开了激烈的战斗,而这一战斗首先在预警雷达中展开。

1) 1942 年初德军针对盟军预警雷达实施的压制干扰

电子战历史上第一次成功的雷达压制干扰作战行动要追溯到 1942 年的第二次世界大战期间。1942 年 2 月 12 日,德军的"沙恩霍斯特"号和"格奈森诺"号战斗巡洋舰在英国强大军队的严密监视之下,魔幻般地从法国西北部的布雷斯特港快速穿越英吉利海峡到达了德国,如图 2.26 所示。这是一次大胆的、精心策划和严格保密的军事行动,这次行动能够成功的一个重要原因是德军大量使用地面雷达干扰机对英吉利海峡对岸的英军"本土链"监视雷达实施了有效的干扰。当德军的这两艘战舰到达英吉利海峡东端进入英国海岸雷达探测范围之内时,这些德军干扰机同时释放干扰,而此时英国许多训练有素的雷达操作员都调到战斗最激烈的地中海战区,接替他们的雷达操作员还从来没有见过如此严重的干扰,他们把雷达荧光屏上的干扰信号报告成"设备故障"或"本地干扰",使得英军上级指挥官完全弄不清楚他们遇到的困难到底是什么。等到明白过来之后已经为时已晚,德军的两艘战舰早已驶过了英吉利海峡。这次成功的针对预警雷达的压制干扰事件也强烈地促进盟军加大了对雷达干扰机的研制与装备工作。

2) 1942 年夏盟军针对德军预警雷达实施的欺骗干扰

电子战历史上第一次较大规模的雷达欺骗干扰行动发生在第二次世界大战中期,英国针对德军 125MHz 工作频率的"弗雷亚"警戒雷达研制了应答欺骗式"月光"干扰机。该干扰机在接收到敌方雷达发射的脉冲信号触发之后,回答一个 50 多微秒带有幅度调制的宽脉冲信号,波形有节拍地跳动,内部还有交织状花纹,雷达接收显示之后,该信号类似于一个长达 8km 的密集编队飞行的多架飞机的回波。

1942 年春末,英国皇家空军第 515 中队开始配备 9 架装有"月光"干扰机的"挑战"式双座战斗机。8 月 6 日该中队起飞了 8 架"挑战"式双座战斗机,在波特兰附近的英吉利海峡上空进行首次试验性佯攻。这些飞机在使用"月光"干扰机之后,当时估计有 26 架德军战斗机从法国西北部的基地起飞准备迎战,在瑟堡的探测气球也升起来了。为了进行对比,8 月 12 日,使用同样的飞机执行同样的飞行任务,但关掉了"月光"干扰机,结果德军的战斗机没有任何行动,瑟堡的探测气

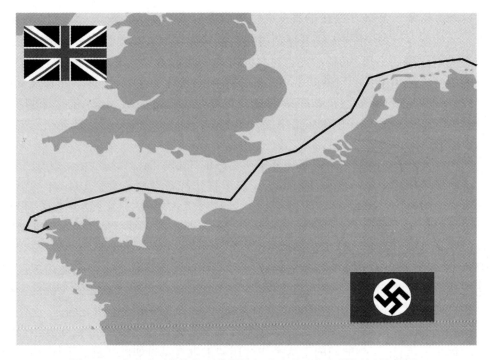

图 2.26 在电磁干扰掩护下德军战舰成功通过英吉利海峡(见彩图)

球也没有升起来。通过这一对比性试验,初步验证了"月光"干扰机的作战效能,同时也为后续的大规模应用奠定了基础。

1942年8月17日,盟军第97轰炸机大队派出12架B-17"空中堡垒"轰炸机去轰炸位于法国里昂的德军铁路调车场。在这批主攻飞机起飞前,首先起飞了两批佯攻飞机,每批有3架B-17轰炸机。第一批佯攻飞机飞往目标西边大约240km处海峡群岛中的奥尔德尼岛;第二批佯攻飞机飞往目标东北方193km处的敦刻尔克。与第二批佯攻飞机一起起飞的有英国皇家空军第515中队利用9架装有"月光"干扰机的"挑战"式双座战斗机,此外还有97架"喷火"式战斗机。这些战斗机组成护航编队,以进一步增加电子干扰欺骗的真实感。这两批佯攻飞机都飞到距离德军占领区海岸16km以内,然后调转航向返航,如图2.27所示。

德军的雷达操作员从"弗雷亚"警戒雷达上观察到的是英军庞大的飞机编队向敦刻尔克进发的假象,从而该虚假雷达情报引诱了大约150架德军战斗机主力部队起飞去拦截这支佯攻机群,而真正的盟军主攻编队躲过了德国空军的拦截而成功轰炸了里昂,整个盟军轰炸机编队完好无损地顺利返航。

应答式欺骗干扰是通过模拟目标的回波特性,使雷达获得虚假的目标信息,做出错误判断或增大受雷达控制的自动跟踪系统的误差。针对雷达的欺骗性干扰可

第 2 章 电子战的诞生：两次世界大战中的电磁较量

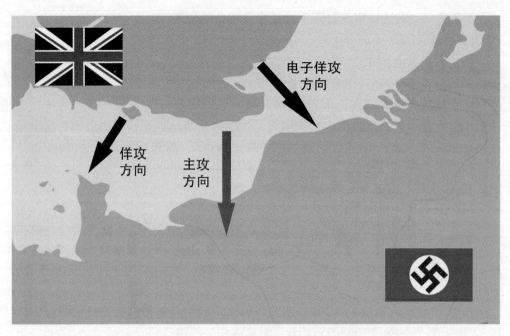

图 2.27　盟军在电子佯攻掩护下轰炸里昂（见彩图）

以采用有源或无源的方法产生。典型的有源欺骗干扰首先是使用干扰设备先接收雷达发射的信号；然后经过干扰调制，改变其有关参数，再转发回去，从而形成假目标，对雷达接收机实施欺骗，达到掩护战术行动的目的。

虽然英军利用"月光"干扰机在德军雷达上制造佯攻机群，成功地将德军主力战斗机群在光天化日之下引向虚假的进攻方向，从而使真正主攻方向的轰炸机编队免遭拦截。但在此之后，德军在西欧部署了越来越多的"弗雷亚"雷达，组成了严密的预警雷达网，这一欺骗性战术日渐失去效用，要对空域交叠覆盖的整个雷达网实施有效欺骗，时至今日也是广大电子战科研技术人员一直研究的一个难题，德军通过雷达网信息的综合来识别虚假的欺骗性雷达干扰回波，这成为反欺骗的重要手段。所以在两个月之后基于电子战手段的"月光"佯攻行动就不再单独使用了，德军雷达部队已经识破了英军的这一雷达欺骗干扰方式，使得英军的这一欺骗干扰方式不再有效。

由此可见，第二次世界大战期间雷达刚刚诞生不久，对电磁波信号接收与处理的能力较弱，所以对少数几部雷达实施欺骗干扰也相对容易。在本书后续部分大家将会看到，随着数字技术与信号处理技术的发展，雷达辨别真假目标的能力也越来越强，欺骗干扰的实现难度也越来越大，这也反映出雷达探测与雷达干扰在电磁频谱战中的博弈呈现出强弱替换，螺旋上升的特点。

2.3.2.3 雷达侦察与有源干扰技术及装备的发展

1) 雷达侦察技术的进步

雷达侦察是雷达干扰实施的基础与前提，1942年德军与英军互相之间实施的雷达干扰行动十分精彩，但实际上背后都离不开雷达侦察的引导。雷达侦察主要是利用侦察接收机截获雷达信号，测量其频率与来波方向；在此基础上雷达干扰机才能在指定频率和指定方向上释放电磁干扰信号。雷达侦察接收机最初普遍采用晶体视频接收机，虽然该体制的接收机侦察灵敏度低，测频准确度不高，但在雷达对抗初期也发挥了填补空白的巨大作用。随着第二次世界大战中雷达对抗应用的迅猛发展，雷达侦察技术也在不断改进与更新。

(1) 宽带超外差电子侦察接收技术。

虽然早在20世纪20年代前后，无线电通信传输领域中就开始应用超外差接收机，但那时的超外差接收机的工作频段范围较窄，用于雷达侦察时难以满足在频域上宽开侦察接收的要求。随着第二次世界大战期间雷达侦察需求的强烈增长，超外差接收机的工作带宽也得到迅速扩展。

1942年研制的SCR-587接收机是一种典型的机载宽带超外差电子侦察接收机，工作频率范围覆盖100~950MHz。为了截获一部雷达所发射的信号，需要一个操作员同时转动两个调谐旋钮：其中一个用于调谐振荡器；另一个用于调谐射频部分，所带来的问题就是调谐速度很慢，从而限制了它作为电子情报侦察接收机的价值。针对这一弱点又进行了改进，改进之后的型号变为APR-1接收机，采用了参差调谐技术，并增加了中频放大器的接收带宽，这样利用一个调谐旋钮即可实现接收频率的快速改变。

后来，又推出了改进型APR-2接收机，其接收频段范围扩展至90~1000MHz，而且采用了自动频率扫描装置。该接收机的视觉显示部分包括一个小型氖灯，它被输入信号激励而发光，这个小灯安装在一个直径7.6cm旋转圆盘的边缘，圆盘则固定在一个主旋转轴上。圆盘的旋转速度也就是频率扫描的速度，该速度是可变的，最大可达60r/s。由于人的眼睛存在视觉暂留效应，所以当这台自动频率扫描接收机接收到信号时，就会在相应的频率刻度处出现一个明亮的红色标志，操作人员便可立即读出所截获到的信号的频率大小。由此可见，雷达侦察技术的进步不仅使得侦察灵敏度得到了极大的提升，而且使得人机交互的友好性也得到了极大的增强。

(2) 瞬时宽带雷达告警技术。

如前所述，虽然第二次世界大战期间超外差体制的电子侦察接收机的总的工作频段范围得到了极大的拓展，但是其瞬时接收带宽始终是有限的，所以必须不断调节射频接收频率来实现对整个接收带宽的覆盖。但是，在雷达波束快速切换时，

第2章 电子战的诞生：两次世界大战中的电磁较量

这种在宽频带范围内进行频率扫描搜索的接收体制对雷达脉冲的截获概率并不高，所以瞬时宽开接收的雷达告警接收机也随之被设计出来。该类接收机采用射频直放和检波方式，瞬时覆盖全部接收带宽，在时间上的截获概率非常高。当然，其接收灵敏度相对较低，但是其作为雷达告警使用时灵敏度是足够的，因为火控雷达对目标飞机实施持续跟踪照射，几乎全部是天线主波束指向目标。此时，侦察接收机接收到的雷达脉冲信号的强度非常大，所以可以比较可靠地完成雷达脉冲信号的有效截获、分析与告警。

（3）第二次世界大战期间具有代表性的雷达侦察接收机装备。

第二次世界大战期间大量生产的具有代表性的雷达侦察接收机装备及主要性能参数，如表2.2所列。

表2.2　第二次世界大战期间具有代表性的雷达侦察接收机装备及主要性能参数列表

型号	主要性能参数及相关信息	国家	生产数量
APR-1	APR-1配有一组调谐装置，首批产品频率覆盖为100～950MHz，后续改进型为40～3300MHz，其改装的舰载型号为SPR-1。该型雷达侦察接收机由美国高尔文制造公司生产	美国	2571部
APR-2	APR-2为具有自动记录能力的雷达侦察接收机，频率覆盖为90～1000MHz，该型雷达侦察接收机由美国高尔文制造公司生产	美国	325部
APA-17	APA-17为机载宽带测向机，测向频率范围为250～1000MHz，生产公司有2家：霍夫曼无线电公司与艾维奥拉公司	美国	1445部

技术花絮——侦察方程与距离优势

侦察方程是指不考虑传输损耗、大气衰减，以及地面或海面反射等因素影响，而推导出的侦察作用距离方程。假设运载平台上的侦察接收机与雷达辐射源之间的空间位置关系如图2.28所示，雷达发射信号对空中目标进行探测，该信号同时也会被运载平台上的侦察接收机截获与处理，一旦侦察接收机检测到雷达信号，即可发现这一部正处于工作状态的雷达。

通过对比侦察方程与雷达方程可知：侦察接收机接收到信号的功率与距离的平方成反比；而雷达接收机接收到信号的功率与距离的四次方成反比，所以在具有相同的接收灵敏度和主瓣侦收条件下，侦察接收机的有效工作距离远远大于雷达接收机的有效工作距离，具有明显的距离优势，即具有先发现目标的优势。

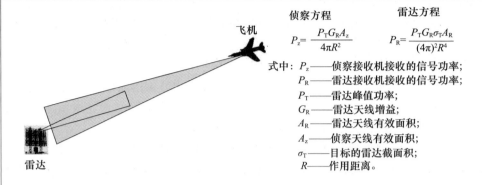

图2.28 对雷达的侦察,以及侦察方程与雷达方程的对比

在此对比举例说明如下:一部具有1MW峰值发射功率、30dB天线增益,天线有效接收面积为30m²的雷达,对雷达反射截面积为10m²的空中飞机实施探测,该飞机上的侦察接收机同时对该雷达实施主瓣侦察,侦察接收天线的面积为0.001m²,二者具有相同的-80dBm接收灵敏度。那么,该雷达最远可在117km的距离上探测到该飞机,而飞机上的侦察接收机最远可在8921km距离上就发现了该雷达,从而做好了战斗准备。这就是电子侦察相对于雷达探测所具有的距离优势。

2) 雷达有源噪声压制干扰技术原理与应用

(1) 雷达有源噪声压制干扰技术原理。

英国在第二次世界大战早期的试验中以及德国在第二次世界大战期间所采用的雷达干扰样式都是脉冲干扰或同步脉冲干扰。这类干扰在当时雷达所使用的A型显示器上可以产生一种"尖桩篱笆"式的干扰效果,但是训练有素的雷达操作员可以在干扰信号所形成的"桩尖"之间继续锁定真实目标,即在干扰条件下继续发挥雷达探测目标的有效作用。

此时英国电信研究所负责无线电对抗研究工作的技术专家科伯恩(Coborn)博士对雷达干扰的最佳干扰样式开展了研究,他发现此时的雷达接收机的效能已经接近了它的极限,从飞机反射回来的微弱信号刚刚可以从大气的"噪声"背景中区分出来。因此,科伯恩推断,如果将外加的背景噪声通过雷达天线注入雷达接收机中,那么飞机目标所形成的辐射目标的信号将会被噪声淹没。如果用现在的技术语言来表达就是:当时的雷达接收机的噪声系数非常高,再加上有效辐射功率较小,造成飞机目标回波信号的功率也同样很小,所以有效的目标检测信噪比特别低,这可以从前面的雷达方程式中看出。所以,在采用噪声压制干扰之后,雷达将检测不到飞机目标,而这可以由如下的干扰方程来描述。

第2章 电子战的诞生:两次世界大战中的电磁较量

干扰方程定量描述了雷达接收到的干扰信号功率 P_{RJ} 与雷达天线有效面积 A_e、干扰机发射功率 P_J、干扰机天线增益 G_J、干扰机与雷达之间的距离 R_{Jr} 等因素之间的关系。在第二次世界大战期间,由于雷达天线波束较宽,有源干扰的实施主要以雷达主瓣干扰为主,在此条件下的干扰方程为

$$P_{RJ} = \frac{P_J G_J A_e}{4\pi R_{Jr}^2} \tag{2.4}$$

通过雷达方程与式(2.4)的干扰方程进行对比可知:如果雷达接收到的干扰信号的功率远大于接收到的目标回波信号的功率,即 $P_{RJ} \gg P_{Dr}$,干扰信号将会淹没掉目标信号。在此,延续在讲述雷达探测时所举的例子来继续分析,为了对比方便,简要重复上例中的部分内容。一部工作于300MHz频段的雷达的天线口径为6m,发射机功率为100kW,对100km外的雷达截面积为20m²的一架飞机目标实施探测,由雷达方程计算出该雷达接收到的目标回波信号功率约为 0.64×10^{-12} W。如果该飞机上携带了一部对应频段的干扰机,干扰机的输出功率为10W,干扰机天线增益为1,由式(2.4)可计算出该干扰机所释放出的噪声干扰信号到达雷达接收机时的功率为 1.13×10^{-9} W。对比可见,干扰信号功率比目标回波信号功率要大近3个数量级,在此条件下该雷达根本无法检测到飞机目标信号,无法发现目标。

科伯恩博士的理论分析结果在经过试验验证之后,噪声压制干扰样式得到了推广性应用。为了更加清晰地理解,下面列举一些第二次世界大战期间具有代表性的雷达干扰装备。

(2) 第二次世界大战期间具有代表性的雷达干扰机装备。

在第二次世界大战中德军应用最广泛的两种型号的雷达分别是:工作在125MHz的"弗雷亚"警戒雷达和工作在560MHz的"维尔茨堡"火控雷达。而美军也针对性地研制了几种雷达干扰机,分别是用于对付"弗雷亚"雷达的代号为"黛娜"和"鹤咀锄"的干扰机,以及对付"维尔茨堡"雷达的代号为"地毯"的干扰机,如图2.29所示,这些典型干扰机装备及主要性能参数如表2.3所列。

(a) APT-1 "黛娜"

(b) APT-2 "地毯"

图2.29 第二次世界大战时期盟军使用的雷达干扰机

表2.3 第二次世界大战期间具有代表性的雷达干扰机
装备及主要性能参数列表

型号名称	主要性能参数及相关信息	国家	生产数量
APT-1"黛娜"	APT-1是机载干扰机,主要用于干扰警戒雷达,频率覆盖范围90~220MHz,输出功率12W。生产厂家为美国无线电研究实验室和美国通用汽车公司德尔科无线电部	美国	6202部
APT-3"鹤咀锄"	APT-3是机载干扰机,主要用于干扰警戒雷达,频率覆盖范围85~135MHz,输出功率100W。生产厂家为美国通用汽车公司德尔科无线电部	美国	1105部
APT-2"地毯"	APT-2是机载干扰机,主要用于干扰火控雷达,频率覆盖范围450~720MHz,输出功率5W。生产厂家为美国通用汽车公司德尔科无线电部和赫得森美国公司	美国	7270部

(3)有源噪声压制干扰的应用。

第二次世界大战后期,从1944年春开始"地毯"干扰机被大量安装在美军驻英国的轰炸机上,而且每个轰炸机大队大多配有毕业于博卡拉顿电子对抗培训学校的电子战军官,他们的重要任务除了保证轰炸机上加装的"地毯"干扰机的正常可用外,还要负责正确预置干扰机的工作频率。因为当时德军"维尔兹堡"高炮瞄准雷达的工作频率约在553~566MHz范围内变动,而每部干扰机的瞬时干扰带宽只有2~3MHz,采用的干扰方法为全频段噪声压制式集体自卫干扰,所以必须将整个轰炸机大队所有干扰机的工作频率预先调谐到不同的频率上,确保干扰频率完整而均匀地分布在553~566MHz范围内,这样当整个轰炸机编队飞到雷达所覆盖的空域时,同时打开所有的干扰机才能对雷达实施全频段噪声压制干扰。由于"维尔兹堡"高炮瞄准雷达的工作频率后续又进行了扩展,所以每个星期这些电子战军官都会从美军航空司令部收到一份德军"维尔兹堡"高炮瞄准雷达的用频统计直方图,他们便根据最新的用频图来进行整个编队飞机上干扰机频率的预先设置。

由于德军"维尔兹堡"高炮瞄准雷达不断扩展用频范围,逐渐涵盖了440~470MHz、517~529MHz和553~566MHz。从1944年5月开始,为了提升干扰效果,各架轰炸机上安装了一种简易的引导接收机,并要求在每架飞机上配备一名专职电子对抗操作员。首先侦察雷达当前所使用的频率;然后手工调谐干扰机,使其及时对准到雷达工作频率上实施瞄准式噪声压制干扰。干扰方式从全频段压制干扰变为瞄准式干扰后,这突如其来的人员需求已远远超过了当时电子战军官的培养速度,只能由飞行大队中的电子战军官临时担任战地教官,就地对部分空勤人员实施培训,临时承担电子对抗操作员的任务。就这样,电子战军官与临时受训人员都登上了轰炸机,一起执行对敌轰炸过程的电子干扰任务。此时轰炸机上的电子对抗操作员一旦到了防空地带就让引导接收机在"维尔茨堡"高炮瞄准雷达的几个工作频段来回扫描,直到收听到一部雷达跟踪他们编队的"吱吱"声,然后打开"地毯"干扰机进行发射,并调整它的频率,直到听到"流水"声响,把雷达信号的声音压制住后,干扰机便对准目标频率了。此后,还要轮流检查每个被干扰的频率,即短时间关掉干扰机,再听听雷达是否继续在跟踪他们的编队。所以在有强大的高炮防御地带,电子对抗操作员非常忙碌,由于他们使用接收机扫掠"维尔茨堡"高炮瞄准雷达的频带,所以常常还能听到别的飞机用"地毯"干扰机干扰时的"哗哗"流水声。飞机上的电子对抗操作员之所以能够从耳机中收听到雷达信号与干扰信号的声音,主要是侦察接收机将信号检波之后所产生的视频信号馈入耳机的缘故,因为这一视频信号的频率范围刚好与人耳听觉频率范围大致接近,所以第二次世界大战期间的电子对抗操作员普遍采用这一方式来监视与操控电子对抗设备。

3)电磁频谱战中的特殊装备——"大喇叭"干扰机

1943年秋,美国无线电研究实验室的工程师温·索尔兹伯里(Win Salisbury)研制了一台 MPQ-1"大喇叭"干扰机。该干扰机包括了两部 50kW 的发射机,作为射频功率源的发射管是西屋公司生产的斯隆-马歇尔管或谐振电子管。所设计的整个干扰系统的工作频率为 490MHz,重量超过了 170t,由 6 辆大型卡车和两辆拖车负责运输。其中包含 3 台用于供电的 75kW 柴油发电机。该干扰机的作战目标对象为工作频率 490MHz 的德军"列支敦士登"夜间战斗机的机载截击雷达,如图 2.30 所示。所设计的干扰波束宽度为 30°,架设在英格兰东海岸,方向朝东对着欧洲上空,其干扰作用距离超过 320km,可使得在此范围内的"列支敦士登"机载截击雷达的屏幕上呈现出"一片白色"。

(a)

(b)

图 2.30 机头安装"列支敦士登"机载截击雷达天线的德军战斗机

大家可能有一个疑问,在前面介绍的对雷达的有源噪声压制干扰中,飞机上装载的一个 10W 的小功率干扰机就可以在 100km 距离上对地面雷达实施有效干扰。而在此处,为什么要研制如此超大功率的干扰机对机载雷达实施干扰呢?

实际上二者的主要区别在于干扰的方式与掩护的距离有差异。前一种是自卫干扰,即自己释干扰使雷达无法发现自己,干扰信号从雷达接收天线的主瓣方向进入,而且掩护目标距离在100km时飞机自身的回波信号也非常小。而后一种干扰是支援干扰,即自己释放干扰使雷达无法发现别的目标,干扰信号往往是从雷达接收天线的旁瓣方向进入,而且目标掩护距离往往比较近,甚至在10km以内。对于大口径雷达天线来讲,主瓣方向的增益比旁瓣方向的增益往往高出好几个数量级,所以同样功率大小的干扰信号从旁瓣进入到雷达中比从主瓣进入到雷达中,雷达接收到的干扰信号功率同样要低好几个数量级;再加上掩护目标距离的缩短,造成目标回波信号功率的增加。这两方面因素共同使得所需要的干扰功率迅速提升。

在整个"大喇叭"干扰机系统中,两台卡车装载发射机,每台发射机有一个高0.76m、直径0.38~0.46m的谐振电子管作为末级发射管,每只发射管能在工作频率上产生80kW的功率,但发射机只调节到50kW的输出功率,并在10MHz带宽内进行调制。安放在同一车厢内的10kW调制器用来驱动末级发射管的栅级。每只谐振电子管通过一个很短的15.2cm直径同轴过渡器耦合到一根波导上。在车厢的外侧装有两根波导,波导的规格为0.61m×0.2m,一根波导接到发射天线,而另一根接到用水做的假负载(试验维修时,过渡器用机械方法连接到水负载;作战使用时,过渡器又换接到通往天线的波导上)。

有两台发射机载车,但使用时只用一套。在阵地上这两台车背靠背停放,两个车厢相通,构成一种双发射机房。"大喇叭"干扰机的设计在机械方面复杂得可怕,末级发射管内部要保持恒定的真空。因此,每个管子需要配备它自己的真空泵,发射管是用水冷却的,因此每辆车上还要有水泵和冷却装置。还有一台卡车装有一套完整的机械加工室,用于在战斗阵地进行保障工作(如果需要,甚至末级管子的元件也能在阵地上制作)。

在20世纪40年代初,"大喇叭"干扰机的发射功率几乎已经达到了当时微波功放的极致。研制人员在天线馈源前面放置了一块帆布,当发射机开机时所辐射的功率直接将帆布点燃,还引来了消防人员灭火。在干扰测试过程中,研制人员发现距离干扰发射机1.6km以外的地方还可以点亮荧光管。在一次干扰试验中,他们用一架装载515MHz的ASB雷达的B-17飞机在费城上空飞行,当飞机距离干扰机还在402km以外时,"大喇叭"干扰机就使得飞机上的雷达操作员已经看不到附近的任何飞机目标。

英国皇家空军提出订购3套"大喇叭"干扰机,以保护英国空军的夜间轰炸机。1944年3月底,一部"大喇叭"干扰机从美国运到了英国。当时所设计的配套发射天线为一个开口的喇叭天线,用网状导线做成,悬挂在一些电线杆中间,巨大的天线喇叭口宽 1.8m,高 5.5m,喇叭的总长度为 31.7m。喇叭天线和"大喇叭"干扰机架设在萨福克郡洛斯特附近的塞兹维尔。从那里,巨大的干扰机产生的电磁波朝东指向荷兰、比利时和德国。"大喇叭"干扰机准备用于地对空干扰德军的"列支敦士登"机载截击雷达。该干扰机输出功率极大,如果在天线发射时人员站在天线前面一定距离处就会感到发热。其间有一个英国皇家空军人员将手指一起伸出来直接放在天线前面,立即在他的手指间产生了一条粗电弧,这时发出了一股油煎咸肉的气味。他的手指在治疗包扎了 6 个星期之后才勉强恢复。

"大喇叭"干扰机是电子对抗历史上第一部超大功率的微波干扰机,虽然还不能列入微波武器的行列,但是它为后续大功率微波武器的研制奠定了重要的技术基础。

2.3.2.4 对雷达的无源箔条干扰

1) 无源箔条干扰技术原理

对雷达实施无源干扰的思想最早出现于 1942 年初,英国和德国都开始了相关的原理性技术验证试验,他们得到的试验结果都类似,即采用金属带来对工作在 100~600MHz 频段上的雷达实施入射信号的散射具有破坏性效果,因为这些金属带也会反射雷达回波。如果投放的金属带足够多,金属带的雷达截面积将变得非常大,可达到几百至几千平方米,远远高于飞机目标的雷达截面积。金属带将在雷达 A 显示器上产生一片假回波,将真正要探测的飞机目标回波完全掩盖住了,此时雷达几乎不能跟踪飞机目标。为了防止对手学到这种先进的干扰方法,每个国家都采取了一些最严格的保密措施,包括在寻找到雷达针对金属带的抗干扰手段之前推迟它的作战使用。

实际上在 1942 年夏季,美国无线电研究室的惠普尔(Whipple)在天线专家 L. J. 查(L. J. Cha)博士对偶极子电气特性理论研究的基础上也同时得出结论:一定重量的金属箔条如果切削得很细,并且其长度与被干扰雷达的波长发生谐振,干扰效果最佳。该研究结果递交给了英国战时负责电子对抗技术研究的电信研究所,他们用试验数据验证了惠普尔理论分析的正确性。接下来,英国空军立即大量生产了切割成德国"维尔茨堡"火控雷达 1/2 波长的金属箔条,准备在得到批准之后进行应用。

这一等就是一年,采用箔条对德军雷达实施无源干扰直到 1943 年 7 月才开始应用,当时英国空军大规模使用箔条掩护执行夜间轰炸任务的轰炸机。这种箔条干扰方法对付德军控制高射炮和引导夜间战斗机的"维尔茨堡"高炮瞄准雷达,以及德军夜间战斗机上所携带的"列支敦士登"机载截击雷达非常有效。在箔条干扰条件下,德国空军不得不放弃以前通过雷达来准确引导夜间战斗机的指挥控制流程,在德军改为一种完全不同的、采用概略引导的指控流程实施之前,英国空军轰炸机的战损率大大降低。

在英军大规模使用箔条之后，对箔条无源干扰的保密性要求也就没有必要了，于是1943年8月德国空军也开始允许他们的轰炸机部队大规模使用箔条，德军的箔条是一种涂有金属的纸带（从技术上讲德国比英国更先进），尺寸为79.5cm×1.9cm，主要干扰盟军的高炮瞄准雷达、战斗机引导雷达和夜间战斗机的机载雷达，这些雷达的频率范围为150～225MHz。但是，由于德军投放箔条的数量和密度远远不如盟军，所以干扰效果也远不及盟军。

针对英军的箔条干扰，德军雷达部队紧急启动了两项抗干扰措施："维尔茨劳斯"和"纽伦堡"。"维尔茨劳斯"是一种相参脉冲多普勒处理系统，即现代动目标指示（MTI）雷达的雏形，它可以使雷达操作员区分快速运动的飞机和几乎静止的箔条云。"纽伦堡"是一种辅助音频设备，使雷达操作员通过耳机可听到雷达回波信号中各种调制频率所产生的声音效果。从飞机返回的回波信号被旋转的螺旋桨调制，而从箔条云返回的回波信号则没有这种调制，这实际上是如今现代雷达信号处理中微多普勒效应处理的雏形。1943年11月，上述两种抗干扰手段都已在德军中广泛使用，但由于当时器件水平和设备技术指标的限制，这两种方法在箔条较少时其抗干扰效果还可以接受，雷达操作员也能勉强跟踪飞机目标；但是当箔条很多时，这两种抗干扰手段仍然发挥不了有效的作用。

从1944年开始盟军的箔条使用量剧增，1944年2月盟军轰炸机投下了40t箔条，3月为125t，4月为260t，5月为355t……各个轰炸机编队由于大量使用箔条实施掩护，如图2.31所示，极大地降低了轰炸机的战损率。箔条无源干扰在盟军1944年实施的诺曼底登陆作战中也发挥了巨大的作用，关于这一点下面还会详细介绍。截至今天为止，军用飞机与舰艇等平台上仍在继续使用箔条干扰，只不过箔条干扰设备相比于半个多世纪以前来讲发生了巨大的变化，在本书后续章节还会针对箔条无源干扰对电磁频谱战的影响做进一步的分析。

(a)   (b)

图2.31　盟军轰炸机投下箔条的场景

技术花絮——箔条特性与箔条干扰

如前所述,1942 年夏,美国无线电研究室的工程师惠普尔在天线专家 L. J. 查博士对偶极子电气特性理论研究的基础上得出结论:一定重量的金属丝如果切削得很细,并且其长度与被干扰雷达信号的波长发生谐振,干扰效果最佳。这就是历史上的首个箔条干扰技术研究成果。由于箔条自身不辐射电磁波,而仅仅是反射电磁波,所以对雷达实施箔条干扰属于雷达无源干扰的范畴。箔条通常由金属丝、镀有金属的玻璃丝或纸带切割而成,其长度直接决定了箔条反射电磁波的特性。随着技术的进步与制造工艺的发展,近几十年以来生产出了各式各样的箔条,有圆柱形、薄片形和 V 形等不同形状,如图 2.32 所示。

单根箔条的雷达反射截面积:
$$\sigma_{A,1}=0.17\lambda^2$$

N 根箔条的雷达反射截面积:
$$\sigma_{A,N}=N\cdot 0.17\lambda^2$$

式中:λ 为雷达照射信号的波长;N 为箔条的根数。

封装的箔条弹与箔条丝

图 2.32 不同形状的箔条与雷达反射截面积计算式

通过大量抛洒箔条来反射雷达照射信号,在特定空域形成强烈的雷达反射回波,以此来遮盖真实目标的雷达回波信号,使雷达难以检测到真实目标信号,从而达到干扰雷达正常工作的目的。为了能够干扰不同极化和不同波长的雷达,通常采用不同长度的箔条混合包装,并针对性地对箔条的散开时间、下降速度、投放速度、粘连系数、体积、重量等进行优化设计,以达到最佳干扰效果。

2) 第二次世界大战期间研制的典型无源箔条干扰装备及应用

1943 年,箔条的使用方式都是在轰炸机上由人工手动投放的。美军轰炸机最开始投放的成包的箔条为 CHA－3 型,每包有 3600 根,每根长 254mm,宽 1.27mm,厚 25.4μm,在箔条的宽面中间有 V 形折缝以增加强度,每包箔条重 85g。当轰炸机编队通过高射炮防空区域时,从飞机腰部炮塔出口的地方用手工投放。

后来为了方便投放,在轰炸机上拆掉了无线电舱室的窗户,并在此安装一个截面积为约 10cm×10cm 的与飞机侧面成 45°倾斜角的斜槽,并穿过机身表面略为向外延伸形成一个整流罩,从而产生一股从飞机内部吹到外部的强大气流。将一包箔条投入斜槽后,该气流就迅速将它推出到飞机外面,并立即散开。但是,人工投放的个体差异很大:一方面是投放速度难以准确控制,在要求高速投放时操作员手忙脚乱都应接不暇;另一方面,这种在飞机上开槽方式,也使得无法从飞机的加压舱中对外实施箔条投放。

1945 年生产了两种自动箔条投放器:一种是内装于多发动机飞机上的 A-1 型;另一种是用于单发动机飞机挂载的流线型吊舱中的 A-2 型。箔条装在各种尺寸的长方形纸板盒中,典型尺寸为 24.1cm×7.6cm×1.9cm,纸盒放置得像梯子的阶梯一样,在每个盒子的底面用并行的纸带粘牢。若干带锯齿的滚轴牵动纸带通过投放器,从而剥去包装上的纸带,然后将箔条包从飞机上投放出去,这些箔条包一旦进入湍急的气流中便自动打开,散撒出一根根箔条。这类箔条投放器有 4 种预置的投放速率可供选择,最快是 96 捆/min。后来改进的 A-6 型可提供 6 种投放速度,并广泛安装于美军的 B-29、B-36、B-50 等轰炸机上。ALE-1 箔条投放器是 A-6 的改进型,配有一个功率更大的电动机和效果更好的滚筒系统,能够更有力地拖动箔条包的传送带通过投放器。上述箔条自动投放设备极大地减轻了操作员的劳动强度,而且其投放速度可控,效果也比人工投放更好。

第二次世界大战期间,对研制出的各种箔条以及对箔条投放器的改进,极大地促进了箔条无源干扰的应用;第二次世界大战末期,在雷达干扰领域中已经呈现出有源噪声干扰与无源箔条干扰综合应用的作战方式,使得盟军的雷达干扰在电磁频谱战中获得了绝对优势,为整个战争的胜利也奠定了坚实的基础。

2.3.3 电磁波中的信息传输与阻止——无线电通信与通信对抗的较量

2.3.3.1 无线电侦察测向与定位技术的发展

随着无线电测向仪在军事行动中所发挥的作用越来越大,第二次世界大战期间世界各国军队都开始研制并广泛使用测向仪来对无线电通信电台实施测向,此时广泛使用的测向仪如图 2.33 所示。图 2.33(a)为太平洋战场上日军架设在腊包尔的无线电测向站,采用爱德考克天线,工作频段为 2MHz 左右;图 2.33(b)为日军使用的 93 式近距离无线电测向仪,工作频率为 2.2~25.7MHz,用于对飞机上的无线电台进行测向;图 2.33(c)为部署于挪威的德军使用菱形天线正在对抵抗组织的无线电台实施测向的场景。

实际上,无线电侦察测向技术不仅可以针对通信信号实施侦察测向,对于雷达

第 2 章　电子战的诞生：两次世界大战中的电磁较量

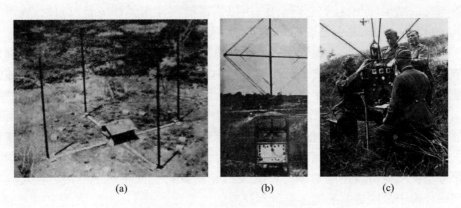

图 2.33　第二次世界大战期间典型的测向设备

脉冲信号同样可以实施侦察测向。1941 初,在雷达出现之后,英国在本土也再次使用电子侦察测向方法对英吉利海峡对岸德军部署的"弗雷亚"警戒雷达实施了测向定位。其所使用的是美国芝加哥的哈利航空器公司研制的 S-27 接收机,其接收频段覆盖范围为 27～143MHz,而此时德军"弗雷亚"警戒雷达的工作频率为 120～130MHz,刚好处于该侦察接收机的接收频段范围之内。利用不同位置的测向结果所形成的测向线交叉,便能对德军的该型警戒雷达以及航行于英吉利海峡舰船上的无线电台实施无源定位。由此可见,通信侦察与雷达侦察的综合化早在第二次世界大战早期就已经出现了,如图 2.34 所示。

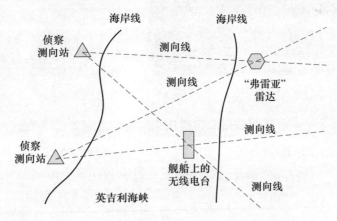

图 2.34　综合化侦察站对通信电台与雷达辐射源的测向定位

在第二次世界大战中,无线电测向仪所立下的最大战功当属盟军在大西洋海战中猎杀德军 U 型潜艇的行动,实际上在第一次世界大战中英军也是通过此方式来围捕德军潜艇的。因为德军潜艇必须通过无线电台定期与总部联系,上报战场态势与交战结果,同时接收总部命令,所以当潜艇在使用无线电台发报时,就可以对其进行测向定位,并引导舰船与战机对其实施围捕。

第二次世界大战早期在使用普通无线电测向仪时,操作人员需要小心翼翼地调节一个精密的拨盘来确定目标与测向站的方位角,当被测信号是莫尔斯码或断续信号时,这一过程将更加困难,所以整个测向过程通常要求该信号至少持续1min 的时间,如果时间不够,测角误差就会增大。德军潜艇吸取了在第一次世界大战中的教训,为了减少发报时间,降低自己暴露的可能性。德国海军首先将常规报文压缩为短编码报文;然后通过恩尼格码加密之后快速发出,一名熟练的德国海军报务员拍发一份典型的短编码报文大约需要 20s,这使得传统测向方法对其实施测向变得十分困难。

针对上述情况,英军开始换装当时最先进的"哈夫－达夫"测向仪,该设备可以直接在阴极射线管上显示方位角数值,操作员不需要再去调节刻度盘就能十分方便地读取测向结果,将测向时间缩短至几秒之内,从而能快速捕获到德军的短时编码发报系统的信号。普通测向仪与"哈夫－达夫"测向仪的对比照片如图 2.35 所示,图 2.35(a)是英国皇家海军"贝尔法斯特"号轻型巡洋舰博物馆展出的普通测向仪,仪器前面板上有两个复杂精密的刻度盘,图 2.35(b)为"哈夫－达夫"测向仪,仪器前面板上有一个阴极射线管,测向的方位角信息直接显示于该阴极射线管上,测向效率与测向精度都大为提高。

(a) 普通测向仪　　　　　　　　(b) "哈夫-达夫"测向仪

图 2.35　普通测向仪与"哈夫－达夫"测向仪的对比

在第二次世界大战早期,"哈夫－达夫"测向仪中的关键部件阴极射线管的成品率很低,产量十分受限。直到 1942 年,随着阴极射线管产量和可用性的提高,"哈夫－达夫"测向仪终于摆脱了此前产量的限制,同时投入生产的改进型产品还安装了可以自动扫描目标频段的连续调谐马达,当侦测到信号时可以立即报警,操作员在信号消失之前进行快速调谐,从而进一步提高了测向速度。对

第 2 章 电子战的诞生：两次世界大战中的电磁较量

于一个操作熟练的英军测向人员仅需要 6s 即可获得电台的方位数据。改进型"哈夫－达夫"测向仪大量安装在英军的护航舰艇上，在对德军潜艇进行测向之后，就会立即引导猎潜舰和飞机对该方向实施搜索，并使用雷达和声呐进一步确定潜艇的位置。

直到 1944 年德国海军才发觉，即使潜艇发送短报文也会被盟军的"哈夫－达夫"测向仪捕获，于是随即开始研制"信使"猝发通信系统，该系统可以将报文的发送时间压缩至 454ms 以内，这样一来即可让盟军完全无法对德军潜艇信号进行截获与测向。但幸运的是，"信使"猝发通信系统直到第二次世界大战结束也没有投入实际使用，这使得盟军使用"哈夫－达夫"测向仪对德军潜艇的捕杀行动继续发挥作用。据统计，在第二次世界大战中被击沉的德军 U 型潜艇总数中，至少有 24% 要归功于"哈夫－达夫"测向仪。

2.3.3.2 在无线电通信干扰方向上缓慢前行

1939 年，第二次世界大战爆发之时，电子对抗中的另一个主角——雷达对抗才刚刚抛头露面，而此时在历史舞台上已经站立了 35 年之久的通信对抗却出现了严重的分化。通信对抗中的通信侦察侦听获得了足够的发展机遇，世界各国大多建立了特种无线电部队来执行通信侦察侦听任务，这也是如今世界各国通信技侦部队的前身；但通信干扰却遭受了冷遇而缓步不前。因为在当时的作战指挥条件下，如果从某一个地点发射的电磁信息量越大，变化越多，那么就意味着敌方通信链路上位于该处的指挥部也就越重要；如果在几天之内敌方众多通信辐射源向战区作接近运动，则可能表示敌军正在排兵布阵，进攻在即；同样敌方通信辐射源逐渐离开战区，则可能表示敌方正在撤退。所以，实施及时有效的通信信号情报侦察与通信侦听是掌握战场信息主动权的重要手段之一，这也是通信技侦部队的重要使命任务；而通信干扰的价值在当时远没有达到如此重要的程度。

在第二次世界大战期间，美国专门建立了从事电子对抗研究的无线电研究实验室，该实验室与贝尔电话实验室一起也在从事通信干扰机的研制工作。1942年，该实验室的诺克斯·布莱克(Knox Black)博士成功开发了干扰德军无线电通信系统的技术，并研制了样机，但是当这类通信干扰机制造出来时，美国军队却并不大量需要它。因为使用这种干扰机会影响对德军通信情报的搜集，并且当时同盟国已经成功破译了德国与日本的通信密码，通过通信侦听所获得的好处远远大于通信干扰，所以美军拒绝做出大量装备通信干扰机的决定。而第二次世界大战期间，盟军列装的雷达干扰机成千上万，相比之下，通信干扰机的数量占其零头都不到，这实际上对当时从事通信干扰技术研究和设备研制工作的科研人员打击不小。

第二次世界大战期间的通信干扰行动也并非完全被禁止，只是在一些战术性行动中进行过使用。1943年,美国针对德军机载电台和坦克电台,研制了两种通信干扰机,即机载的 ART-3"豺狼"干扰机和地面的 MRT-1 干扰机,并进行了少量生产。后续在局部战斗中也采用这两种干扰机对德军实施了有效的通信干扰。另外,1944年针对德军"亨舍尔"293(HS-293)滑翔炸弹使用的"凯尔-斯特拉斯伯格"无线电制导系统,美国和英国都研制了几十台针对这种无线电制导信号的干扰机装备盟军舰艇,用于在舰对空条件下对炸弹的遥控指令通信链路实施干扰。在这段电子战历史中还发生过一些颇有意思的小故事:

1943年8月27日,盟军军舰"白鹭"号在大西洋上的比斯开湾巡逻时,与德军战机不期而遇,德国空军2架 DO-17"道尼尔"轰炸机向"白鹭"军舰号迅速发起攻击,连续发射了4枚制导炸弹,其中1枚准确地落在"白鹭"号军舰甲板上,引发猛烈的爆炸。巨大的威力摧毁了整个"白鹭"号军舰。而德军使用的这一秘密武器正是编号为 HS-293 的制导炸弹。从1943年下半年开始,德国人就在他们的轰炸机上装备了这种重量达到500kg的新式空投武器。这种炸弹配有无线电接收装置,并在尾部安装了助推器,能在无线电指令的控制下自动调整飞行方向。从理论上讲,HS-293 炸弹能在轰炸机投弹员遥控操作下,准确击中慢速运动目标。目睹过 HS-293 炸弹攻击的盟军官兵给它起了个形象的绰号——"追我的查理"。

在"白鹭"号军舰遭袭之后,比斯开湾的盟军舰艇又陆陆续续不断出现被"查理""追赶"的情况,盟军因此损失惨重。为了阻止"查理"的"追赶",找出对付这种秘密武器的方法,英国皇家海军决定由第2舰队中的"野鹅"号护卫舰搭载一支由科学家和工程师组成的专家组进入比斯开湾,引诱德国人使用 HS-293 炸弹攻击,为技术专家们创造一次截获炸弹遥控信号的机会,以便他们能在第一现场研究出应对方法。进入海湾的第3天,盟军的机会来了,德国轰炸机侦察时一眼就发现了英军舰队中的"野鹅"号护卫舰,向舰艇发射了2枚 HS-293 炸弹,就在专家们眼看"野鹅"号护卫舰无处可躲之际,两枚 HS-293 炸弹却离奇的偏离了正确方向,意外落入离舰船数千米的海水中!

惊魂未定的专家们对这一现象产生了极大的兴趣,立即要求调查德军投掷炸弹时舰队的水兵们是不是在使用什么电子设备。调查结果验证了专家的猜想,HS-293炸弹扔下来的时候舰队的另一艘护卫舰"燕八哥"号上有位军官正在用电动剃须刀刮胡子。大家立刻兴奋起来,他们意识到可能是工作中的电动剃须刀干扰到了德国人制导炸弹中的无线电接收装置!为了验证这个猜测,舰队指挥官沃克指挥舰队加大航速,做出准备撤离战场的战术行动假象,以吸引更多的德国轰炸机投掷"追我的查理"。果然,整整一个中队的德国轰炸机带着"追我的查理"蜂拥而至。当然沃克也早有准备。他下令将舰队中仅有的4只电动剃须刀集中在一起,在德国轰炸机发射"追我的查理"的同时把它们全部打开,这一大胆而冒险的行动竟然取得了成功。小小的电动剃须刀让德国人发射的 HS-293 炸弹全部失灵,像蝗虫一样落入海中!

那么产生这种现象到底是什么原因呢?经过科学家后来分析、验证,原来该型电动剃须刀的电机高速转动时会向周围辐射一定强度的电磁波,而这些电磁波的波长恰巧与 HS-293 炸弹的制导无线电指令信号波长相近,相同频率的电磁波之间产生的相互干扰影响到了 HS-293 炸弹的遥控指令。这种现象就像是当我们看电视或听广播时,如果有人在附近使用电动剃须刀,电视屏幕上就会出现雪花,或广播里充满"沙沙"声。这说明电视或广播信号也受到了电动剃须刀所辐射的电磁波的影响。同样,HS-293 炸弹上的无线电接收机受到了电动剃须刀的干扰,从而无法接收到正确的制导指令,导致"追我的查理"偏离航向,不能准确命中目标。

上述有效的干扰仅仅是一种巧合而已,总不至于让所有的盟军舰艇都大量安装电动剃须刀来躲避炸弹吧!后来盟军的专家们终于还是截获到了 HS-293 炸弹的制导信号,弄清了 HS-293 炸弹的制导遥控原理,英军与美军立即有针对性地研制了几十部干扰机安装于各艘舰艇上对无线电制导通信链路实施干扰,从而大大降低了 HS-293 炸弹的威胁。

与美军不同,英国军队仍然在一些局部战场中继续使用通信干扰机。为了避开英军发射的干扰信号,德军经常改进或更换其通信设备;但英国人也不甘落后,他们又发明一种机载干扰机,这种安装在轰炸机上的干扰机非常精巧,英国人称为"机载雪茄",用于干扰德军的通信电台。于是,德国人不得不求助于功率更大的中转发射站进行无线电通话。英国空军针锋相对,立即建起一座功率更加强大的发射台,并采用德国人使用的同样频率进行干扰。为了快捷方便,德军有时使用非加密的话音通信链路来传递信息,英国人就用一种"鬼怪声音"向德国地面控制站人员发问,并向其夜航战斗机发出相反的指令和提供假情报。这种"鬼怪声音"不仅使用德语,而且能够模拟德国控制站人员的腔调,使不明真相的德国飞行员上当受骗。1943 年 10 月 22 日至 23 日,英国空军对德国卡塞尔进行了一次猛烈的轰炸。在这次轰炸中,德国人发现事情有些不对劲,他们的地面控制站告诫其夜航战斗机飞行员"要警惕另一种假冒的声音""别被敌人引入歧途"。1944 年春,德军指挥人员的明话通信被英国这种欺骗干扰戏弄得够呛,他们希望自己的战斗机驾驶员能从中听到正确的命令,有时只好同时用 20 余种不同波长的信号来传达命令,避开干扰。

总的来看,第二次世界大战期间通信干扰的使用相对于雷达干扰来讲完全是天壤之别,雷达干扰机几乎每次空战都用,装备的台套数以千为单位进行计算,而通信干扰机的生产与装备大都是以十为单位进行计算。通信干扰发展了近 40 年的历程就这样被雷达干扰4年的成长历程所远远超越了。在第二次世界大战期间,通信干扰这一电子战手段使用得比较少,导致了当时通信干扰技术与通信干扰装备的发展也遭受了严重挫折,进展比较缓慢;当然通信对抗的另一个分支——通信侦察侦听技术与装备在此期间受到了高度的重视,这种发展上的严重不均衡现象一直持续到战后。

2.3.3.3 从电磁域到信息域——无线电侦听和密码破译的神奇功效

第一次世界大战中,无线电侦听与破译给参战各国提供了大量情报,对战争进程产生了重要影响,战后各国都专门组建了特种无线电部队承担通信侦听任务,研究其他国家的通信加密方式。以英国为例,截至1940年已有26个国家的外交密码体制成为英国政府密码学校的研究对象。第二次世界大战爆发之后,英国在东海岸建立了大量的无线电通信测向与侦听站,如图2.36(a)所示,对德军无线通信链路的侦听成为其军事情报的重要来源。从图2.36(a)中还可看到无线电侦听站配置的大型通信接收天线。当时英国大量使用的侦听设备是美国国家无线电公司生产的HPO通信电台,如图2.36(b)所示。当时一般对于截获的没有加密的电文进行现场分析,而加密电文在经过整理之后统一送往英国的密码破译中心——位于白金汉郡的布莱切利庄园进行分析处理。

(a) 侦听站及其工作人员

(b) 无线电侦听设备

图2.36 第二次世界大战期间英国的侦听站及其侦听设备的照片

1) 破译德军的密码

"恩尼格玛"是第二次世界大战期间德军广泛使用的一种机电转子式密码机,该密码机在德国外交部、纳粹党、盖世太保中也大量使用,如图2.37(a)所示。1940年,英国天才数学家阿兰·麦席森·图灵(Alan Mathison Turing)带领的研究团队借助波兰密码局提供的情报和技术,通过几套"恩尼格玛"密码机的复制品,最终完成了密码破译工作,在英国制表机公司的工程师团队的帮助下研制出了专门破解这类加密电文的"炸弹机",该设备尺寸长2.1m、宽0.61m、高2.1m,重达1t左右,如图2.37(b)所示。盟军的上述密码破译设备使得德军通过无线电台发送的大量军事电文被截获和分析,在全盛时期英国布莱切利庄园的密码分析中心每天要分析近4000份电文。在此状态下,德军的军事调动就如同在盟军面前"裸奔",这也为德军的失败埋下了种子。实际上德军在后续的通信指挥中也察觉到了异常,不断对"恩尼格玛"加密机实施改进,对应地盟军的密码破译也不断跟进。

(a) "恩尼格玛"密码机

(b) "炸弹机"密码破译设备

图2.37 第二次世界大战早期德军的密码机与盟军的密码破译设备

从1942年中期开始,德军统帅部与战区指挥官之间的通信链路启用了全新的高级加密设备"洛伦兹"密码机,如图2.38(a)所示,英国的破译人员并没有这一新型密码机的复制品可以参考。为了破译这一密码,英国采用了大量的自动化设备,也正是这一需求直接牵引出了人类早期的"电子计算机"的成功研制,如图2.38(b)所示的"巨人"大型电子计算机在"洛伦兹"密码机密码破译中发挥了关键作用。英国终于在第二次世界大战后期成功破译了"洛伦兹"密码,德军统帅部与战区指挥官之间的通信内容再一次几乎完全暴露于盟军的监视之下,这也注定了德军的失败。

(a) "洛伦兹"密码机

(b) "巨人"大型电子计算机

图2.38 第二次世界大战后期德军的密码机与盟军的密码破译设备

2）破译日军的密码

第二次世界大战期间，日本利用轴心国的关系，获得了德国在通信加密技术上的援助，德国将"恩尼格玛"加密技术也输送到了日本，日本在此基础上研制出了自己的"紫色"加密机。但是，美军早在1939年通过逆向工程对该密码机进行了复制与分析，找到了一部分解密方法，美军通过对"紫色"加密机的密码的破译曾获得日军偷袭珍珠港之前的外交异常调动，虽然及时进行了预警，但还是没能阻止日军偷袭珍珠港的行动。

除了"紫色"加密机之外，"JN-25"密码在第二次世界大战期间也被日军广泛使用，这是一种以5个数字为一组的多重加密体系，不定时进行更新。盟军在1942年5月终于完全破译了"JN-25"密码，从而使得日军的作战指挥信息完全暴露。当然更加可悲的是，日本人对此毫无察觉。1943年4月14日，盟军的无线电侦听部队截获了一份JN-25加密电文，详尽说明了日军太平洋舰队最高指挥官山本五十六前往巴拉莱岛视察前线战备的行程，利用这一重要情报，美军出动了一个中队的P-38战斗机在预定空域提前设伏，从而成功将山本五十六的座机击落。

3）破译密码的神奇利用

通过破译的密码可以完全知道对手的通信信息，不仅能掌握对手的真实指挥部署，而且还具有一些独特的功效。下面一个例子就从一个侧面反映了第二次世界大战期间通过破译的密码所获得的神奇作战效果。

1944年，盟军在实施诺曼底登陆作战前采用了一种逆向定位方法来获得德军雷达站的精确位置坐标，该方法是代号为"奥库列斯特"作战计划的一部分。由于当时盟军已经破译了德军的通信密码，所以能够对德军雷达站发送的探测到飞机飞行航迹的无线电通信报文进行解码。德军雷达网中的雷达站很多时候通过无线电通信电台将本站探测到的目标航迹对外广播，以此来构成一个网状的雷达探测网。于是，英国空军派出侦察飞机到被占领的欧洲上空按照仔细计划的航线与高度飞行，并对飞机下方的地面进行拍照，以获得飞机航线的准确位置记录。然后收听德军无线电通信电台广播的飞机目标航迹报告，在解码后将雷达站通报的该飞机方位距离标注于地图上，反推出发出该广播的雷达站的准确位置坐标。从而为后续针对此雷达阵地实施火力轰炸提供了十分精确的位置引导。

从本质上讲通信密码破译属于信息域中的对抗，但是信号是信息的载体，而军用信号的发射与接收大部分是利用电磁波来完成的。如前所述，电磁频谱是联接陆、海、空、天、赛博空间的纽带，电磁波是这些空间中信息传输与交换的重要媒介，所以截获通信电磁信号，在解调解码之后获取其中的通信信息，对于整个战争的影响是巨大的。所以在电子战历史上，这是不可忽略的精彩片段之一。

2.3.4 1944年诺曼底登陆中的"霸王"行动——电磁频谱中战役级军事行动

第二次世界大战期间,在电磁频谱中实施的最大的一次战役级军事行动要算1944年6月5日夜间至6日凌晨盟军发起的震惊世界的诺曼底登陆作战——"霸王"行动,这堪称电子战历史上最大规模的战役级军事行动。

当时,德国人深信盟军企图在法国的勒阿弗尔或加来海峡登陆,于是盟军将计就计,在德军认为的登陆方向上进行虚假的佯攻,而电子对抗在这一行动中发挥了关键性作用。英国电子战专家科伯恩博士亲自拟制了相关的电子战计划,在德国人认为的虚假登陆进攻方向上在夜幕掩护下利用6~8架飞机分两批投掷干扰绳对德军监视雷达实施欺骗,第一批按直线平行飞行,2架飞机间隔3km,第二批在它们后面13km处,以同样的队形飞行。为了模拟"舰队"的向前推进,两批飞机按照一系列长13km宽3km的长环形航线飞行,每条飞行轨迹耗时7min。在一个长环形轨迹飞完之后,编队前移1.6km,从而使合成的"幽灵舰艇编队"在对岸德军的雷达显示屏上以15km/h的速度向前推进,看上去就像一支正在前进的巨大舰艇战斗群。为了增加欺骗的真实性,其他飞机用"鹤咀锄"干扰机对德军的警戒雷达实施干扰,对"幽灵舰队"所在海域来说,释放干扰飞机的航线应在距离德军雷达足够远处,以便使德军雷达操作员能透过干扰阴影辨认出冒充的"进攻舰队",使德军认为盟军的电子干扰飞机正在为掩护舰队而释放干扰,从而进一步提升欺骗的真实感。

另外,在诺曼底登陆进攻开始前不久,午夜刚过,科伯恩命令4艘救援小艇搭载"月光"应答式欺骗干扰机,同时利用14艘海军小汽艇,每艘都拖着一个9m长的海军漂浮气球,气球中藏有一个直径2.7m的雷达反射器,以此模拟一个类似于大型舰艇的雷达回波,同时这14艘小汽艇的船体上空还系留着一个浮空的带有角反射器的气球,这些小艇在沿着虚假的登陆方向上前行,如图2.39所示。在这一漆黑的夜晚,德军派到这一海域的侦察飞机只能通过机载对海监视雷达对海面实施观测,飞机上德军雷达操作员同样观察到雷达屏幕上显示的一只庞大的舰艇编队。以上电磁欺骗行动获得了巨大成功,德军调集主力部队去截击法国东北部的这些"幽灵舰队",如图2.40所示,而在真正登陆方向上盟军受到的拦截却很少。

不仅如此,在盟军真正登陆的地区也进行了大规模的有源雷达干扰行动。24架盟军飞机载着干扰机,沿着敌人盘踞的长达80km的海岸线,在距地面5.5km的高空盘旋飞行,不停地干扰敌人设在瑟堡半岛的雷达站。这种组网式的干扰不仅掩护了盟军轰炸机的进攻,而且也阻止了敌人对大批登陆舰队的侦察。

图 2.39　诺曼底登陆作战中的部分电子战平台

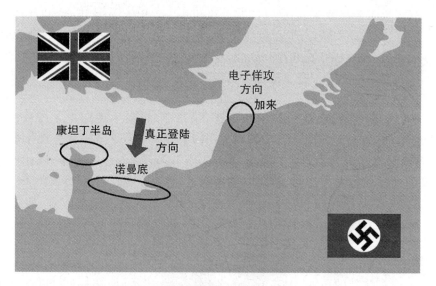

图 2.40　诺曼底登陆作战中各个攻击方向（见彩图）

上述在电磁频谱中的综合作战行动效果使得德国人果真认为勒阿弗尔和波洛涅地区受到的威胁最大，遂调集了各种火力来保卫这些地区。他们还派出大量鱼雷艇冲向海面，企图拦截这支完全虚构的巨大登陆舰队。那天晚上，盟军从空中和海上联合进行的大规模干扰活动，使敌人的雷达侦察兵完全处于混乱不堪的境地。

第 2 章　电子战的诞生：两次世界大战中的电磁较量

当德国人弄清盟军舰队真正的进攻目标之后，他们才恍然大悟，这是一场大骗局，但为时已晚。虽然，德国人自从 1942 年在第厄普进行了一次反登陆演习之后，就声称自己有办法应对盟军的任何登陆行动。然而，在 1944 年 6 月 6 日，盟军用 6000 艘舰艇在法国诺曼底登陆时，德国人依然"蒙在鼓里"。在这关键时刻，德国的雷达兵被盟军的电子干扰愚弄了，致使他们误认为盟军会在勒阿弗尔和波洛涅地区登陆，这个设计巧妙的骗局是第二次世界大战中电子战的高潮所在。这场雷达探测与雷达干扰的电磁频谱之战几乎整整打了 3 年之久，但最具讽刺意味的是：首先成功发明并应用雷达干扰的是德国人，但最终德国人自己的雷达却遭受了最严重的干扰。

这一次利用电子战欺骗手段成功掩护盟军在诺曼底登陆的"霸王"行动，已成为第二次世界大战作战史上最为光辉的一页而被世人永远铭记。这一次在电磁频谱中的战役级作战行动也成为电磁频谱战历史上的著名战例而永世难忘。

参考文献

[1] NERI F. Introduction to electronic defense systems［M］. USA：SciTech Publishing Inc. ，2001.

[2] POISEL R A. Introduction to communication electronic warfare systems［M］. 2nd ed. USA：Artech House Inc. ，2008.

[3] POISEL R A. Electronic warfare target location methods［M］. 2nd ed. USA：Artech House Inc. ，2012.

[4] POISEL R A. Electronic warfare receivers and receiving systems［M］. USA：Artech House Inc. ，2014.

[5] ADAMY D. EW 101：A first course in electronic warfare［M］. USA：Artech House Publishers，2001.

[6] ADAMY D. EW 102：A second course in electronic warfare［M］. USA：Artech House Publishers，2004.

[7] ADAMY D. EW 103：Communication electronic warfare［M］. USA：Artech House Publishers，2009.

[8] SCHLEHER D C. Electronic warfare in the information age［M］. USA，Artech House Publishers. 1999.

[9] 艾尔弗雷德·普赖斯. 美国电子战史第一卷：创新的年代［M］. 北京：解放军出版社，1988.

[10] 石荣，徐剑韬，邓科. 历史上电子战军官的工作任务与作业岗位分析［J］. 电子信息对抗技术，2017，32（5）：33 - 40，75.

[11] 周一宇，安玮，郭福成，等. 电子对抗原理与技术［M］. 北京：电子工业出版社，2014.

[12] 赵国庆. 雷达对抗原理［M］. 2 版. 西安：西安电子科技大学出版社，2012.

[13] 冯小平，李鹏. 通信对抗原理［M］. 西安：西安电子科技大学出版社，2012.

[14] 马岩. 二战时期的电子对抗——英伦上空的导航波束之战（上）［J］. 兵器知识，2015（2）：60 - 63.

[15] 马岩. 二战时期的电子对抗——英伦上空的导航波束之战(下)[J]. 兵器知识,2015(3): 76-78.

[16] 石荣,徐剑韬,张伟. 箔条无源干扰的早期发展历程回顾与分析[J]. 电子对抗,2018(2): 44-56.

[17] 马岩. 二战时期的电子对抗——英国轰炸机的"前进"(上)[J]. 兵器知识,2015(7):70-73.

[18] 刘丙海,赵荣斌. 魔幻幽灵——世界电子战的发展步履[M]. 北京:金盾出版社,2015.

[19] 兰黄明,祁长松. 特殊战档案——电子战[M]. 哈尔滨:黑龙江人民出版社,2005.

[20] 马岩. 二战时期的电子对抗——倾听者[J]. 兵器知识,2016(5):72-75.

[21] 马岩. 二战时期的电子对抗——频谱中的指南针[J]. 兵器知识,2016(6):72-75.

[22] 战无不胜的 HS-293 制导炸弹竟被剃须刀破解[EB/OL]. (2016-01-01). http://www.lszj.com/lishigushi/28844.html.

第 3 章

电子战的兴起:越南战争和中东战争中的电子对抗

第二次世界大战结束之后,全球战争的烟云暂时消散,电子战的发展虽然也暂时放缓了脚步,但是电子对抗与战争之间的关系却日渐紧密。特别是采用雷达控制的各种自动化火力武器(如导弹等)在现代战争中开始使用,使得电子战成为现代战争中的重要作战手段,这不仅关系到各种作战力量的生存问题,而且电子战手段的应用甚至成为左右战斗成败的重要因素之一。从越战开始到中东战争,电子战逐渐树立了其在现代战争中的重要地位。

3.1 越南战争前后

越南战争(1955—1975年),简称越战,是美国等资本主义阵营国家支持的"南越"(越南共和国)对抗由苏联和中国等社会主义阵营国家支持的"北越"(越南民主共和国)及"越南南方民族解放阵线"的一场战争。

战争由初期的美国出钱、出枪和派顾问的代理人战争,到1965年演化为直接派军参战的局部战争。美军开始对"北越"的重要场所、桥梁、设施等进行轰炸袭击,企图瓦解"北越"军民的战斗意志。"北越"军队在苏联和中国的援助下,就用高射炮和SA-2地空导弹进行还击。在1965年7月24日发生的冲突中,SA-2地空导弹首次参战,就击落了一架世界上最先进的F-4C"鬼怪"式战斗机,如图3.1所示。随着SA-2地空导弹的大量部署,美军空袭飞机的战损率节节攀升,甚至一度达到了50%。如何对付SA-2地空导弹系统,成了美国军界、政府机构和工业界极为关注的焦点问题。

3.1.1 无人机诱导侦察的先驱——"联合努力"计划

《孙子·谋攻篇》指出:"知己知彼,百战不殆。"SA-2地空导弹攻击目标的过程可以看作是一个由多个作战环节构成的"杀伤链"。只有这个杀伤链上每个作

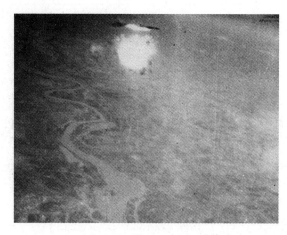

图 3.1　F-4C"鬼怪"式战斗机被 SA-2 地空导弹击中的画面

战环节都正常执行其职能后,导弹最终才能成功击中目标。如果某个作战环节因人为故意的破坏而中断,那么所有的努力都将前功尽弃!因此,要想对付 SA-2 地空导弹系统,就得首先弄明白整个杀伤链,才有可能寻找有效的破"敌"之策。

SA-2 地空导弹系统是北约的称呼,其真名是 S-75"德维纳"导弹系统,是苏联于 20 世纪 50 年代研制的一款著名的防空导弹系统。SA-2 地空导弹系统以营级为基本建制,配置包括 1 部 SNR-75"扇歌"家族系列攻击雷达、6 具导弹发射架、不少于 6 辆导弹装运车以及其他后勤保障装备和车辆。标准部署情况下,SA-2 地空导弹系统的发射阵地通常以指挥导弹发射、拦截目标的"扇歌"攻击雷达为中心,6 具对外朝向的导弹发射架分布四周,大致形成六角形的外围阵地,装运车停放附近,随时待命补给装填导弹,如图 3.2 所示。

"扇歌"攻击雷达可以说是 SA-2 地空导弹攻击链路的核心环节之一。按理说,"扇歌"攻击雷达应该是一部集搜索、跟踪和制导于一体的多功能雷达。但受苏联落后的电子元器件和集成工艺限制,"扇歌"攻击雷达看起来更像一个由多个独立的子功能系统组合而成的松散"系统"。"扇歌"攻击雷达按照设计建造年代的顺序,可分为 A~F 共 6 个具体型号。

越战期间,"北越"军队使用的是早期的"扇歌"B 型雷达,其工作原理如图 3.3 所示,中间和右边的两个横、竖向槽形天线,可在空间中分别形成方位向窄、俯仰向宽(主瓣波束宽度 2°×10°)和方位向宽、俯仰向窄(主瓣波束宽度 10°×2°)的两个"扇形"波束。"扇歌"攻击雷达利用这两个相互正交的波束,在方位向和俯仰向转动伺服控制下,实现两个方向独立的目标搜索和跟踪。当两个方向上的搜索都进入跟踪状态后,两个波束的交叉点就是目标所在位置。正是该雷达搜索目标时,横、竖两个槽形天线呈现出一摇一摆的现象,酷似日本艺妓拿着折扇跳舞的样子,

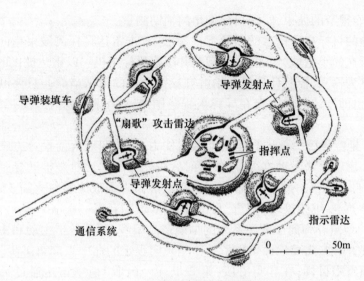

图 3.2 SA-2 地空导弹阵地部署示意图

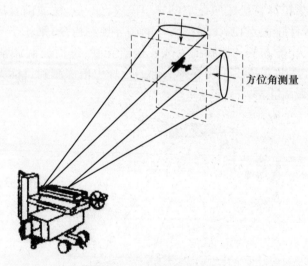

图 3.3 "扇歌"B 型雷达

因此西方给它取名为"扇歌"。

"扇歌"攻击雷达虽然具备搜索功能,但小范围的空域覆盖(搜索范围 10°× 10°)能力严重制约目标的快速发现,极易贻误战机。为了缩短"扇歌"攻击雷达的搜索时间,特别需要"匙架"这样的警戒雷达为其提供早期的远程预警和目标引导。"匙架"雷达采用方位面很窄、俯仰面很宽的波束,在方位伺服的带动下,能实现全方位、大仰角空域覆盖能力。发现目标后,再利用"硬饼"测高雷达的方位面很宽、俯仰面很窄的波束,实现目标仰角的辅助测量。

在先验的目标指示信息的引导下,"扇歌"攻击雷达将探测波束指向预先调至目标飞机所在的小空域,快速搜索、截获并跟踪目标飞机。以雷达提供的高精度目标跟踪信息为输入,控制计算机开始解算导弹发射的射击诸元。只要满足导弹的发射条件,也即预计的命中点在导弹射程范围内,就可择机发射SA-2"导线"地空导弹。

SA-2地空导弹为保证高速机动截击能力,采用两级火箭设计方案。导弹的第一级固体燃料火箭为助推级,点火发射后按先前的弹道轨迹推动导弹急加速飞行,4s后便自动脱落。助推级脱落后,自动点燃第二级液体燃料火箭,按照制导指令实时调整航迹,继续推动"减重"后的导弹机动飞行。

"导线"地空导弹属于萨姆系列的早期产品型号,不具备半主动和主动寻的功能,除助推阶段外,需要地面全程引导才能飞向预定的命中点。第①步,由"扇歌"雷达捕获到空中目标;在导引阶段,第②步,由"扇歌"地空雷达通过天线舱上的横、竖两个槽形天线接收导弹尾部应答信标播报的信号,获取导弹的位置信息;第③步,由地面的火控计算机按照设定的导引模式,如三点法或前置法,根据弹、目相对几何关系和预计拦截点,解算导弹飞行的制导控制指令;第④步,生成的制导控制指令再通过天线舱左侧的抛物面天线发送给导弹,进而控制调整导弹的飞行姿态。以上四步如图3.4所示。当导弹头部的近炸引信探测到目标飞机进入有效杀伤范围时,就引爆战斗部。

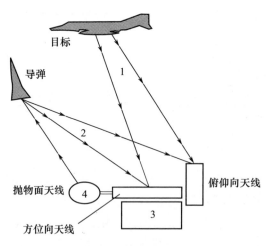

图3.4 "扇歌"地空雷达的工作过程

1965年10月,美国情报机构通过反复侦察和其他情报渠道,已经掌握了SA-2地空导弹杀伤链环节的很多细节信息,如"扇歌"地空雷达的性能参数、"导线"地空导弹的弹道特征以及系统的工作方式等。但是,关于导弹和地面火控计算机之间的上、下行链路信号的特征始终知之甚少。只是大概知道地面火控计算机和飞行的导弹之间,通过上、下行链路相互发送制导指令信号和信标应答信号,跟踪、引导导弹截击目标。另外一个未解之谜是导弹近炸引信发射的信号特征。近炸引信发射的信号始终指向前方,具有功率小、波束窄的特点。而且,在离目标非常近时近炸引信才发射信号,捕捉到目标就即刻引爆。

为了能够捕捉到所有这些信号,美国中央情报局制定了一项富有想象力的情报收集计划,即所谓的"联合努力"计划。他们对 AQM-34"火蜂"无人机进行了改装,以方便计划的实施。首先,他们给无人机安装上了能覆盖制导指令、应答信标和近炸引信等信号频段的接收机;其次,他们又安装了信号转发器,用来及时转发接收到的任何信号。为了使得无人机能够较为逼真地模拟真实的作战飞机,特地为每架无人机加装了雷达回波增强器。

计划采用一架洛克希德公司生产的 DC-130 母机运载改造后的"火蜂"无人机(图 3.5),将其空射到"北越"导弹防空区上空。无人机通过雷达回波增强器模拟真实作战飞机,诱导 SA-2 地空导弹系统对其攻击。在导弹攻击过程中,无人机上搭载的侦察装备首先趁机接收导弹各杀伤链环节辐射的信号;然后通过机上信号转发器,将这些信号转发给附近安全空域内,处于巡逻等待状态的波音 RB-47H 电子情报飞机;最后由波音 RB-47H 电子情报飞机及时记录下无人机转发来的信号。

图 3.5　DC-130 母机空射"火蜂"无人机(见彩图)

从 1965 年 10 月初到 1966 年 2 月 13 日,一共实施了 4 次"联合努力"行动。第一次行动,"北越"导弹发射连没有做出任何反应,无功而返。第二次和第三次行动,取得了部分成功,但因侦察设备的故障问题,没能成功截获到弹头近炸引信的信号。第四次行动,无人机成功完成了其所有的使命,在被炸毁前将导弹攻击各杀伤链环节辐射的信号全都传给了RB-47H。

"联合努力"行动收集的情报很快就派上用场。"扇歌"攻击雷达在最初搜索目标时,为了尽量发现目标,往往会发射低重频、大脉宽的信号波形,直至稳定截获并跟踪目标。当"扇歌"攻击雷达由搜索转为跟踪模式后,准备发射导弹时,又会刻意采用高重频、窄脉宽信号波形跟踪目标,提高制导所需的跟踪精度。这似乎暗示了,信号波形的变化某种意义上对应着雷达的作战阶段变迁。依照雷达的信号波形与其作战模式的对应变化规律,美军研制出了一款称为"看萨姆"(SEE SAM)的新型告警设备。该设备能及时提醒机组人员,威胁他们的"扇歌"攻击雷达当前是否处于导弹制导阶段。这样,机组人员只需在导弹即将发射时,才"有的放矢"地实施紧急的机动规避战术,从而避免盲目规避而浪费战机。

若机组人员能及时发现威胁自身战机的导弹已发射,采取紧急规避战术动作,绝大多数情况都能够安全摆脱导弹的攻击。最初,机组人员都是通过目视观察机体下方,是否存在着导弹腾空的气流掀起的大片尘土和导弹助推器燃烧产生的白色烟雾,以此判断导弹是否已发射。这种目视方式不仅容易受到飞机和地面之间云层的遮挡干扰,还会受到机组人员的注意力是否集中的影响,存在着巨大的漏判隐患。

情报研究发现,SA-2地空导弹被发射后:首先在第一级助推火箭的作用下,按照固定方向加速飞行约4s;然后自动抛弃助推器并点火第二级火箭,才正式进入制导控制阶段,由地面火控计算机通过上、下行的制导和应答信号控制导弹飞行。制导上行信号的出现便是导弹已发射的最确凿证据。根据这一特点,应用技术公司利用收集的制导上行信号情报,研制了WR-300(定型后更名为APR-26)导弹逼近告警接收机,专门针对导弹的制导指令信号进行告警。

除干扰"扇歌"攻击雷达的目标探测信号外,在导弹飞行的制导阶段,如果能干扰用于制导和应答的上、下行通信链路信号,同样也能起到破坏导弹攻击杀伤链的作用。但是,不同于雷达探测使用的脉冲调制信号,导弹制导的上、下行链路信号均属于通信编码信号,瞬时带宽要宽很多,相应的功率谱密度就会低很多。因此,对上、下行链路信号进行噪声阻断干扰,所需的干扰功率就会比雷达干扰大很多,一般的干扰吊舱无法满足。

既然无法阻断制导的上下行链路通信,那就只能想法在上、下行链路中"注入"虚假信号,扰乱导弹的正常制导过程。地面控制计算机将解算的制导控制命令信号,通过上行链路发给飞行中的导弹;导弹收到控制命令后,立刻通过下行链路,向控制计算机发送对应的信标应答信号。遵循这一工作流程,若向导弹发射能被其接收的虚假制导信号,那么导弹一定也会转发对应的虚假信标应答信号,从而误导控制计算机的后续攻击解算。基于这一原理,美军依托通用电气公司研制了QRC-160-8干扰吊舱,靠不断向导弹发射虚假制导指令信号的办法,迫使其失控坠毁。

技术花絮——导弹制导

导弹制导是综合利用自动控制理论,测量和计算导弹对目标或空间基准线的相对位置,以预定的导引规律控制导弹飞达目标的过程,如图3.6所示。现代精确制导导弹的发明,极大地增加了武器系统远程火力打击的距离范围和目标命中精度,同时也改变了现代战争的作战方式,并将持续影响未来战争的发展。

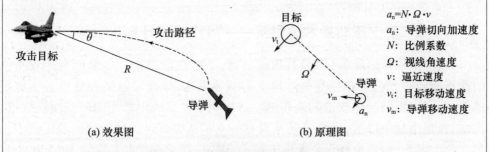

图3.6 导弹制导过程和比例导引原理

根据作战任务,导弹制导系统可以分为地(潜)地导弹制导系统、防空导弹制导系统、空空导弹制导系统、空地导弹制导系统、舰空导弹制导系统、舰舰导弹制导系统等。根据制导方式,导弹制导可以分为遥控制导、寻的制导、自主制导三类以及它们的复合制导,其中自主制导又可以分为地形匹配制导、全球定位制导、惯性制导、程序制导等。

寻的制导方式在雷达、电子战领域最为常见,其原理是导弹根据某个照射信号进行目标追踪,场景类似于人们在黑夜中寻找东西。根据照射信号的不同来源,寻的制导可以分为主动寻的制导、半主动寻的制导和被动寻的制导等3种方式,如图3.7所示。

主动寻的制导是由导弹自己发射照射信号,将目标反射后的回波作为跟踪制导的信号来源,这相当于人们手里拿着电筒,一直照着目标就可以持续跟上;半主动寻的制导是采用专门的照射器去照射目标,而导弹自己并不发射任何信号,这相当于利用路灯的光将目标照亮,人们不用手电筒也可以很容易一直看到目标;被动寻的制导则是导弹只被动接收目标有意发射或无意辐射的电磁信

(续)

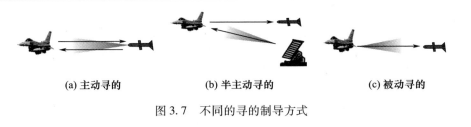

(a) 主动寻的　　　　　　(b) 半主动寻的　　　　　　(c) 被动寻的

图 3.7　不同的寻的制导方式

号作为导引信号,这与黑夜中人们可以追着发光的萤火虫跑一样。

寻的制导的导弹根据导引信号种类的不同,可以划分为雷达制导、激光制导、光学制导、红外制导、声制导等,实际上这些寻的制导方式的原理都类似。

3.1.2　防空压制战术的创新——"野鼬鼠"计划

"攻击是最好的防御!",与其被动防御,不如主动出击。如果能利用攻击性的武器弹药对 SA-2 地空导弹阵地上的制导雷达、导弹发射架和导弹等实施硬摧毁,就可以阻断导弹攻击的杀伤链。这就是现代空战中常用的防空压制战术。但是,在越南战争以前,世界上还从没有一支军队尝试过这种新型的攻击战术。

急于报 F-4C "鬼怪"式战斗机被击落的一箭之仇,两天后的 1965 年 7 月 27 日,美军就仓促组织了一次代号"铁拳"的报复行动。在这次行动中,美军兴师动众地出动了包括打击、压制、护航和侦察在内的 54 架飞机,准备对"北越"的一处疑是击落"鬼怪"式战斗机的 SA-2 地空导弹阵地,施行"毁灭性"打击。然而,由于战机首次被击落的影响很大,越军感觉到美军必会对其报复,于是早早地就将 SA-2 地空导弹系统从该阵地撤走,并在原位置替换为木制的对应假目标。配合阵地外围部署的密集高炮火力,越军将整个阵地布置成了一个张网以待的巨大引诱陷阱,等待着美军前来自投罗网。毫无疑问,最终的战果是,除了损失 6 架 F-105 "超级佩刀"战斗机和 1 架 RF-101 "巫毒"侦察机外,美军一无所获,铩羽而归。

要想成功攻击 SA-2 地空导弹系统,摆在美军面前的首要问题是:如何能及时发现活动而非闲置的导弹阵地。高空中的侦察机很容易识别出导弹部署阵地所呈现出的特殊图案,随后便可通知攻击机对该阵地进行攻击。但是,为了迷惑敌人以增加生存概率,越军往往会为一个 SA-2 地空导弹营修建 3~5 个相距数千米的预备阵地。凭借 SA-2 地空导弹系统良好的机动性,SA-2 地空导弹营可灵活游走于这些阵地之间,只需几个小时就可实现从一个阵地到另一个阵地的撤收和恢复。这大大增加了美国战术空军准确确定SA-2地空导弹营位置的难度。

利用战斗轰炸机对导弹阵地的主动攻击作业,可以说是一个非常危险的任务,一步走错,万劫不复。越军的防空高射炮部队和导弹防空营采取严密协同配合的"高低"搭配战术。战斗轰炸机实施攻击作业时,飞行高度超过1.2km,则容易受到导弹的攻击,自己反而成了对方的猎物。相反,战斗机为了避开导弹的攻击,选择低空盲区突袭导弹阵地,又极易遭到阵地周围部署的防空高炮部队的密集火力拦截。"攻击导弹阵地的过程无异于训狮人训狮的过程。他的武器只是一把椅子和一杆鞭子,进入的却是装着6只大狮子的兽笼。这活儿需要认真、细心和周密的训练,还需要超乎寻常的勇气。"关于攻击导弹阵地的难度,有飞行员这么形容道。

1965年8月13日,也就是在F-4C"鬼怪"式战斗机被地空导弹击落两周后,美国空军就决定委派肯尼思·登普斯特(Kenneth Dempster)准将组建"萨姆特遣队",以寻求对付SA-2地空导弹系统的方法。"萨姆特遣队"提出的4条建议里,第一个计划就是组建经过专业训练并配备特殊设备的战斗机部队来引导对SA-2地空导弹发射阵地的攻击。这很像野鼬鼠引蛇出洞后,对其攻击的过程。这就是"野鼬鼠"计划代号最初的由来。

由于时间紧迫,美军最初选择了性能一般的双座型F-100F"超级佩刀"战斗机作为载体,加装上用于定位雷达的APR-25和IR-133接收机,将其改造为专门的"野鼬鼠"飞机。"野鼬鼠"机组人员由位于前舱的战斗机驾驶员和后舱的电子战军官组成。电子战军官主要专注于利用APR-25和IR-133接收机识别并定位威胁雷达;战斗驾驶员则在电子战军官的引导下,驾驶战斗机并目视搜索地面的导弹阵地。

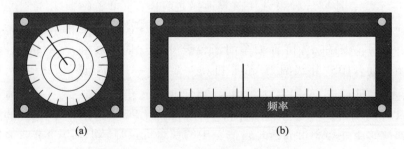

图3.8　APR-25和IR-133接收机的屏显示意图

APR-25接收机俗称"向量"雷达引导告警系统,能够对工作于S、C和X频段的地面制导、警戒搜索和机载火控雷达信号提供全方位告警,并将告警信号显示在一个7.6cm的多同心圆阴极射线显像管（CRT）显示器上，如图3.8所示。用一个从显示器中心发出，指向边缘的线段表征告警信息，而线段的指向、长短和类型（如点画线、虚线或实线）分别表示信号的方位、强度和工作频段类型。APR-25接收机的4副接收天线分前后两组，以机身为轴线对称安装在机头下方和垂直尾翼上，对应覆盖方位向的四个象限，如图3.9所示。

　　IR-133接收机为全景扫描接收机，采用窄带扫频方式搜索S频段，并以横轴为频率、纵轴为信号强度的全景屏显上呈现被截获的信号，如图3.8所示。IR-133接收机的窄带工作体制意味着更高的灵敏度，因此能够从更远的距离上对"扇歌"攻击雷达旁瓣乃至背瓣辐射的信号进行侦收。更特别的是，当遇到信号环境比较复杂，如同时截获到密集的多信号，与虚警严重且显示凌乱的APR-25接收机相比，IR-133接收机允许通过调谐专注分析感兴趣的特定信号。IR-133接收机共有3副天线，机腹下的1副全向天线负责监视环境中出现的信号，而对称安装于座舱左右两侧的2副测向天线主要用于雷达定位，如图3.9所示。

图3.9　F-100F"野鼬鼠"战斗机的改造情况（见彩图）

　　一般由1架"野鼬鼠"战斗机引导2~4架F-105D/F战斗机组成猎杀小队，对导弹发射阵地实施攻击。首先，电子战军官利用IR-133接收机的高灵敏度带来的远距离截获能力，从频率全景图上搜索"扇歌"雷达的特殊波形信号。当发现目标雷达的信号后，电子战军官将IR-133调谐至该信号的频率上，并切换为测向模式。这时，电子战军官就会在显示屏上看到同一信号的两条竖线，竖线的高度分别对应两侧测向天线测得的信号幅值大小。首先，电子战军官只需引导飞行员往信号幅值大的方向调整，两条竖线几乎等高时就表示机头大致对准了导弹阵。然后，飞行员再利用APR-25接收机的告警方位指向线快速校正方位，使得信号指向线尽量保持0°方位指向，标出目标雷达所在位置。最后，"野鼬鼠"战斗机带头攻击导弹阵地上重要目标和设施。其他的常规战斗机则是在"野鼬鼠"战斗机的

第3章 电子战的兴起：越南战争和中东战争中的电子对抗

攻击指引下,对目标实施进一步的饱和攻击,尽量摧毁待攻击目标。

1965年12月22日,阿尔·拉姆(Al Ram)上尉和杰克·多诺万(Jack Donovan)上尉驾驶一架由F-100F战斗机改装的"野鼬鼠"战斗机引导4架F-105战斗机,成功地对一处导弹阵地实施了有效攻击。然后,整个编队的5架战斗机最后毫发无损地返回基地。这次成功袭击导弹阵地的作战行动,使"野鼬鼠"计划的作战试验最终获得了肯定。而阿尔·拉姆和杰克·多诺万也因在这次行动中贡献突出,荣获了"优异飞行十字勋章"。

3.1.3 电子战硬摧毁首次出现——"百舌鸟"反辐射导弹

如前所述,最初受攻击武器系统的制约,攻击导弹阵地的战术是:先拉高飞机搜寻目标,再以俯冲目视方式瞄准目标,采用火箭弹、集束炸弹和机关炮等非制导武器实施攻击。这种引导作业战术会使飞机较长时间盘旋在阵地上空,大大增加被击落的风险。后来,为了有效地对付越南雷达,美国发明了反辐射导弹。

反辐射导弹的制导方式与传统的主动、半主动制导体制不同,通过截获和跟踪敌方雷达,能够循着电磁波辐射源的方向飞行,直接摧毁雷达阵地,取得了很好的作战效果。反辐射导弹开辟了电子战的"硬杀伤"领域,也开辟了电子战的一个方向——反辐射攻击。

越南战争之初,美军的空袭飞机经常被越南苏制防空导弹击落,即使采用了"鹌鹑"(ADM-20)电子对抗诱饵弹也无济于事。后来美军将刚刚研制成功的"百舌鸟"(AGM-45,Shrike)反辐射导弹投入实战,却取得了非常好的战绩,称为"挖眼凶神"。"百舌鸟"反辐射导弹是在1965年诞生的世界上第一款反辐射导弹,如图3.10所示。

图3.10 "百舌鸟"反辐射导弹

反辐射导弹（ARM）是一种集侦察、抗干扰、摧毁于一体的电子硬杀伤性武器，主要攻击敌方的雷达系统或通信系统。其中，主要作战对象是敌方空中、海上和地面的各种防空雷达，包括警戒雷达、目标指示雷达、地空导弹照射制导雷达、高炮火控雷达、预警机雷达、机载火控雷达以及相关的载体（如飞机、军舰和地面雷达站）和操作人员等。

反辐射导弹攻击引导设备大体上由以下几部分构成：测向或定位设备；测频设备；雷达参数显示、导弹发射控制及综合显示控制器；接口设备；等等。如图 3.11 所示。其中，核心设备是高精度的测向或定位设备——干涉仪。

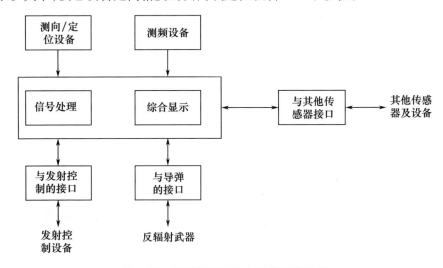

图 3.11　反辐射导弹的电子战系统组成

技术花絮——干涉仪测向

关于"干涉"，人们听得最多的是杨氏双缝干涉试验，这个试验是英国科学家托马斯·杨在 19 世纪初设计的，其利用同一光源的两个波束在相遇区域产生干涉，形成干涉条纹，验证了光的波动性。

干涉仪测向是电磁波信号干涉机理在雷达、电子战、遥测等精密测量领域中的应用。其基本原理是：电磁波在行进中，从不同方向来的电磁波到达干涉仪天线时，空间分布的不同天线单元所接收到的信号相位不同，因此通过相位差比较，可以确定来波方向，如图 3.12 所示。

(续)

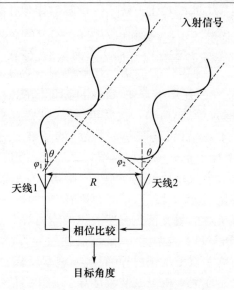

图 3.12 干涉仪比相测向原理示意图

根据上述几何关系,当两个天线的间距为 R 时,由天线 1 和天线 2 两个通道分别接收信号,通过鉴相器进行相位比较,得到相位差:

$$\Delta \varphi = \varphi_1 - \varphi_2 = \frac{2\pi R \sin\theta}{\lambda}$$

式中:λ 为信号波长;θ 为信号入射角度。

然后,可以根据信号频率、天线间距等参数反推计算得到来波到达方位角:

$$\theta = \arcsin\left(\frac{\lambda}{2\pi R}\Delta\varphi\right)$$

可以看出,在系统相位误差一定的情况下,天线间距越大,测角误差越小,因此从测角精度考虑,希望天线间距越大越好。但是当两个天线的间距长度大于 $\lambda/2$ 时,由于信号的周期特性会导致相位解算出现模糊,该现象与生活中的时钟读数相类似——时钟每经过一次 12 点,计算时间差的时候就需要在两次读数之差的基础上增加 12。因此,在工程中一般采用 3 个及以上的天线测量后进行相互印证,其原理可由中国的孙子定理(中国余数定理)等进行解释。

反辐射技术具有可对雷达实施实体摧毁、产生永久性的破坏,攻击速度快、攻击方式灵活多变,射程远、可在防区外进行攻击,工作隐蔽性好等优点,既颠覆了传统电子战主要依赖电磁信号干扰"软杀伤"的作战思想,也颠覆了传统导弹主要采用雷达、光电等主动制导方式的攻击方法。因反辐射导弹在越战中一战成名,后来获得迅速发展,先后发展出了三代多种型号的反辐射导弹和反辐射无人机、反辐射炸弹等,并在随后的历次局部战争中,基本上都有它的身影。

以"百舌鸟"反辐射导弹为代表的第一代反辐射导弹采用单一的被动寻的导引头,具有工作频段窄、作战使用不方便、没有目标记忆能力、抗干扰能力差、接收机灵敏度低和制导精度差等缺点;第二代反辐射导弹以"标准"反辐射导弹为主要代表,其被动导引头技术在"百舌鸟"反辐射导弹的基础上进行了改进:提高了频段覆盖范围、灵敏度,增加了目标位置和频率记忆功能,但是实战中仍然不能有效地攻击突然关机的雷达;第三代反辐射导弹以"哈姆"为主要代表,具备导引头工作频带宽,可攻击多种雷达、灵敏度高、动态范围宽,采用捷联惯导具有目标记忆能力,在理论上真正具有了对抗敌方雷达突然关机的能力等。

反辐射导弹可划分为如下类型:空-地型反辐射导弹;空-舰型反辐射导弹;地-空型反辐射导弹;舰-空型反辐射导弹;舰-舰型反辐射导弹。反辐射无人机是反辐射武器的一种,是在无人机上安装被动导引头和引信战斗部,利用敌方雷达发射的电磁信号发现、跟踪直至摧毁雷达的无人机系统。反辐射炸弹是在炸弹弹身上安装可控制的弹翼和被动导引头构成的,一般反辐射炸弹的攻击命中精度较反辐射导弹和反辐射无人机要低。

反辐射导弹投入战场后,攻击导弹阵地的战术就发生了变化。飞机在距离发射阵地较远时便可发射反辐射导弹,随即离开,反辐射导弹能够顺着雷达信号的辐射波束方向自行飞向被攻击目标。如前所述,首次将"百舌鸟"反辐射导弹运用于作战是在1966年4月18日,由1架F-100F"野鼬鼠"战斗机携带"百舌鸟"反辐射导弹,引导其他3架F-105D战斗机执行"铁腕"行动,这可以说是反辐射导弹在历史上的首次使用。在行动中,"野鼬鼠"战斗机的机组人员截获了一部"火罐"高炮控制雷达的信号,在有云层遮蔽的情况下,向雷达方向发射了反辐射导弹。过了不久,雷达就沉默了,再也没有恢复发射信号,从而间接证实了攻击的成功性。

"百舌鸟"反辐射导弹的作战效能,相比非制导武器有了很大的提升,但因其较近的射程,使得"野鼬鼠"编队仍然无法规避被攻击的危险。SA-2地空导弹的最大射程约为18km,而水平发射时,"百舌鸟"反辐射导弹的最大射程只有约13km。即使载机采用上仰发射,让导弹在发射前尽量获得最大动能,它的最大射程也才增加到大约16km。"百舌鸟"反辐射导弹的另一个不足就是:目标雷达在"百舌鸟"反辐射导弹飞行过程中突然关机,它就会迷失方向。为了满足实际作战的需要,美国军方在"百舌鸟"反辐射导弹的基础上,又研制了AGM-78"标准"反辐射导弹。AGM-78"标准"反辐射导弹的最大射程高达90km左右,且搭载了更大的杀伤威力的战斗部。更重要的是,它还具备抗关机的记忆能力,能够在雷达关机后记住目标位置继续攻击。当然,这种新型反辐射源导弹真正用于战场已到了1968年初,也即越南战争的后期。

3.1.4 电子干扰云的雏形——干扰吊舱编队战术

自从F-4C"鬼怪"式战斗机在"北越"上空被导弹击落后,在军界、政府机构和工业部门,掀起了一股研究如何对付SA-2地空导弹的热潮。为了整合各处分散的研究力量,登普斯特准将于1965年9月,在埃格林空军基地组织了一次"SA-2对抗措施的研讨会"。不管是谁,只要有对付SA-2地空导弹的好想法,都会被邀请。

在这次研讨会上,有着近20年电子战工作经验且已退休的英基·豪根(Inky Hogan)中校讲述了干扰吊舱编队战术。

在谈论干扰吊舱编队战术之前,有必要大概了解雷达分辨单元的相关概念。

我们通常采用笛卡儿坐标(x,y,z)描述空间位置信息,而雷达界更习惯采用以雷达为原点的方位角、俯仰角和斜距构成的极坐标(θ,φ,R)描述探测目标(将目标视为一个质心点)的空间位置。雷达正是通过不间断测量目标对象的极坐标,实现对其的探测监视。

工程上,用仪器设备测量参数时,得到的测量值与真实值之间往往存在着一个误差。这个体现测量精度的误差大小则取决于仪器设备的测量分辨单元。分辨单元的倒数就是我们常说的分辨率。作为工程应用的雷达系统同样不例外,其方位角、俯仰角和斜距维度的分辨单元$(\Delta\theta,\Delta\varphi,\Delta R)$决定了目标空间位置的测量误差。雷达的距离分辨单元是由发射脉冲的脉内瞬时带宽的倒数决定的,方位角和俯仰角分辨单元分别与方位向和俯仰向探测波束的宽度密切相关,如图3.13所示。

制导雷达的发展方向毫无疑问是追求更小的角度和距离分辨单元,以便为导弹提供更高精度的制导参数。但是,早期"扇歌"B型雷达在方位和俯仰向上的测量波束宽度为2°左右,由此在空间形成的角度分辨率较低。

英基·豪根设想,用4架战斗轰炸机组成一个飞行编队。他要求飞机按照精心设计的水平和垂直间距保持飞行,使得每架飞机都占据一个相邻的雷达分辨单元。如果4架飞机都同时对雷达发射噪声干扰信号,干扰就会在攻击机编队周围制造一块不确定空域,其范围约$4.2km^3$,如图3.14所示。如果此时向飞机编队发射SA-2地空导弹,击中一架飞机的概率就会变得很小。

后来在埃格林空军基地,空军试验场中心和战术空战中心以"扇歌"B型雷达

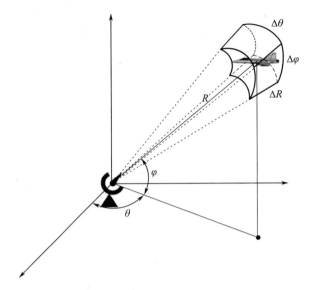

图 3.13 雷达的探测分辨率示意图

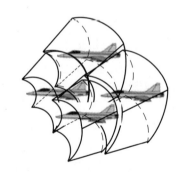

图 3.14 编队噪声干扰造成的不确定性区域

模拟器 SADS-1 为对象组织试验,对该项战术进行了评估。多次试验的结果表明,要想全面降低导弹系统的性能,就必须同时出动 4 架飞机,让它们占据恰当位置,每架飞机至少携带一个能正常工作的干扰吊舱,如图 3.15 所示。随着能够干扰的飞机数量的减少,干扰效果依次递减。如果只剩下一架飞机实施干扰,那它从导弹攻击中生存下来的概率就会变得很小,当然又比没有干扰要好些。

刚开始推行时,由于对干扰认识上的偏见,一线作战部队并不认可这种战术。他们甚至认为干扰吊舱的挂载会挤占武器弹药的挂载量。但是,1966 年 7 月至 8 月短短两个月的作战行动里,美军高达一半的惊人战损率,迫使他们愿意试验任何能够降低战损率的战术。在 1966 年 10 月 8 日的试验任务充分证明了干扰吊舱编队战术的价值。2 个携带 QRC-160A-1 干扰吊舱的 F-105 飞行小队,作为攻击

第3章 电子战的兴起：越南战争和中东战争中的电子对抗

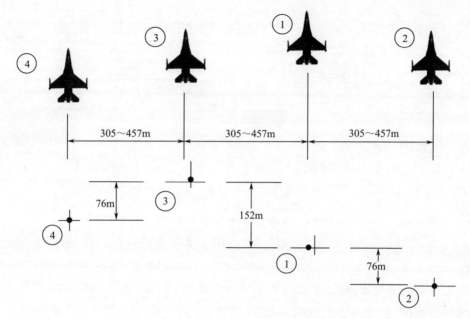

图3.15 第355战术战斗机联队的干扰吊舱编队

编队的一部分，参与攻击"北越"高度危险地区的一处设施。作战过程中，"北越"的地空导弹无意袭击携带QRC-160A-1干扰吊舱的F-105战斗机，反而是集中防空火力攻击没有实施干扰的飞机编队。

以前遇到导弹来袭，飞行员都习惯在导弹逼近告警器的帮助下，采取机动规避。有了干扰吊舱编队战术，为保证干扰效果，在导弹来袭时，也要求尽量保持队形，避免采取规避机动的行为。这需要飞行员具有极强的心理素质。一位飞行员在描述他采取这种战术执行任务的经历时，说道："当地空导弹呼啸而过时，我们不得不咬紧牙关保持队形。你要勇敢地注视着朝你飞来的导弹，即使明知这枚导弹根本就不可能打中你的飞机，因为它有可能提前或延迟爆炸。"

技术花絮——干信比与烧穿距离

顾名思义，干信比是指进入被干扰装置接收机带宽内的干扰信号强度与有用信号强度之比，通常采用符号JSR或J/S表示，采用分贝（dB）为单位。对于雷达和通信系统，干扰信号都是单程传播，但有用信号的传播情况有所区别，如图3.16所示。

(续)

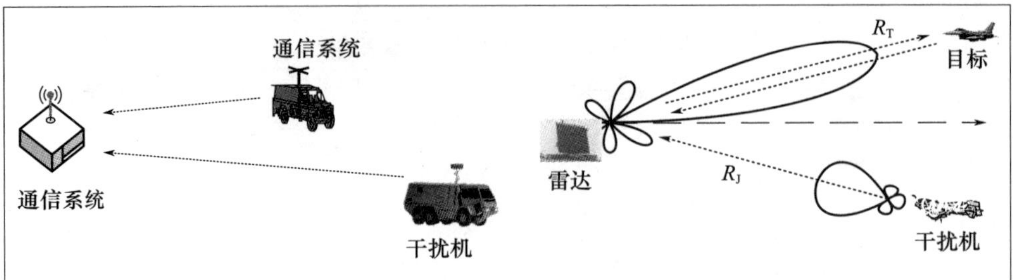

图 3.16 干扰的空间模型

对于通信系统,通信干扰信号与有用通信信号都是单程传播,则

$$\text{JSR}(dB) = J - S = P_J + G_J - 32 - 20\log(F) - 20\log(D_J) + GR_J - [P_T + G_T - 32 - 20\log(F) - 20\log(D_s) + G_R]$$

对于雷达系统,雷达干扰信号是单程传播,但有用的雷达目标回波信号是双程传播,则

$$\text{JSR}(dB) = P_J + G_J - 32 - 20\log(F) - 20\log(D_J) + GR_J - [P_T + 2G_{T/R} - 103 - 20\log(F) - 40\log(D_T) + 10\log(\sigma)]$$

例如,雷达的发射功率为 1kW(60dBm),其天线增益为 30dB,与 10m² 目标的距离为 10km,干扰机发射 1kW 的功率到距雷达 40km 的 20dB 天线,干扰信号被 0 的雷达天线旁瓣所接收,则干信比为

$$\text{JSR} = 71 + 60\text{dBm} - 60\text{dBm} + 20\text{dB} - 2 \times (30\text{dB}) + 0 - 20\log(40) + 40\log(10) - 10\log(10) = 29\text{dB}$$

烧穿距离是根据雷达干扰的概念定义的,但也能用于通信干扰。烧穿距离也叫最小干扰距离,是指干扰机对雷达干扰时,雷达不能发现被保护目标时的最小距离,如图 3.17 所示,这是一个非常重要的战术指标,它是保证干扰有效的条件之一。烧穿距离还分自卫干扰和支援干扰两种情况。

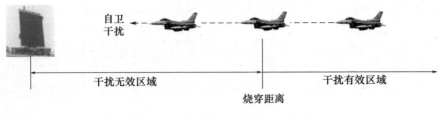

图 3.17 雷达烧穿距离概念示意图

(续)

> 烧穿发生在 JSR 降低到被干扰接收机恰好能正常工作的时刻。依据干扰方程,烧穿距离的出现本质上是由于随着干扰机或被保护目标与雷达在持续靠近的过程中,干扰功率相比目标回波呈现出更快下降的趋势,因此导致 JSR 不断降低,最终难以满足干扰条件。

3.1.5 专用电子战飞机的诞生——EA-6A

在越南战争中,美国的多型专用电子战飞机都崭露头角。这其中包括"野鼬鼠"电子战飞机、EF-10B"空中骑士"战斗机、EA-6A 电子战飞机等。

越南战争开始时,美国情报部门已经掌握了苏制 SA-2 地空导弹的情况,这种导弹在 1960 年击落了在苏联上空执行任务的美国中央情报局的 U-2 高空侦察机,1962 年古巴导弹危机期间击落过美国空军的 U-2 高空侦察机。1965 年 11 月报道称,首批"野鼬鼠"电子战飞机抵达位于泰国呵叻(Korat)空军基地的第 388 战术战斗机联队(TFW),它们和 F-105D 战斗机组成飞行编队共同遂行"铁腕"任务,并于 12 月开始执行飞行任务。"野鼬鼠"电子战飞机上加装了电子对抗措施(ECM)干扰吊舱和 2 枚"百舌鸟"反辐射导弹,当"野鼬鼠"电子战飞机发现并标定地对空导弹(SAM)阵地后,F-105 战斗机用导弹和炸弹实施攻击。这一协同作战模式卓有成效。"野鼬鼠"电子战飞机在飞行时为 F-105D 战斗机护航,一旦进入 SAM 导弹阵地,它们就飞至前排。常规做法是 4 架"野鼬鼠"电子战飞机伴随 1 架战斗轰炸机飞往北越。"野鼬鼠"电子战飞机不但总是率先冲入敌方阵地而且负责殿后。它们的出现常常足以威慑 SAM 导弹操作人员,使其关闭雷达。为了保持压制,几架"野鼬鼠"电子战飞机会留下充当后卫直到最后一架攻击机离开。1978 年,美军推出的下一代"野鼬鼠"电子战飞机型号为 F-4G,其为 F-4E 的改进型号,机身比 F-4C 大,可挂载 AGM-78"标准"反辐射导弹或新型 AGM-88"哈姆"高速反辐射导弹。越战后,F-4G 型"野鼬鼠"电子战飞机(图 3.18)又服役了近 20 年,并在海湾战争中表现出色。

1964 年和 1965 年初,美国拥有的飞机中,唯一能够使用战术电子干扰来有效对抗"北越"威胁的电子战飞机,居然是海军陆战队的 EF-10B"空中骑士"飞机,如图 3.19 所示。EF-10B"空中骑士"飞机由美国道格拉斯飞机公司研制,在参战前的代号为 F3D-2Q。"空中骑士"飞机是双座飞机,其名字的由来源自其最初是一种航空母舰搭载夜间战斗机。现在,该飞机在越南扮演着一种完全不同的角色,其机身携载了多达 6 部干扰机,位于机头的高增益天线能够发射雷达干扰信号。全向接收机也位于机头内。低波段通信干扰信号从机尾处的天线发出。第 1 侦察

(a)   (b)

图 3.18 "野鼬鼠"电子战飞机

图 3.19 美国海军陆战队的 EF-10B "空中骑士"飞机

中队的 EF-10B "空中骑士"飞机部署在岘港非武装区域以南 160km 处,为攻击飞机瞄准的非武装区域和"北越"南部区域提供干扰支持。而且,与其他军种的电子战飞机一样,EF-10B "空中骑士"飞机用其无源接收机提供战场电子监视能力。

在 1964 年前的两年间,海军陆战队就认识到需要一种专门设计的、用于战术电子战任务的飞机。从那时起,他们就开始寻求一种更加先进的专用电子攻击飞机,作为 EF-10B "空中骑士"飞机的接替机型。1962 年,海军陆战队批准对 A-6 "入侵者"飞机进行改进,升级为电子攻击型号,主要任务是在空中打击中压制敌方的防空雷达。美国海军选择继续发展 EA-6A 电子战飞机,如图 3.20 所示。除了随后为海军预备役中队增加了一些 EA-6A 电子战飞机外,还开发了一种四座的改型 A-6 "入侵者"飞机,也就是后来称为 EA-6B "徘徊者"电子战飞机。1963 年 4 月,EA-6A 电子战飞机进行了首次飞行。与 A-6 "入侵者"飞机相比,EA-

6A电子战飞机最明显的外形区别是其垂直稳定器的顶端附近有一个独木舟形状的倾斜安定翼整流罩，里面是ALQ-86接收机/监视系统的天线，如图3-20所示。EA-6A电子战飞机还可以在其四个翼下支架和一个中心站携带干扰机吊舱、箔条投放器和AGM-45"百舌鸟"反辐射导弹等组合武器。首批12架EA-6A电子战飞机部署到越南的时间是1966年10月。这些飞机很快就证明了其价值，被派往执行具有最高威胁的空中任务，而EF-10B电子战飞机进入休整状态，直到1969年10月离开越南战场。EA-6A电子战飞机挂载的ALQ-76高功率干扰吊舱在1968年进入服役，每个吊舱包括4部雷声公司研制的发射机，该发射机的功率为400W，馈入了可控制高增益天线。在作战中，每架EA-6A电子战飞机携带3个ALQ-76吊舱，从而可以使用12部干扰发射机，覆盖各种雷达频段。这与EF-10B电子战飞机相比具有巨大改进，也远远超过同时期战场上的其他同类飞机。

图3.20 EA-6A电子战飞机

另外，在1964年和1965年初的战场上，EF-10B电子战飞机并不是唯一的专用电子战飞机。那个时期美国空军还拥有一种电子战飞机——EB-66"破坏者"，但空军在这个时期基本上只用其实施电子支援任务，偶尔用于远程干扰。

3.1.6 光电制导技术的应用推动光电对抗登上历史的舞台

1946年，冷战大幕拉开，美国不动声色地投入了与苏联的军备竞赛，一批武器研究项目悄然立项。红外探测器件和激光器相继被发明，并成功应用于引导武器进行精确打击。精确制导技术是精确制导武器的关键技术，它支持精确制导武器的远距离高精度作战、夜间作战、全天候作战、复杂战场环境下作战。精确制导是20世纪70年代初提出的新概念制导技术。精确制导技术是利用自身获取或外部输入的目标区信息，探测、识别和跟踪目标，导引和控制导弹/弹药命中目标（乃至目标要害部位）的制导技术。在越南战争中，红外制导与激光制导等光电精确制导技术首次出现就大放异彩，成为重要的杀伤手段，并在战争中发挥了重要作用。

随着其出现及广泛应用,越战中的双方均采用了一些针对性的对抗手段。

3.1.6.1 红外制导与对抗

1) 红外制导技术

飞机的移动速度快、机动能力强,一般的武器很难锁定和攻击到它,在两次世界大战中都起到了至关重要的作用。为了应对来自空中的威胁,美国和俄罗斯纷纷积极地寻找对付飞机的有效手段。早在第二次世界大战期间,人们就开始了对红外制导技术的研究,1946 年,美国海军军械测试站的威廉·麦克利恩(William B. Mclean)博士开始研制一种"寻热火箭"。飞机在飞行过程中,高温的发动机和尾流会产生强烈的红外辐射,利用红外探测器接收这些红外辐射,可以有效地锁定、追踪到空中的目标。1949 年 11 月,他设计出了红外导引头的核心——红外探测器。该探测器为非制冷的硫化铅探测器,工作波长为 $1\sim3\mu m$。以此为基础,美国在 1953 年研制出了闻名遐迩的第一种红外制导空空导弹——"响尾蛇"(Sidewinder)。图 3.21 所示为"响尾蛇"空空导弹之父麦克利恩博士。

图 3.21 "响尾蛇"空空导弹之父麦克利恩

红外制导属于被动式制导,制导系统携带的红外导引头接收目标辐射的能量,经过光学调制和信息处理,可以获得目标的位置信息,利用这些信息跟踪目标并控制导弹飞行,确保其准确命中目标。由于红外制导技术的不断发展以及军方的大量需求,红外制导武器自从出现就一直以极快的速度发展。

红外制导导弹的工作过程为:包含目标场景的红外辐射通过弹头前段的光学系统会聚后,投射到导弹携带的红外探测器上,光学信号转换为电信号,对这些电信号进行相应的处理即可产生目标的方位信号,据此产生实时控制信号,对导弹进行控制,确保其能跟踪并准确地命中目标。红外制导导弹组成如图 3.22 所示。

红外制导分为点源制导和成像制导两大类。红外点源寻的制导的研究始于20 世纪 40 年代中期,盛行了 30 年的时间,直到 20 世纪 70 年代中期成像制导

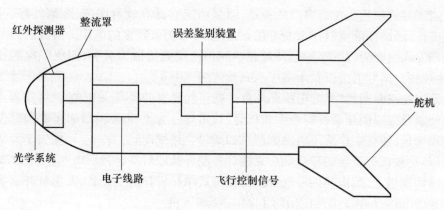

图 3.22 红外制导导弹的示意图

的出现。

红外点源寻的制导采用是被动工作方式,使用弹载的红外探测器获取目标所发出的红外辐射,对目标进行锁定与跟踪,进而控制导弹准确命中目标。红外点源寻的制导导弹对发射平台是否配置专门的火控系统无特殊要求,其捕获远距离目标能力强的特性推动了它的迅速发展。

红外点源制导导弹的红外探测处理系统由光学系统、孔径光阑、探测器以及信号处理单元组成。光学系统可以是折射式或反射式,将目标的红外辐射成像在系统的焦平面上。孔径光阑一般是调制盘。探测器则将已聚焦的辐射转换成电信号。电信号由后续电路进行处理,用以提高信噪比并解析出目标位置。光学系统在空间的稳定性通常用陀螺伺服系统来实现。图 3.23 所示为红外点源制导导弹的结构框图。

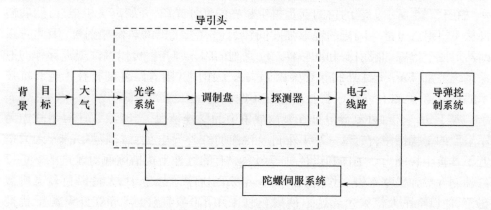

图 3.23 红外点源制导导弹结构框图

点源寻的制导虽然有自身的不足，但是由于它具有效费比高、隐蔽性好、可在夜晚工作、能进行低空目标探测等优点，直至今日仍有较多的应用。点源制导的主流扫描方式主要为以下5种：旋转扫描导引头、圆锥扫描导引头、四象限探测导引头、玫瑰线扫描导引头以及十字形探测器阵列导引头。

到了越战时期，红外光电探测器件性能得到显著的提高，相应的地对空和空对空红外制导导弹的作战性能也大为增强，攻击角已大于90°，跟踪加速度和射程也大幅度增加，使空中作战飞机面临严重的威胁。越战期间，美国空军损失了大量的飞机，都是被雷达制导的导弹和后来的红外制导的地对空导弹所击落。如1973年春的越南战场上，越南使用苏联提供的便携式单兵肩扛防空设备，发射红外制导的防空导弹SA-7在2个月内击落了24架美国飞机。

2）红外制导对抗技术：红外诱饵弹

在这种情况下，各国纷纷研究对抗措施，相继出现了机载AN/AAR-43/44红外告警器、AN/ALQ-123红外干扰机（机载红外干扰吊舱，属于铯弧光灯红外源干扰型，用于战斗机干扰红外制导导弹），以及AN/ALE-29A/B箔条、红外干扰弹和烟幕等光电对抗设备，其中，对红外制导的空空、地空导弹非常有效的一种对抗手段就是红外诱饵干扰。

越南战场上，美军为降低SA-7红外制导导弹对其飞机构成的威胁，设法获取该型导弹的制导方式，随后就在其飞机上装备了红外诱饵弹，通过投掷红外诱饵弹诱使导弹偏离，以此降低SA-7红外制导导弹的威胁。美国投放的红外干扰弹应用了一种基于化合物的闪光（如镁光灯）开发的用于干扰这些武器瞄准点的技术，其投放效果如图3.24所示。瞄准点主要追踪飞机目标的喷气机上产生的热源。镁光灯的燃烧可以产生很强的红外源，从飞机上发射出去可以诱骗热跟踪导弹，如图3.25所示。它的目的就是提供超亮的红外光源，开始离飞机很近，然后慢慢从飞机附近分散。闪光的辐射强度同样远远大于飞机的热源辐射度，因此对跟踪器形成了追踪的吸引源和欺骗器。一系列的闪光弹齐射可以保证逼近导弹的追踪系统混乱，SA-7红外制导导弹因此失去了作用。随着红外制导技术与对抗技术的持续竞争，红外诱饵干扰技术也在不断改进。

鉴于SA-7红外制导导弹在越南战争中的受挫情况，当时苏联针对越战中美军采取的干扰措施，在SA-7红外制导导弹的红外导引头上加装滤光器，大大提升了其抗干扰能力。美国和以色列等国家原有的红外干扰措施面对改进的SA-7红外制导导弹已基本失去作用，在1973年第四次中东战争中，大量以色列飞机被击落，使以空军大惊失色。这迫使以色列采用了"喷气延燃"等红外有源干扰措施，又使这种导弹的命中概率明显下降，飞机损失大大减少。

随后一些发达国家的作战飞机上陆续配置了与雷达告警设备功能相似的红外

第 3 章 电子战的兴起：越南战争和中东战争中的电子对抗

图 3.24　闪光诱饵弹（见彩图）

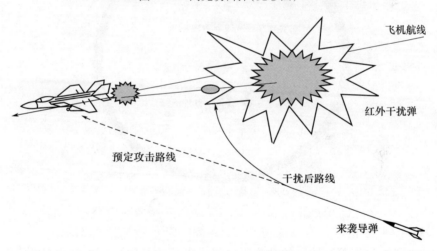

图 3.25　红外诱饵反导干扰示意图

告警设备及红外对抗器材，以便及时发现来袭导弹和破坏红外制导导弹的跟踪效果。从 20 世纪 70 年代中期开始，对抗双方发展迅速，相继问世了红外、紫外双色制导导弹（如美国的"毒刺"导弹和苏联的"针"式导弹）和红外成像制导导弹。目前，已有 $3\sim5\mu m$ 和 $8\sim14\mu m$ 两种波长的红外成像制导导弹，这种红外成像制导导弹识别跟踪能力强，可以对地面目标、海上目标和空中目标实施精确打击，命中精度达 1m 左右。而对抗方面，又增加了面源红外诱饵、红外烟幕、强激光致盲等手段来迷惑或致盲红外制导导弹，使之降低或丧失探测能力。

现代的红外诱饵干扰在战术应用上通常分为质心式干扰和冲淡式干扰。

(1) 质心式干扰。

对于被动点源探测的红外制导导弹,当在其视场内出现多个目标时,它将跟踪这些目标的等效辐射中心(质心效应)。当红外诱饵和真目标同时出现在导引头视场内时,导引头跟踪二者的等效辐射中心,如图 3.26 所示。由于红外诱饵和真目标在空间上是逐渐分离的,这样,由于红外诱饵的红外辐射强度大于真目标,所以等效辐射中心偏于诱饵一边,而且随着诱饵与真目标的分离而更加远离真目标,逐渐把导引头拉向红外诱饵一边,直到红外诱饵和真目标从导引头的视场内分开,这时导引头就只跟踪辐射强度大的诱饵了。质心式干扰要求红外诱饵快速形成有效的诱饵源。

图 3.26　质心式干扰示意图

(2) 冲淡式干扰。

冲淡式干扰主要适用于舰载红外诱饵。当被攻击目标尚未被导弹寻的系统跟踪时便开始布设若干诱饵,使来袭导弹寻的器搜索时首先捕获诱饵。冲淡式干扰不仅能有效干扰红外寻的导弹,还可以干扰导弹发射平台制导系统和预警系统。

为对付日益发展的红外制导技术,红外诱饵技术也在不断改进,其发展趋势是:①全波段,且波段间能量比率可调的高能红外诱饵;②具有伴飞能力的红外诱饵;③具有红外、紫外双色干扰能力的复合诱饵;④具有对抗红外成像制导导弹能力的面源红外诱饵。

图 3.27 所示为军用飞机投放多元红外诱饵的场面。

在 2017 年的叙利亚战争中发生了一件令人大跌眼镜的战例。2017 年 6 月 18

第3章 电子战的兴起：越南战争和中东战争中的电子对抗

图3.27 军用飞机投放多元红外诱饵（见彩图）

日，美军一架F-18"超级大黄蜂"战斗机与叙军苏-22攻击机相遇。美战机凭借灵活的机动性能率先抢占攻击位置，在1.5km处发射了一枚AIM-9X"响尾蛇"近程空空导弹。突然遭到攻击的苏-22攻击机飞行员只是仓促地发射了红外干扰弹，AIM-9X"响尾蛇"空空导弹竟然脱靶了。美军战机不得不补射1枚雷达制导的AIM-120"响尾蛇"中程空空导弹，才击中苏-22攻击机。

苏-22攻击机主要负责对地攻击，几乎没有空战能力。而AIM-9X是21世纪后美国才列装新型空空导弹，具备先进的红外成像制导技术，号称"普通干扰措施根本无效"。报道分析称，AIM-9X"响尾蛇"空空导弹之所以丢失目标，是由于它在研制时以美军干扰弹为参照物，不具备对抗苏/俄制红外诱饵弹的能力。这一事件也显示出红外诱饵弹这种20世纪70年代就开始研制的对抗手段至今仍有其强大的生命力。

技术花絮——红外诱饵弹

红外诱饵弹也称为红外干扰弹、红外曳光弹，是一种廉价而有效的红外制导导弹的对抗手段，广泛应用于飞机、舰艇等平台的自卫，可以有效提高其生存能力。

当前飞机面临的首要威胁是红外制导导弹，过去的35年内90%的战损飞机是被其击落的。这是由于飞机的飞行过程中，高温的发动机和尾焰会辐射强烈的红外光，与周围环境形成鲜明的对比，很容易被红外制导导弹锁定。除了飞机，舰艇、装甲车辆的发动机工作产生的高温同样使其成为红外制导导弹的攻击目标。为了应对红外制导导弹的威胁，红外诱饵弹应运而生。

(续)

红外诱饵弹大多为投掷式燃烧型,内装的烟火剂多为镁粉、聚四氟乙烯、氟化橡胶等的混合物。如图 3.28 所示,它被点燃以后,能够发出高亮度的红外光,且具有与被保护的飞机、舰艇、装甲车辆类似的光谱特性,从而引诱、迷惑和扰乱敌方的红外制导武器,使其无法命中己方被保护的目标。

机载红外诱饵弹的主要特征参数包括:①导引头带宽内辐射强度,从数百 W/sr 到数千 W/sr;②激活时间或上升时间,达到峰值强度通常需要几十毫秒;③辐射持续时间通常为 3~6s。

舰载红外诱饵弹与机载的不同,其爆开的尺寸要与被保护的舰艇接近,辐射持续时间需要达到 30~60s,且在中波(3~5μm)和长波(8~14μm)波段辐射时应具有适当的强度比值,以对抗双色导引头识别技术。

(a) (b)

图 3.28 机载诱饵弹效果图(见彩图)

3.1.6.2 激光制导与对抗

1) 激光制导技术

1960 年 7 月,美国研制出世界上第一台激光器。激光方向性强,以及单色性和相干性好的特点,迅速引起了军工界的兴趣。随后装备部队的激光制导炸弹具有制导精度高、抗干扰能力强、破坏威力大、成本低等特点。

越南战争中,美军曾为轰炸河内附近的清化桥出动过 600 余架次飞机,投弹数千吨,不仅桥未炸毁,而且还付出毁机 18 架的代价。后来,用刚刚研制成功的激光制导炸弹,仅两小时就用 20 枚激光制导炸弹炸毁了包括清化桥在内的 17 座桥梁,而飞机无一损失。美军在越南平均用 210 枚普通炸弹,才能命中目标一个,而使用激光制导炸弹,据有统计的 2721 枚中,命中目标的有 1615 枚。

激光制导技术和各种激光制导武器已有 40 多年的发展历史。自从在越南战争中首次出现并大显身手后,近 30 年世界上发生的几次局部战争,特别

第3章 电子战的兴起：越南战争和中东战争中的电子对抗

是20世纪90年代以来发生的海湾战争、阿富汗战争、伊拉克战争都充分表明：当代军事战略已由强调数量优势向强调技术质量优势转变；由发展常规武器装备向发展高科技武器装备转变。高技术和高质量武器装备是现代和未来战争克敌制胜的重要因素。其中激光制导武器系统具有制导精度高、抗干扰能力强、结构简单、成本低等优势，因而各军事大国都竞相开展研制，尤其是在最近的几次局部战争中激光制导武器显示出了强大的威力，使其受到了越来越广泛的重视。

根据工作原理的不同，可以将激光制导分为视线式和寻的式两大类，视线式制导包括指令式和波束式，寻的式制导包括全主动式和半主动式。

全主动寻的的特点是弹体上同时装有激光发射器和目标寻的器，前者负责发射激光，后者负责接收目标反射回的激光信号，之后经过控制系统的导引实现精确打击。发射后不管是全主动制导的最大特点，提高了武器系统的生存力，这一特点是主动制导与其他制导方式的根本区别。全主动寻的在获得三维图像后可自动识别型号和毁伤程度，并进行选择性的攻击，但是这种制导方式的技术难度较大，故应用得较少。

半主动寻的是目前的激光制导武器中广泛使用的制导方式，其工作的过程是：由弹体外的激光指示器发射激光束照射目标，弹体上的寻的器接收目标漫反射的回波信号，使制导系统形成对目标的跟踪和对导弹的控制信号，引导制导武器飞向目标，直至命中目标，如图3.29所示。

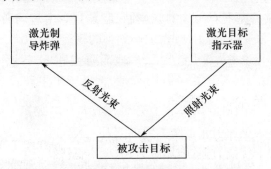

图3.29 半主动激光制导武器作战示意图

激光半主动制导武器的弹体和目标指示器分离，能够对目标进行间接的射击，所以隐蔽性良好，由于可以编码不同的波束，使得它能够同时对多个目标进行照射。相对于主动制导来说，半主动寻的方式精度高、成本低，但缺点也突出。例如，它多数采用的是波长1.06μm的激光，在传输的过程中容易受到外界的影响，照射目标使载体很容易被敌方发现；指示器和导引头的分离导致信号的发射与接收很难同步，方便了敌方的侦测和干扰。

激光半主动寻的器是半主动制导武器的核心部分,它能够实现对目标的探测以及弹体的导引和控制,从而使得弹体精确地命中目标。激光半主动寻的系统的组成如图3.30所示。探测器通过接收目标反射回来的激光束,能够找到测量目标的具体位置。探测器首先会将光学系统汇聚的反射光束的能量转换成电信号;然后放大器会对电信号进行放大,同时通过逻辑运算产生角误差信号;在信息处理器中对角误差信号进行处理,得到导引的信息;最后指令形成器根据导引信息发出导引的指令,控制导弹的飞行轨迹,使其顺利地击中目标。

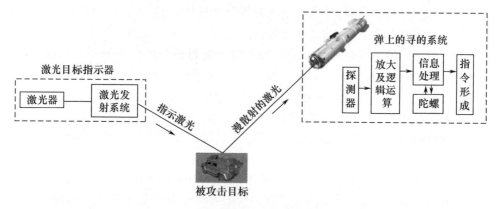

图3.30 激光半主动寻的系统

指令式激光制导,就是弹外半导体激光器及其控制电路通过光学系统发射激光,并以哈明码控制调制器对激光实施调制,制导指令由编码激光传送到导弹,弹上的接收系统探测和解码,纠正弹道,控制导弹的飞行。

波束式激光制导也称"驾束制导",是地面防空和地对地作战中主要使用的制导方式,不论是型号品种还是装备的数量,都低于半主动式激光制导武器。驾束制导具有四大功能:瞄准和跟踪、发射与编码、弹上接收与译码、指令形成与控制。

驾束制导工作的流程如下:驾束式激光制导系统拥有一个跟踪瞄准具和激光投射器。跟踪瞄准具对目标进行跟踪和瞄准,激光发射器则不断地向目标发射经过调制编码的激光束;弹尾激光接收机接收到信号后,会对光束中心的偏差进行计算,修正后使得弹沿着瞄准线的方向飞行,因为光束中心线一直是对准目标的,这样飞弹就能击中敌方的目标。与半主动制导相比较来说,驾束制导的优势是结构简单与造价低。另外,在弹体的尾部装有制导装置,不影响弹的威力,并且因为弹体在激光束内飞行,弹体能有很高的速度,所以适用于攻击坦克或装甲目标。其工作原理如图3.31所示。

激光半主动寻的制导和驾束制导各有优缺点,其性能比较如表3.1所列。

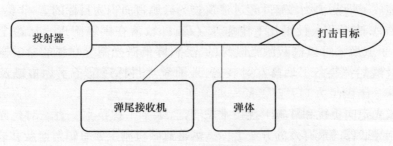

图3.31 驾束式激光制导的工作原理示意图

表3.1 激光半主动寻的制导和驾束制导优缺点对比

激光制导方式	激光半主动寻的制导	激光驾束制导
激光发射方式	弹外激光目标指示器发射激光束照射目标	地面激光发射系统发射扫描编码脉冲照射目标
激光接收方式	弹头部的寻的导引头接收目标反射的激光信号	弹尾部的激光探测器接收地面发射的激光信号
激光发射器	$1.06\mu m$ 固体激光器,功率高	$0.9\mu m$ 半导体激光器,功率不高
受干扰影响	易受干扰	不易受干扰
发射瞄准方式	间接瞄准,自寻的攻击目标	直接瞄准,激光束始终照射目标
制导规律	可采用准比例导引法,弹道特性好,对目标机动有一定适应性	三点式追踪导引法,末段弹道弯曲较大,不适宜攻击大机动目标
适用对象	适用于各种武器,包括激光制导航弹、炮弹、地空导弹、空地导弹及反坦克弹等	在地空导弹和反坦克导弹中应用较多
设备要求	目标指示器和弹上设备较复杂	地面和弹上设备简单,操作方便

激光制导武器的工作方式决定了它适合攻击地面或海上的慢速目标。现有的激光制导炸弹一般都采用半主动寻的制导方式,它在普通炸弹的基础上通过引入激光半主动寻的制导系统,从而实现对目标的精确打击。激光制导导弹主要有空地导弹、防空导弹、反坦克导弹等类型,其制导方式既有半主动寻的制导,也有驾束制导。制导炮弹是炮弹发展的飞跃,号称是"长了眼睛"的炮弹,加上相应的制导设备后,可使炮弹的命中率得到显著提高。

2) 烟幕光电对抗技术:烟幕和伪装

面对异军突起的激光制导炸弹,当时的越南缺乏专门的对抗手段,只能通过一些通用的光电对抗手段来降低激光制导武器的命中率,其中措施之一就是利用烟幕等措施遮蔽目标,减少激光能量的反射。例如,在保卫河内富安发电厂战斗中,越南就施放了烟幕、喷水,高度超过建筑物 3m,遮蔽面积为目标的 2~3 倍,烟幕浓度为 $1g/m^3$,使得敌人投了几十枚炸弹,仅有一枚落在围墙附近。从这个战例可以看出,采取烟幕可以遮蔽激光制导的光路,降低激光制导炸弹的命中概率。于是坦克及舰船都装备了烟幕发射装置,地面重点目标还配备了烟幕罐及烟幕发射车。

在激光定向干扰和欺骗干扰技术发明前,烟幕干扰技术一直是对抗光电侦察和光电制导武器的最有效的方法之一。烟幕遮蔽机制主要有辐射遮蔽和衰减遮蔽两种形式。辐射遮蔽通常是利用燃烧反应生成大量高温气溶胶微粒,凭借其较强的红外辐射来遮蔽目标、背景的红外辐射,从而完全改变所观察目标、背景固有的红外辐射特性,降低目标与周围背景之间的对比度,使目标图像难以辨识,甚至根本看不到。辐射遮蔽型烟幕主要用于干扰敌方的热成像探测系统,在热像仪上形成一大片烟幕的热像,而看不到目标的热像。衰减遮蔽主要靠散射、反射和吸收作用来衰减电磁波辐射。构成烟幕粒子的原子、分子处于不断运动状态,其微粒所带的正负电荷的"重心"不相重合,可视为电偶极子。这种电偶极子的电磁辐射场与周围电磁场发生相互作用,从而改变原电磁场辐射传输特性,使电磁辐射能量在原传输方向上形成衰减,衰减程度的大小取决于气溶胶微粒性质、形状、尺寸、浓度和电磁波的波长。

第二次世界大战结束后,随着军事科学技术的发展,人们对烟幕的作用有所忽视,烟幕发展步伐有所减慢。在海湾战争中,伊拉克在十分被动的情况下,匆忙点燃了一些油井,漫天的烟雾使光电侦测装备无法识别目标,光电精确制导武器也失去了用武之地,有效地阻止了多国部队对这些区域的攻击。海湾战争后,烟幕技术又重新引起了各国军界的重视,并得到迅速发展。科索沃战争中,南联盟军队吸取海湾战争的经验教训,利用雨、雾天气进行机动和部署调整,使北约部队的光电器材难以发挥效能。南联盟军队采用关闭坦克发动机,或把坦克等装备置于其他热源附近,干扰敌红外成像系统的探测。在设置的假装甲目标旁边点燃燃油,模拟装甲车辆的热效应,诱使北约飞机攻击,致使北约部队进驻科索沃后,出现了难以寻到北约所宣称的被毁南军大量装甲目标残骸的一幕。

在现代战争中,烟幕仍在发挥着独特的作用。

(1) 烟幕可降低高技术侦察器材的情报获取概率。海湾战争中,伊军利用烟幕、假目标等多种伪装方式,使多国部队的侦察一次又一次失败,不得不将"沙漠风暴"行动一再延长。

(2) 烟幕可隐蔽自己,达到行动的突然性。苏联在入侵捷克行动中,使用了大量特种烟幕,成功地迷盲了北约的侦察系统,等对方搞清真实情况后,苏军已占领捷克全境。

第3章 电子战的兴起：越南战争和中东战争中的电子对抗

(3) 烟幕可迷惑敌人，遏制敌直射火力，提高自己的生存能力。在第四次中东战争中，埃及军队在烟幕掩护下，成功地度过苏伊士运河，使原估计死伤数万人的行动降为数百人。

(4) 烟幕可阻断光电精确制导武器导引头对攻击目标的通视光路，降低命中概率。在海湾战争中，由于伊拉克在目标上空施放了烟幕，结果使多国部队投放的7000多枚激光制导炸弹，有20%未能命中目标。

除了烟幕遮蔽干扰技术以外，光电伪装防护技术也是一种历史悠久而又卓有成效的光电对抗手段。越战期间，为了对抗激光制导武器，越南使用能吸收激光的物质对保护目标进行涂敷，来降低目标对指示激光的反射率，也收到了一定效果。传统的伪装技术大都是被动式的，即利用目标遮蔽和背景融合等技术手段，通过外部伪装改变目标本来的真实外貌，使之无法被准确识别，达到欺骗的目的。现代隐身技术通过武器装备的内装式设计，改变、抑制或消除目标的辐射、反射等被探测与识别的特征，达到隐身的目的。隐身技术是传统伪装技术向高技术化的发展和延伸，又称为"低可探测技术"，主要用于对付敌方防御武器，使其不易被发现、识别、跟踪和攻击。

3) 光电伪装与防护技术

光电伪装与防护技术又称为光电防御技术，包括光电隐身、伪装遮障和光电防护三个方面。

(1) 光电隐身。

光电隐身就是减小被保护目标的某些光电特征，使探测装备难以发现或使其探测能力降低的一种光电对抗手段。根据对抗的光波频谱范围，光电隐身又可以分为可见光隐身、红外隐身、激光隐身和紫外隐身。

可见光隐身主要通过迷彩涂覆或遮蔽的方法实现。值得一提的是，迷彩伪装并不是使敌方看不到目标，而是在特定的距离上，通过目标的一部分斑点与背景融合，一部分斑点与背景形成明显反差，分割目标原有的形状，破坏了人眼以往储存的某种目标形状的信息，增加人眼视神经对目标判别的疑问。特别是变形迷彩，改变了目标的形状、大小特征，常可将重要的军事目标改变成不重要的军事目标，或将军事目标改变成民用目标，从而增加敌方探测、识别目标的难度，特别是增加了制导武器操纵人员判别目标的时间和误判率，延误其最佳发射时机。图3.32所示为美国Teledyne超轻型伪装网。

红外隐身则主要通过降低目标的红外辐射强度，即通常所说的热抑制技术，和改变目标表面的红外辐射特性，即改变目标表面各处的辐射率分布来实现。降低目标红外辐射强度的技术手段或措施主要包括：采用空气对流散热系统、涂覆可降低红外辐射的涂料、配置隔热层、加装热废气冷却系统和改进动力燃料成分等。改

图 3.32 美国 Teledyne 超轻型伪装网（见彩图）

变目标表面的红外辐射特性主要包括两个方面：改变其频谱辐射特性，使其与背景的红外辐射特性接近或一致；改变目标的红外辐射图像特征，通过热红外迷彩涂覆等方法改变目标红外图像的真实轮廓。

激光隐身从原理上与雷达隐身有许多相似之处，它们都以降低反射截面为目的，激光隐身就是要降低目标的激光反射截面，与此有关的是降低目标的反射系数，及减小相对于激光束横截面区的有效目标区。激光隐身采用的技术有以下几项：外形技术、吸收材料技术、光致变色材料技术、利用激光的散斑效应等。

紫外隐身则主要用在冰雪环境背景中，由于冰雪的高紫外反射率，而目标的紫外反射率相对较低，紫外探测器很容易探测到目标。在目标表面涂敷具有高紫外反射率的涂料，可有效提高目标的紫外反射性能，使目标和背景相融合。从而降低目标被空中紫外侦察装备探测到的概率。

（2）伪装遮障。

伪装遮障是通过采用伪装网、隔热材料和迷彩涂料来隐蔽人员、兵器和各种军事设施的一种综合性技术手段。伪装遮障技术主要用来模拟背景的电磁波辐射特性，使目标得以遮蔽并与背景相融合，是固定目标和停留的运动目标最主要的防护手段，特别适用于有源或无源的高温目标，可有效地降低光电侦察武器的探测、识别能力。

伪装网是一种重要的伪装遮障器材，是战场上兵器装备、军事设施等军事目标的"保护伞"。一般说来，除飞行中的飞机和炮弹外，所有的目标都能使用伪装网。伪装网主要用来伪装常温状态的目标，常采用可见光迷彩色，使目标融于背景之中,以对抗可见光侦察、探测和识别。早在第一次世界大战时,为了隐蔽兵器,军队就将渔民用的旧渔网盖在兵器上,并在网上设置一些遮蔽材料,这就是伪装网的雏形。在第二次世界大战时,制式伪装网得到进一步发展,在许多重要军事目标的伪装上得到应用。但那时的伪装网仅能对抗可见光侦察,材料基本上以棉麻为主。随着侦察技术的全波段化和新材料的不断应用,伪装网也在不断发展,其基础材料和伪装遮蔽性能,以及伪装机理都发生了很大变化:能对抗可见光、紫外、红外和雷达等多种手段的侦察;网面颜色与迷彩斑点的光学性能、网面的红外辐射和反射性能,以及对雷达波的散射性能都可以适应目标周围背景的需要;材质轻、涂层牢固、易于架设和撤收、便于拼接,可实现多种用途的伪装作业。

(3) 光电防护。

随着战术激光武器日趋成熟,激光防护成为作战人员和光学观瞄、光电传感器必须面对的现实。光学防护的重点是激光防护。目前,对于人眼的激光防护措施主要有:吸收型滤光镜、反射型滤光镜、吸收-反射型滤光镜、相干滤光镜、全息滤光镜、光学开关型滤光镜等。军用光电传感器抗激光措施主要包括增加光开关装置,增设滤光片以提高光电传感器光敏面性能,增加特定激光波长的反射片、反射膜,探测器冗余设计等措施。

目前,激光防护正在从单一波段和单一手段向宽波段与综合防护方向发展。随着多波长和可调谐激光致盲武器的出现,要求激光防护能在整个多个谱区对强激光有足够的防护能力。随着激光反卫武器的实用化,卫星激光防护将成为一个突出且重要的问题。

技术花絮——光学制导

光学制导是光波段的精确制导技术,也是现代化战争中应用最广泛、最为重要的一种精确制导技术。精确制导是指通过采用先进的信息技术,在导弹或弹药的飞行过程中,能够不断测量目标信息并修正自身的飞行航线和状态,保证最终准确命中目标的技术。精确制导技术可以分为光学、射频和声学3种制导方式,其中光学制导通常具有最高的制导精度,至今有70%的精确制导武器采用了光学制导技术。光学制导具有分辨率高、易于成像、测量精度高、无多路径影响、隐蔽性好、重量轻、体积小等优点;但也有明显不足之处,即受天候影响较大,在大气层内作用距离不太远。根据工作方式的不同,光学制导可以分为电视制导、红外制导、激光制导和多模复合制导,如图3.33所示。

(续)

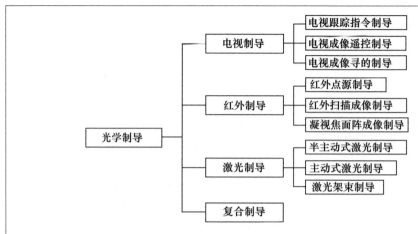

图 3.33 光学制导分类

电视制导属于被动式制导，是由弹上电视导引头利用目标反射的可见光信息实现对目标捕获跟踪，由电视摄像机接收来自目标的光辐射能量并转化为电信号，导引导弹命中目标的被动寻的制导技术。电视制导包括电视跟踪指令制导、电视成像遥控制导和电视寻的成像制导3种制导方式。电视制导由于制导精度高、动态范围大、造价低等优点在空对地、空对舰制导炸弹、导弹、巡航导弹上得以大量应用，存在的不足是在夜视和低能见度的作战条件下，制导效能受到局限。

红外制导技术是利用红外接收设备被动接收目标的红外辐射，并将辐射能进行光电转换和处理，提供制导控制信号进行制导的技术，主要应用于导弹自动寻的制导。红外制导技术的发展经历了3个阶段：红外点源或亚成像制导、红外扫描成像制导和凝视焦面阵成像制导。红外点源制导是把目标视为一个点源红外辐射体，利用空间滤波技术在背景中检测出目标信号，主要应用于空对空和地对空的近程导弹，其优点是设备简单、造价低，缺点是灵敏度低、精度差、易受干扰。红外扫描成像制导则是依据目标与背景的红外图像实现对目标的捕获与跟踪。与红外点源制导相比，成像制导系统有更好的识别能力、抗干扰能力、更高的制导精度和全天候作战能力。凝视焦面阵成像制导通过面阵探测器来实现对景物的成像，采用空间分割和电荷转移技术，将各探测器单元接收的场景信号依次送出，得出二维景物灰度分布图像。与扫描成像技术相比，凝视面阵成像具有帧频高、像素多、体积小和重量轻等优点，新一代高速、远程飞行器广泛将其作为末制导的主要技术途径。

(续)

激光制导技术是用激光发射设备向目标发射激光,激光接收设备接收发射器发射或目标反射的激光信号,对含有目标位置信息的信号进行处理,并用该信号制导导弹飞向目标。激光制导主要有3种工作体制,即激光寻的制导、激光指令制导和激光驾束制导,其中激光寻的制导又分为主动激光寻的和半主动激光寻的,目前,使用最多的是激光半主动寻的制导。激光半主动寻的制导的激光接收器装在导弹头部,激光发射器装于导弹发射载体上或人工携带,通过接收目标漫散射的激光进行制导,多用于空对地、地对地的导弹或炸弹。激光驾束制导多用于防空和反坦克导弹武器,其激光发射器发射的激光光束中心指向目标或目标运动的前置点,导弹尾部的激光接收器通过接收激光束的信号计算出导弹与激光束中心的偏差信号,并利用该信号来控制导弹飞向目标。激光制导具有制导精度高、抗干扰能力强、结构简单、成本较低的优点,其工作波长一般为 $1.06\mu m$ 或 $10.6\mu m$,其缺点是无法实现"发射后不管",且激光发射器容易受到攻击,生存能力较低。

3.2 中东战争前后

中东战争是指以色列与阿拉伯国家之间进行的多次战争。以色列建国以后,1948—1982年,先后与阿拉伯国家以及巴勒斯坦发生了5次大规模战争,即1948年的巴勒斯坦战争(第一次中东战争)、1956年的苏伊士运河战争(第二次中东战争)、1967年的"六五战争"(第三次中东战争)、1973年的"十月战争"(第四次中东战争)和1982年的以色列入侵黎巴嫩战争(第五次中东战争)。从1967年的第三次到1982年的第五次中东战争,电子战被广泛应用,出现了新的战斗领域,电磁频谱的利用与争夺日趋白热化,使得电子战逐渐成熟。

电子技术的飞速发展,促进了电子战技术装备和战术战法的逐步成熟,使其从单一的作战保障手段演变为现代战争中集侦察和反侦察、干扰和反干扰、摧毁与反摧毁为一体的重要作战样式,其作战地位由从属和辅助角色逐步发展成为占主导地位,并能对战争起到决定性作用。这一时期的典型用频事件分别阐述如下。

3.2.1 电子战在第三次中东战争中的应用

第二次中东战争之后,美国和苏联在中东的对抗更加激烈,以色列得到了美国的支持,而苏联则大力资助阿拉伯国家。苏联向埃及、叙利亚等国提供了大量的军事援助,以色列也从美国得到先进的武器装备。战争中以色列充分发挥了电子战的作用,取得了辉煌的战绩,特别是在反舰导弹对抗中的成功应用,极大地提高了舰艇在战争中的生存能力。

1) 加强电子侦察,做好电子战准备

以色列学习了美国在越南战争中运用电子战的经验,加强了对阿拉伯国家电子侦察和电子干扰的准备工作。以色列利用地面侦察站和电子侦察飞机经过详细的侦察,获取了阿拉伯国家防空导弹、高炮阵地、指挥所、通信枢纽、机场位置和雷达工作频率、覆盖区域和盲区等。可以说以色列对阿拉伯国家的国防部署了如指掌,例如,掌握了埃及的23部雷达都处于戒备状态,以色列甚至绘制了低空通过开罗附近的高楼和伊斯兰教堂寺院尖塔的航线图。此外,美国海军的情报侦察船"利伯替"号装有高灵敏度侦察接收机,可以侦听和破译阿拉伯国家和以色列发射的所有无线电通信和雷达信号。该电子侦察船一直密切监视着局势发展。以色列通过密集的电子侦察,完全掌握了埃及重要雷达和通信设备的所有信息,为以色列下一步实施电子干扰和电子欺骗奠定了基础。

2) 实施电子干扰,摧毁敌方电子设备

1967年6月5日7时45分,以色列发动"闪电战"突然袭击。以军首先对埃及的防空雷达、通信系统实施了强烈的有源和无源干扰,还让能讲流利埃及语的播音员用无线电插入埃及防空无线电通信网,发布假命令,制造混乱、致使埃及的雷达致盲、通信失灵、指挥陷入瘫痪。以军这次突然袭击,使得埃及整个空军几乎被消灭。埃及300架飞机被摧毁于地面,其中包括全部30架图-16远程轰炸机,而以色列只损失26架飞机。埃及虽然装备有一些"萨姆"-2低空导弹,但在强大的电子干扰下,无法发挥作用,无法对付低空突袭飞机。电子干扰这种新式武器的出现,让埃及军队溃不成军。

3) 进行电子欺骗,诱敌采取错误行动

在第三次中东战争中,以色列军队还对埃及实施了各种电子欺骗活动。例如,以色列破译了埃及的无线电通信密码,并用破译的通信密码发布假命令,欺骗埃及运送弹药和油库的车队进入自己的布雷区,使之遭受重大损失。此外,以色列还通过通信欺骗,诱骗埃及重炮部队向自己的部队开炮轰击达两小时之久,造成了无法估量的损失。

这一时期,在雷达电子欺骗方面随着数字信号处理与微波放大器件技术的迅速发展,脉冲压缩(PC)雷达和脉冲多普勒(PD)雷达等具有相参特性的新体制雷达出现,传统的噪声干扰信号由于与雷达信号不相关,难以获得相干处理增益,因此导致噪声干扰的干扰效率急剧下降。

脉冲压缩雷达属于脉内相参的技术体制。它通过发射具有大带宽的宽脉冲信号,以提高雷达对目标的速度分辨率和速度测量精度,在接收端通过匹配滤波处理,将宽脉冲信号压缩为窄脉冲,提高雷达对目标的距离分辨率和距离测量精度。脉冲压缩的概念始于第二次世界大战初期,但由于技术实现较为困难,在20世纪60年代才开始应用于超远程警戒和远程跟踪雷达,20世纪70年代便广泛运用于三坐标警戒雷达、火控雷达等。由于脉冲压缩雷达的发射信号一般采用了线性调频、非线性调频、相位编码、频率编码等调制方式,接收处理中往往可以形成20~30dB的匹配滤波增益,因此对噪声干扰信号有非常好的抑制作用。

脉冲多普勒雷达属于脉间相参的技术体制。雷达在每次目标探测时,发射一串具有相同频率且相位连续变化的相干脉冲串,接收后统一处理,对整个脉冲序列回波进行频谱分析并利用极窄带宽的多普勒滤波器进行频域滤波。20世纪70年代,脉冲多普勒雷达开始广泛应用于机载预警、导弹制导、卫星跟踪、武器火控等方面。由于脉冲多普勒雷达可以获得10~30dB的脉冲串相干处理增益,以及可以利用速度鉴别区分出真假目标,一般的欺骗干扰和噪声干扰往往难以取得较好的干扰效果。

顾名思义,射频存储技术是指干扰机通过采用某种方式,迅速存储下雷达的发射信号,在需要干扰时,快速读取存储信号并经过幅相调制或者直接延迟转发,形成与真实目标回波十分相近、与雷达发射信号相关的相参干扰信号。按照存储方式的不同,可以分为模拟射频存储和数字射频存储两类,其干扰信号产生原理如图3.34所示。其中,模拟射频存储发展最早,主要靠声表面波、光纤等模拟设备来保存雷达信号,主要优点是系统响应快、处理带宽和动态范围较大,缺点是干扰调制的灵活性不足。数字射频存储则是以数字的方式对雷达射频信号采样后进行存储,其实现过程一般为:雷达射频信号经过模拟/数字转换器(ADC)进行幅度量化或相位量化,量化结果存储在数字存储器中,然后通过数字域的幅度、频率、相位等调制或复制、叠加等处理,由数字/模拟转换器(DAC)形成射频干扰信号,优点是调制方式灵活多样、输出信号相参性高、存储时间长等,缺点是响应慢,处理带宽和动态范围受ADC和DAC器件性能限制。

利用射频存储技术,可以形成与雷达发射信号具有相参性的干扰信号,与目标回波信号一样可以获得雷达信号的相干处理增益,能更高效地对抗脉冲压缩雷达、脉冲多普勒雷达等,其工作原理如图3.35所示。常见的干扰样式包括:距离欺骗干扰、速度欺骗干扰、密集假目标压制干扰、距离波门拖引干扰、速度波门拖引干扰等。

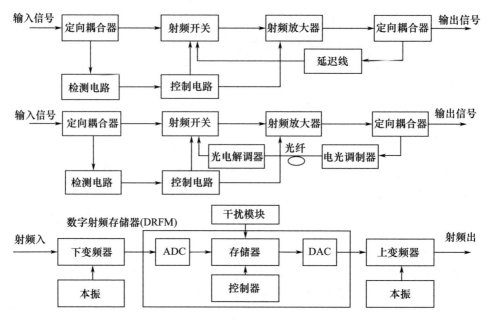

图 3.34 宽带数字射频存储干扰信号产生原理框图

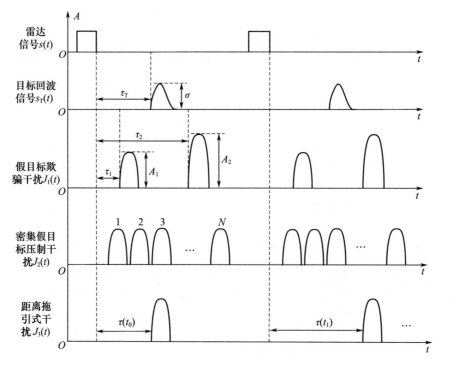

图 3.35 雷达目标回波和转发式干扰信号示意图

技术花絮——假目标压制干扰

假目标压制干扰是指干扰机按照一定的干扰策略,复制转发被截获的雷达信号,经雷达接收处理后,在终端显示上呈现出大量虚假目标或者无任何目标显示,最终达到对真目标的压制干扰效果。

假目标压制的干扰信号源自被截获的雷达相参信号,能够获得雷达的信号处理增益,进而在有限的功率规模下提升干扰的性能和效率。这里以等间距假目标压制样式及时序为例说明,如图 3.36 所示,对应的干扰信号可用公式表示为

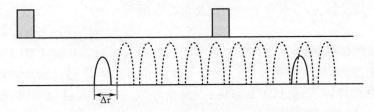

图 3.36 等间距假目标压制的样式及时序示意

$$s_j(t) = \sum_{i=1}^{N} s(t - i \cdot \Delta\tau)$$

式中: $s(t)$ 为被截获的雷达信号; $\Delta\tau$ 为假目标间距; N 为干扰期间内复制的假目标个数。

$\Delta\tau$ 决定着假目标的密集程度,进而影响压制干扰的现象呈现。如果 $\Delta\tau$ 减小到一定程度,干扰方合成的密集假目标就会占据每个相邻的距离单元,这将整体抬高雷达的信号检测门限,使雷达无法检测到任何目标,如图 3.37(a)所示。相反,如果 $\Delta\tau$ 逐渐增大,干扰方合成的稀疏化假目标序列只零星占据某些距离单元,这又整体抬高雷达信号检测门限,雷达就会检测出大量虚假目标,增加真目标的辨识难度,如图 3.37(b)所示。

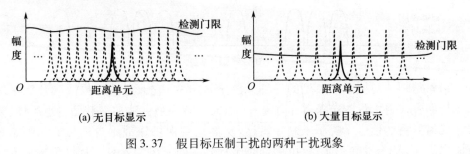

图 3.37 假目标压制干扰的两种干扰现象

3.2.2 电子战在反舰导弹对抗中的应用

在中东战争的海战中,阿拉伯国家和以色列的作战舰艇都先后装备了由电子设备控制的舰对舰导弹,从而开辟了海战中导弹制导对抗的先例。1967年,埃及的苏制"蚊子"级导弹舰艇和"黄蜂"级导弹舰艇,向塞得港外正在巡逻的以色列"艾拉特"号驱逐舰和1艘商船发射了6枚"冥河"舰舰导弹,导致"艾拉特"号驱逐舰和商船被击沉。

这是世界海战史上第一次用导弹击沉军舰,并且是小舰艇击沉了大舰艇,在各国海军中引起了轰动。以色列军舰被击沉的主要原因在于舰艇上既无反舰导弹,也没有电子战设备,而且舰船上的雷达是第二次世界大战的老产品,无法发现低空目标。

对付反舰导弹的电子战手段之一就是制导对抗。制导对抗主要是通过在角度上实施干扰,达到角度欺骗的目的。角度欺骗干扰是指假目标在方位或者俯仰上不同于真目标,能量强于真目标,而其余参数一般跟真目标相同,如图3.38所示。

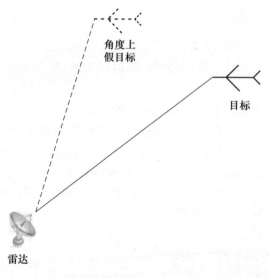

图3.38 角度欺骗干扰示意图

箔条是制导对抗中最典型的一种无源干扰方式,它通过载体投放到预定区域以爆炸的方式将大量的箔条散布在空中,形成具有很强雷达散射截面的悬浮体,悬浮体反射的雷达信号干扰了末制导雷达,从而达到保护作战平台的目的。箔条具有成本低廉、易于生产和装备、可以同时干扰多种体制的雷达且干扰性价比高等优点,箔条干扰一直是水面舰艇对抗反舰导弹末制导雷达和飞机对抗空空、地空末制导雷达的有效措施,也是末制导雷达面临的严峻威胁。

箔条常用的形状是圆柱形、薄片形和V形,其中V形箔条具有刚性好、不易发生黏结效应、散开时间短、散开率高等优点,其不足是加工难度大,单位体积装填量不及圆柱形和薄片形。随着作战需求的增长和箔条技术的不断发展,又演化出中空箔条和特殊形状箔片等新型箔条。中空充气箔条用轻金属制成,两端密封,中间充有氢、氦等轻气体,可以长时间飘浮在空中,有效干扰时间长,如图3.39和图3.40所示。

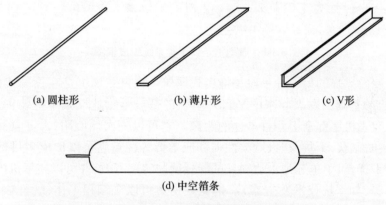

图3.39 常见箔条形状

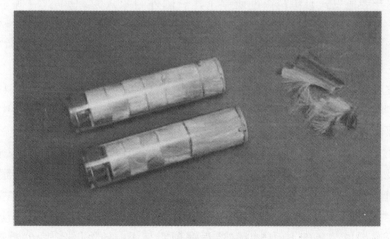

图3.40 箔条弹和封装的箔条丝

典型的箔条弹干扰系统如图3.41所示,主要包括处理器、发射控制、声光告警及显示、电源和发射等模块,并由情报侦察系统进行情报支援。

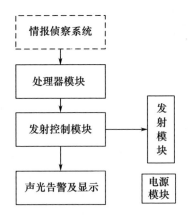

图 3.41 典型箔条弹干扰系统组成框图

对抗制导导弹的另一种手段是拖曳式诱饵。拖曳式诱饵是在投掷式(一次使用)干扰机的基础上发展起来的平台外牵引的低成本雷达欺骗干扰装置,采用电缆或光缆在飞机尾部牵引几百米远的距离。它可以一次性使用,也可收回重复使用,具有实时截获、干扰及时、欺骗性强和成本低等优点它可以形成多目标或多点源非相干干扰,对于单脉冲雷达制导的导弹威胁特别有效,并可以共享机内干扰机的硬件资源(如干扰技术发生器)。拖曳式诱饵可以全编程工作,既可独立工作,也可与机上现有的电子战(EW)设备一体化工作。目前,美、英、法、德和瑞典等国正积极地开展拖曳式有源诱饵的研制工作。国外专家认为,拖曳式有源雷达诱饵是作战飞机对抗雷达制导导弹的费效比最佳的防御手段。实际上拖曳式诱饵不仅可以用于飞机投放,也可以在舰艇上投放,保护军舰免遭反舰导弹的攻击。

以色列从这次失败中吸取了教训,认识到依靠传统的防御系统已经不行。于是积极发展舰舰导弹及电子战设备,相继在舰艇上安装了电子侦察、干扰和欺骗设备,并用吸收微波的此阿里安覆盖舰身。在 1973 年,在第四次中东战争中以色列通过无源侦收,获取了埃及 4 艘"黄蜂"级导弹舰艇编队的航向信息后,立即派出 6 艘导弹快艇前往相应海域进行拦截并消灭埃及导弹舰艇编队。以色列舰艇在驶向埃及海域的航行中,始终严格保持电磁静默状态,只有被动式的侦察机和告警接收机工作。当埃及的 1 艘导弹艇打开雷达检查航线和搜索附近是否存在敌舰时,这一行动被以色列及时捕获,从而得知埃及导弹编队舰艇的具体位置。由于埃及导弹舰艇装备的 P-15"冥河"导弹射程是 40~50km,而以色列导弹舰艇的"加布里尔"导弹的射程只有 16~20km,因此在射程上埃及的"冥河"导弹具有先发优势。

当两支在夜幕里行驶的舰艇编队逐渐靠近时,埃及的舰艇雷达首先发现了 6

第 3 章　电子战的兴起：越南战争和中东战争中的电子对抗

艘以色列的导弹舰艇，此时两者相距 48km，已经进入"冥河"导弹的有效射程范围之内，埃及"黄蜂"级导弹舰艇上的 12 枚导弹一起发射，此时以色列军舰通过电子侦察设备锁定导弹导引头信息，立即打开了欺骗式干扰机并发射大量远程和近程箔条干扰弹，制造了大量假目标，以迷惑"冥河"导弹的导引头，导致埃及发射的 12 枚导弹全部偏离目标落入海中，如图 3.42 所示。而以色列舰艇则全速驶向埃及舰艇，当抵近到"加布里尔"导弹的有效射程范围时，以色列舰艇同时发射导弹，当即击沉 3 艘、击伤 1 艘导弹舰艇。而在这几次海战中，叙利亚和埃及一共向以色列舰艇发射了 53 枚"冥河"导弹，却无一枚命中目标，这是海战史上第一次舰艇之间导弹对抗的典型战例。

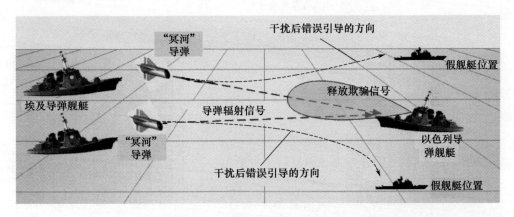

图 3.42　以色列舰艇电子干扰机对"冥河"导弹实时电子欺骗示意图

从这几次海战中可以看出。第一次海战由于以色列没有电子战装备，遭到了惨败。而后面的海战中，以色列迅速装备了电子战设备，而阿拉伯国家仍然没有采取有效的电子对抗措施，导致己方的战斗失败。这同时说明，现代战争中，只有先进的火力摧毁性武器而没有先进的电子战设备是不行的。电子战设备不但在陆战和空战，而且在海战中也起着决定胜负的关键作用。

技术花絮——两点源角度欺骗

现代雷达广泛采用了脉冲压缩、频率捷变、脉冲多普勒等技术，使得雷达的抗干扰能力得到了明显的加强。在众多干扰技术中，角度欺骗是根据雷达的测向原理设计相应的干扰方案，使得雷达对目标的测角出现偏差，无法对目标进行有效跟踪。所谓两点源角度拖引技术是指在适当间隔一定距离的两个点干

(续)

扰源,通过发射幅度相等、相位相反的信号,使得雷达接收天线产生极为严重的相位波前失真。雷达接收到这种信号后,就会使天线跟踪点偏离两个干扰源。单脉冲雷达波束和干扰源之间的空间关系如图3.43所示。假设两个干扰源发射的信号分别为

$$u_1(t) = A_1 e^{j\omega_1 t}, u_2(t) = A_2 e^{j(\omega t + \Delta\phi)}$$

那么,波束1和波束2接收到的信号分别为

$$s_1(t) = F(\theta - \theta_1)u_1(t) + F(\theta + \theta_2)u_2(t)$$
$$s_2(t) = F(\theta - \theta_1)u_1(t) + F(\theta - \theta_2)u_2(t)$$

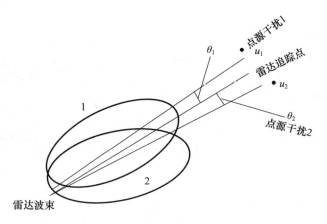

图3.43 单脉冲雷达天线波束和干扰源的空间关系

经过推导可以给出两点源相干干扰产生的测角误差表达式为

$$\theta = \frac{1 + \beta\cos(\Delta\phi)}{1 + \beta^2 + 2\beta\cos(\Delta\phi)}\Delta\theta$$

式中:$\beta = A_1/A_2$为两个信号源的幅度比;$\Delta\phi$是两个信号源的相位差;$\Delta\theta = \theta_1 + \theta_2$是雷达对两个干扰源之间的张角。可以看出,当两个点源信号幅度相同,即$\beta = 1$时,测角误差$\theta = \Delta\theta/2$,天线跟踪两个干扰源的能量中心。如果两个干扰源之间的距离大于导弹杀伤半径,那么导弹就会从两个干扰源之间穿过,而不会摧毁任何一个目标。

技术花絮——无源诱饵

无源诱饵就是雷达反射器,是对抗雷达探测的一种有效手段。其功能是通过反射雷达波产生很强的回波信号,在雷达的屏幕上出现很强的回波目标,从而隐真示假,起到保护目标平台的作用。

无源诱饵由能很好反射无线电能量的材料(通常为金属、金属化织物或金属化玻璃纤维)制成的,其雷达散射截面(RCS)与体积和形状有关。因为角反射器是极为有效的反射器,因此经常被用作无源诱饵。

雷达角反射器通常是由两块或三块相互垂直的金属面组成的刚性结构,其工作原理如图3.44所示,由于其特殊的几何结构,使入射电磁波在经过多重反射后,最终沿着入射方向反射回去。

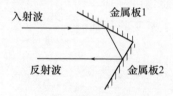

图3.44 角反射器工作原理

由两个相互垂直的金属板构成的角反射器,能使入射波经这两个金属板反射后,沿入射波方向射出。而由三个相互垂直的金属板组成的角反射器,可以将来自任意方向的入射波沿与原来相反的方向反射回去。

3.2.3 电子战在贝卡谷地空袭中大显神威

在黎巴嫩战争(第五次中东战争)中,以色列对电子战的应用十分出色,特别是在空袭黎巴嫩贝卡谷地的战斗中,电子战发挥出了神奇的效能。贝卡谷地位于黎巴嫩东部靠近叙利亚边境的地区,是一块由南向北的狭长地带,其地势非常险要。叙利亚驻扎在黎巴嫩的地面主力部队部署在这块区域。为了保护这支部队免受以色列军队的空袭,从1981年5月开始,在贝卡谷地部署了以"萨姆"-6导弹为主的防空部队。当叙利亚在贝卡谷地设立导弹基地后,以色列担心叙利亚得到苏联的新式装备,对己方空军构成威胁。因此,以色列就对叙利亚防空基地开展了有计划的侦察活动,进一步建立和健全了多种电子情报搜集系统,并且在黎巴嫩、叙利亚接壤的边境线上建立了许多电子侦察站。从而获取对方雷达、通信、导弹和指挥方面的情报,并根据这些信息,制订了旨在干扰破坏叙利亚指挥、控制、通信和情报系统的电子战计划,并且将秘密渠道获得的"萨姆"-6导弹进行靶场试验,组织带干扰吊舱的作战飞机实时对抗性演习。

1982年5月,以色列在空袭贝卡谷地前夕,利用大型民用客机"波音707"改装的电子战飞机,在"萨姆"-6导弹外的安全区域飞行,对叙利亚贝卡谷地的防空系统进行了全面详细的电子侦察,该电子战飞机包含了高性能的"雷达、通信侦察机、干扰机和电子侦察接收机"等所有的当时最为先进的电子战装备,能够对"萨姆"-6导弹在内的20多种苏联雷达和通信指挥设备进行全方位情报截获。在空袭战争中,以色列成功使用了无人机担负侦察、诱饵、干扰等多项任务,并且派出了"波音707"电子战飞机实施远距离支援干扰,同时还在最先进的F-15和F-16战斗机中装备自适应能力很强的自卫电子干扰系统,提高了战斗机在战场中的生存能力,另外还在F-4战斗机设备上,安装上了"野鼬鼠"-Ⅱ电子战系统,主要为"百舌鸟"等反辐射导弹搜索和指示目标,确定最佳的工作状态。以军还结合电子战装备和相关技术,综合应用电子战手段(图3.45),制订了三层空袭的战术手段,为夺取空袭的胜利奠定了坚实的基础。

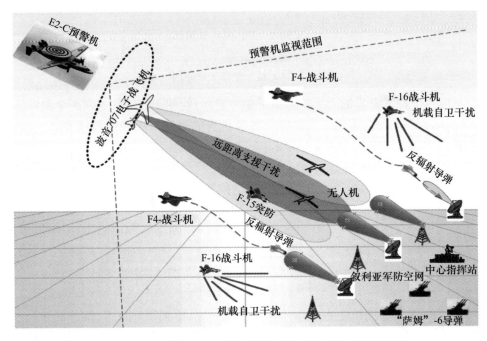

图3.45　以军综合运用电子战手段空袭叙利亚贝卡谷地防空网

首先,以军在高空层部署了E2-C预警机和"波音707"电子战飞机,其中E2-C预警飞机作为空中指挥系统,监视整个战场情况,指挥和引导作战飞机和无人机;

"波音707"电子战飞机对叙利亚军队的雷达和通信系统等实施强烈的干扰,使其无线电通信陷入混乱,雷达无法探测、指挥失灵,从而掩护作战飞机进行突袭。

然后,以军在中空层部署了美制F-15和F-16战斗机,它一方面担任空中掩护,与叙利亚的飞机进行空战;另一方面利用战斗机雷达优越的性能抑制地面、海面杂波,对低空目标实施监视,弥补由于地形等因素造成E2-C预警机的雷达盲区。同时,F-16战斗机上的电子侦察设备可以捕捉到叙利亚军队的制导雷达信号,并对飞行员进行告警,实施自动干扰措施。当战斗机机群飞向贝卡谷地时,在40km以外发射改进的"百舌鸟"反辐射导弹,摧毁贝卡谷地导弹阵地的核心。

最后,以军在低空层部署了用于对地攻击的美制F-4"鬼怪"式战斗机、用于近距离空中支援的"幼狮"战斗机和A-4"天鹰"式战斗机。在攻击机群面前,还有一队无人驾驶飞机,继续担任电子诱骗任务。

三层空域的飞机相互配合,第一波攻击中以色列首先摧毁敌方制导导弹和高炮的"眼睛"——雷达;第二波攻击中,以色列战斗轰炸机在"波音707"电子战飞机和自卫电子干扰的双重干扰掩护下,同时在E-2C预警机的引导下,向叙利亚导弹阵地投掷了各种炸弹,仅6min,就彻底摧毁了叙利亚军队20个导弹营中的19个。使得以色列在空袭中取得了绝对性的胜利。

3.2.4 光电对抗技术的广泛应用

3.2.4.1 光电技术在侦察、制导与武器控制方面的应用

中东战争时期,各国已经开始投入各种先进的光电武器。1973年,第四次中东战争中埃及军队使用苏制目视有线制导反坦克导弹,2h内击毁以色列的130多辆坦克。第四次中东战争的第一周,以色列用红外反坦克导弹击毁埃及坦克250辆,叙利亚坦克650辆,而以色列自己也被埃、叙两方用苏制反坦克导弹击毁坦克550辆。以色列空军发射58枚电视制导"小牛"空地导弹共击毁埃及坦克152辆,成功率达90%。1973年4月以色列在18天内用"响尾蛇"红外制导导弹击落埃、叙战斗机286架。1982年,第五次中东战争中以色列用"响尾蛇"导弹击落叙利亚飞机29架,自己无一损失。1982年两伊战争中,美国的"不死鸟"空空导弹击落了当时很有名气的"米格"-25狐蝠歼击机。

与1973年第四次中东战争使用的情况相比,电视制导技术、红外制导技术和激光制导技术,在英阿马岛战争中使用的范围广、品种多、数量大,并且效果明显。从参战的各种军事装备来看,光电技术已用于目标探测、捕获和显示,以及武器的火控和制导等方面。主要的光电系统有:光电制导,光电武器控制系统,光电侦察、遥感,以及光电对抗器材等。

(1) 光电制导武器。在此次战争中,交战各方除了大量使用常规炸弹、新型集束炸弹、雷达制导弹(如"飞鱼"空舰导弹)、火箭等之外,还使用了大量的激光制导武器、红外制导武器和电视制导武器。据不完全统计,使用的制导武器的品种包括:美国制造的"宝石路"激光制导的炸弹和导弹,其中有454kg和247kg激光炸弹,美制"幼畜"激光(和电视)制导导弹(射程约22km);美制AIM-9L"响尾蛇"空空导弹;美制AGM-45"百舌鸟"反辐射导弹;法制AM-39"飞鱼"空舰导弹;英制"海标枪"单脉冲高精度制导拦截导弹;美制"白星眼"电视制导滑翔炸弹(射程约9km);美制GBU-15电视滑翔炸弹(射程约10km),以及一些地空红外制导导弹等。这些武器的首发命中率相当高,一般在60%以上,在加强飞机的格斗能力和精确轰炸地面目标方面,发挥了很大威力。

(2) 光电武器控制系统。在此次战争中投入使用的火炮系统和导弹系统,包括地面、舰艇和飞机上使用的武器系统,除了使用雷达控制系统之外,还在不同程度上配备了各种光学瞄准仪,电视瞄准仪,红外跟踪仪和激光测距、照明和跟踪系统。这不但提高了武器的首发命中率,并且还增强了抗电子干扰和对付超低空飞行目标的能力。例如英制"轻剑""海狼""海猫"等地空导弹系统,有的就采用电视跟踪系统。在战争中的机载武器系统上,都不同程度地配备了光电火控系统,包括红外前视、激光电视、激光测距和跟踪装置等。由这类光电系统组成的光电火控吊舱可以挂在各种作战飞机上。

(3) 光电侦察、遥感设备。这类设备包括:地(舰)面微光、红外夜视仪、机载和星载光电侦察、遥感设备。在战争期间,美、苏两国各自为所支持的一方发射的侦察卫星起到了重要作用。这些卫星上装有各种可见光相机、红外遥感仪、多光谱相机等。据说,正是由于苏联把Cosmos1355成像侦察卫星发现英国"谢菲尔德"号驱逐舰离开特混舰队的动向及时通知了阿根廷,使阿根廷获得了一次极好的战机。

(4) 光电对抗器材。使用最多的是红外干扰弹,这个时期作战飞机一般都要配备这类对抗器材。英军飞机配备了箔条和红外干扰弹以应对阿军导弹。此外,有些飞机还配备了红外告警装置、电子对抗吊舱和其他光电对抗措施。

3.2.4.2 光电侦察卫星屡建奇功

在1973年10月6日爆发的第四次中东战争中,KH-9侦察卫星(图3.46)为以色列的胜利起到了决定性的作用。阿拉伯国家军队借助从苏联的侦察卫星获得的以色列军事情报,迅速突破了以色列的"巴列夫防线",迫使以军全线溃退。此时无计可施的以色列的军事领导人想到了运用最后的杀手锏——秘密制造的13枚原子弹。总理果尔达·梅厄夫人在向美国总统理查德·米尔豪斯·尼克松通报了这个想法后,尼克松让她再坚持24h,因为此时美国情报部门已发现可以扭转战

第3章 电子战的兴起：越南战争和中东战争中的电子对抗

局的重要情报。果然，几小时后，美方告知以方"大鸟"（KH-9）号卫星侦察到重要情报：在埃及军队进攻的正面有一个十多千米的间隙。以军国防部长摩西·达扬的眼睛一下子亮了。他感到这是个反击的绝好良机！以军阿里埃勒·沙龙将军的装甲部队偷袭渡过苏伊士运河，突入埃军后方，这是第四次中东战争的转折点。以后的战事就向着有利于以色列的方向发展了：以军突破埃及防线后，不仅打掉了埃及的全部导弹发射陆地，而且通到苏伊士城下，彻底切断了埃军第三军的后路。穆罕默德·安瓦尔·萨达特总统无奈之下下达了停战的命令。可以说"大鸟"光电侦察卫星在这次战争中立了头功。

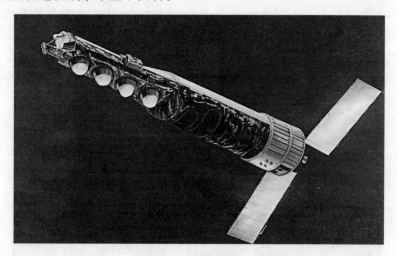

图3.46 KH-9照相侦察卫星（见彩图）

这里所说的KH-9即为第四代"锁眼"侦察卫星KH-9，俗称"大鸟"号卫星，于1971年6月15日首次发射，截至1984年年底，共发射了19颗。它从美国西部的范登堡空军基地发射。卫星轨道器质量超过11t，长15m，直径3m。它采用太阳同步轨道，近地点114～169km，远地点186～336km，轨道倾角96°～97°，在轨道上工作的时间可长达6个月。"大鸟"号卫星是兼有回收和传输功能的卫星，除可见光和红外遥感器外，还装有微波成像设备——侧视雷达。它是第一个能进行"普查"的卫星，情报可通过可展开天线传回地面；如需要了解更详细的信息，则在卫星下一次飞过该区域时执行"详查"任务，最后将拍好的高分辨率的胶卷送回地面处理。这种详查和普查功能的有机结合，提高了从空间获取详细侦察情报的时效性。卫星相机所拍照片的最高地面分辨率达0.3m。"大鸟"号卫星上装有6个胶卷舱，可分6次回收，一个回收舱的胶卷拍完后，卫星经过美国阿拉斯加上空时，回收舱就从卫星上弹射出去，回收舱降落到夏威夷附近离海面约15km的高空时，越来越大的空气阻力就会使回收舱能自动打开所带的降落伞，这时，在此等待多时的美国C-130军用运输机会及时地飞抵这一空域,从空中进行回收,如图3.47所示。如果没有成功,回收舱就降落到太平洋里,它可以在水面漂浮一昼夜,这时,美国"蛙人"必须迅速赶来打捞,因为在24h之后,回收舱即会自动爆炸,带着它所拍摄到的秘密永远沉入海底,苏联人要想得到它几乎是不可能的。"大鸟"号卫星1981年后业已停止生产,逐步被KH-11等新型光电侦察卫星所替代。在当时历史条件下"大鸟"号卫星的寿命较长,并非一般侦察卫星可比,其寿命最长可达170天。这样,美国人每年只要发射几颗"大鸟"号卫星,就可以保证每天都有侦察卫星在轨道上进行监视工作了。而苏联的侦察卫星却不可相提并论,所带的胶卷少,平均工作寿命只有13天,因此每年都得发30~40颗卫星才能满足需要。此外,"大鸟"号卫星还有一绝,它能驮着两个"大鸟"号卫星出游,即它可以带着两个小卫星。发射时,它们首先一同进入母卫星轨道;然后子卫星再弹出来,进入自己的轨道,分别执行各自的任务。

图3.47　KH-9侦察卫星照片舱返回大气层后被C-130军用运输机在半空"抢走"

3.2.4.3　定向能激光武器快速发展

19世纪70年代也是激光武器快速发展的10年,这一时期发展的激光器主要是化学激光器。自1960年美国科学家西奥多·梅曼成功研制出世界上第一台红宝石激光器之后,美军就投入资金进行激光武器的研究。美国陆军的高能激光研究办公室设在红石兵工厂,美空军的研究工作由设在科特兰空军基地的先进辐射技术局主管,美海军的研究工作由华盛顿高能激光工程计划部负责。其中美空军的研究进展比较领先,于1962年制订了一项称为"黑眼项目"的研究计划,旨在用

第3章 电子战的兴起：越南战争和中东战争中的电子对抗

激光摧毁敌方卫星。20世纪70年代，美、苏两国在军事领域展开激光武器的研究，使其成为定向能激光武器快速发展的10年，这一阶段主要使用基于氟化氘（DF）和化学氧碘（COIL）体制的激光器。1972年，美空军开展名为"第八张牌"的研究计划，主要进行激光武器的基础研究。同年，在科特兰空军基地，研究人员用60kW的气体激光器点燃3.2km外的木板，利用跟踪瞄准系统精确击中了1.6km外，形状如扑克牌大小的靶面。1973年，在该基地的桑迪亚光学靶场，激光成功地击毁了一架靶机。1975年，苏联用陆基激光武器将美国飞抵西伯利亚上空监视苏联导弹发射场的预警卫星打"瞎"。1976年，美国陆军在"红石"兵工厂用低功率激光摧毁了一些靶机和直升机。1977年，美国空军基地的飞利浦实验室开始了COIL的研究工作，成型的应用就是有名的机载激光（ABL）武器。ABL将高能COIL激光器安装在经改装的波音747-400F飞机上，与红外捕获跟踪系统和光束控制系统等主单元组合，构成YAL-1A激光武器飞机，主要任务是拦截处于助推段的弹道导弹，其系统结构如图3.48所示。

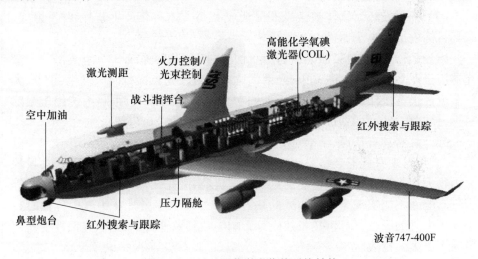

图3.48　ABL机载激光作战系统结构

1978年，美国海军在加利福尼亚的试验场用一台化学激光器（NACL），加上高精度的光束定向器成功地击落了一枚飞行中的"陶"式反坦克导弹。1981年，美国海军进行了激光拦截导弹试验，使用功率为200kW的二氧化碳（CO_2）激光器成功拦截了一枚从A-7攻击机上发射的AIM-9"响尾蛇"空空导弹，在随后的实验中共击毁了5枚空空导弹和2架BQM-34A靶机。同年，苏联在"宇宙杀伤者"卫星上装载高能激光武器，使美国一颗卫星的照相、红外和电子设备完全失效。到20世纪80年代，美国开始实施了"星球大战"计划，其重点就包括定向能武器技术，在新墨西哥导弹靶场进行了多种基于化学激光器的打靶试验，这期间也逐渐开展了战术高能激光(THEL)系统研究,可以看出对此类激光武器系统的军事需求不断推动了定向能武器的快速发展。

> **技术花絮——激光武器**
>
> 激光武器是人们正在研制的一种利用高功率激光束对远距离目标进行精确打击或防御的定向能武器。相比于普通的光源,激光具有更好的方向性和更高的功率密度,随着发射功率的不断提高,激光成为一种颇具前景的定向能武器。
>
> 激光武器对目标的破坏主要有以下三个方面。
>
> (1) 热破坏。高功率的激光可以使目标局部温度急剧上升,进而产生软化、熔化、汽化直至电离的过程,激光切割、激光焊接等就是利用的这一机理。
>
> (2) 力学破坏。被激光照射的物体汽化、电离形成的等离子体高速向外喷射,形成的反冲力会使目标变形断裂。
>
> (3) 辐射破坏。物体被激光照射形成等离子体后会产生紫外线、X射线,破坏目标内部的电子器件。
>
> 激光武器主要包括:激光器、光束优化系统和跟瞄系统3个组成部分。激光器用于产生高功率的激光束;光束优化系统对激光束进行光束优化、扩束、大气湍流校正等操作,使激光在目标上的功率密度达到最大;跟瞄系统用于跟踪目标,控制激光的发射方向,保证激光束准确命中目标。
>
> 激光武器具有快速、精准、灵活、效费比高、抗电磁干扰等优点,其技术一旦成熟,必将对现有武器装备系统带来颠覆性的影响,因此各国纷纷投入大量的人力物力加入到激光武器研制的竞赛中。目前,激光武器存在易受雨、雪、雾等天气影响而不能实现全天候作战的缺点。另外高功率激光在大气中传输时还会受到大气的吸收、湍流、热晕效应等影响导致其效能降低,给激光武器的研制带来了更多的挑战。

3.2.5 小结

纵观整个中东战争,以色列总显得棋高一着,而且能够从局部战斗的失败中汲取教训,迅速更换装备,改变战术,很快扭转战局。在整个战役中,各种各样的电子战战术被运用,并且发挥了显著的作用。特别是以色列在贝卡谷地袭击中,采取了预先侦察、战前侦察、战斗中侦察敌方电磁频谱使用情况的方式,提前获取了整个战场环境中的电磁态势信息,便于提前布置战术。战斗中采用了自卫干扰与远距

第3章 电子战的兴起：越南战争和中东战争中的电子对抗

离支援干扰相结合,压制式干扰与欺骗式式干扰相结合,"软杀伤"与硬摧毁相结合的电磁频谱打击。同时采用了计算机控制的全自动化电子战系统,运用电子战装备和火力武器一体化的先进设备,综合运用电子干扰"软杀伤"和火力摧毁"硬杀伤"相结合的战术。战斗中使用了先进的预警机和无人驾驶侦察设备,把电子战运用发展到了一个新的水平。反观阿拉伯国家在历次战役中,战术陈旧,没有与时俱进,并且缺乏电子战装备,从而在以色列强大的电子战攻势下,没有任何招架之力。因此,以色列在战争中总是以小的代价换取大的胜利。从表面上看,战争是飞机、导弹的对抗,实际上是双方指挥、控制、通信和情报（C^3I）系统和电磁频谱争夺的较量。这样的事实告诉人们,现代战争中,电子频谱争夺是取胜的关键。由此启发各国军事专家和技术工作者努力研究和发展先进的电子频谱设备和战术,以便在未来的战争中占领电磁领域的制高点。

参考文献

[1] 艾尔弗雷德·普赖斯. 美国电子战史第二卷:复兴的年代[M]. 北京:解放军出版社,1994.

[2] 艾尔弗雷德·普赖斯. 美国电子战史第三卷:响彻盟军的滚滚雷声[M]. 北京:解放军出版社,2002.

[3] Silencsrv. 大地惊雷——苏制"萨姆"-2防空导弹系统[EB/OL]. [2016-06-01]. https://www.xcar.com.cn/bbs/viewth ead.php? tid = 26688198.

[4] 周一宇,安玮,郭福成. 电子对抗原理[M]. 北京:电子工业出版社,2009.

[5] 张腾飞,等. 激光制导武器发展及应用概述[J]. 电光与控制,2015,22(10):62-67.

[6] 淦元柳,等. 国外机载红外对抗技术的发展[J]. 战术导弹技术,2011(1):122-126.

[7] 郭汝海,等. 光电对抗技术研究进展[J]. 光机电信息,2011,28(7):21-26.

[8] 刘松涛,等. 光电对抗技术及其发展[J]. 光电技术应用,2012,27(3):1-9.

[9] 熊群力,等. 综合电子战—信息化战争的杀手锏[M]. 北京:国防工业出版社,2008.

[10] 石荣,张伟,邓科. 雷达对抗反方角色构建的早期历史回顾与启示[J]. 电子对抗,2018(3):36-48.

[11] 谭邦治. 从海湾战争所使用的有关武器装备受到的启示[J]. 远方科技,1991,1:42-46.

[12] 濮家耀. 海湾电子战中的光电对抗[J]. 航天电子对抗,1991,4:26-30.

[13] 姚勇. 光电技术在海湾战争中的作用[J]. 红外与激光技术,1992,3:15-30.

[14] 王戎瑞. 海湾战争后光电武器装备的发展动向[J]. 通信技术与发展,1994,1:55-60.

[15] 庄振明. 海湾战争光电对抗回顾及未来战争光电对抗展望[J]. 外军电子战,1998,1:6-11.

[16] PRICE A. 美国电子战(第3卷)[M]. 中国人民解放军总参四部,译. 北京:解放军出版社,2002.

[17] 郭剑. 航空电子战装备发展史(续二)[J]. 外军信息战. 2007(6):36-40.

[18] 郭剑. 冷战时代的电子战——复兴的年代[J]. 国际电子战,2005(12):46-49.

[19] 石荣,刘畅. 电子战历史上军事欺骗系统的回顾与分析[J]. 电子对抗,2017(4):35-42.

[20] DEENEY J Ⅳ. Finding, fixing, and finishing the guideline: the development of the united states air force surface-to-air missile suppression force during operation rolling thunder[EB/OL]. (2010-06-13) http://www.allworldwars.com/Finding-Fixing-Finishing-Guideline.html.

[21] KOPP C. Almaz S-75 dvina/desna/volkhov air defence system/HQ-2A/B/CSA-1/SA-2 guideline[EB/OL]. [2009-07-01]. http://www.ausairpower.net/APA-S-75-Volkhov.html.

[22] KOPP C. Engagement and fire control radars (S-band, X-band, Ku/Ka-band)[R]. Technical Report APA-TR-2009-0102[EB/OL]. [2009-01-01]. http://www.ausairpower.net/APA-Engagement-Fire-Control.html.

[23] KOPP C. SNR-75M3 fan song E engagement radar[R]. [2009-07-01]. Technical Report APA-TR-2009-0702-A[EB/OL]. http://www.ausairpower.net/APA-SNR-75-Fan-Song.html.

[24] HEWITT W A. Planting the seeds of sead: the wild weasel in vietnam[D]. Maxwell Air Force Base, Alabama: School of Advanced Airpower Studies, Air University, 1992,05.

[25] BARKER P K. The SA-2 and wild weasel: the nature of technological change in military systems[D]. Bethlehem, Pennsylvania: Lehigh University, 1994,05.

[26] 宗思光,等. 高能激光武器技术与应用进展[J]. 激光与光电子学进展,2013,50,080016.

[27] 高智,等. 美国 YAL-1A 机载激光武器系统[J]. 现代兵器,2010(5):24-30.

第 4 章

 电子战的异军突起：现代战争中的电磁频谱战

发生在距今 20 多年前的海湾战争给全世界树立了信息化高科技作战的样板，这场战争对世界各国军队产生了巨大的影响，电子战在这场战争中所发挥的巨大作用同样是令人印象深刻的，它不仅推动了全世界电子对抗技术的发展与普及，而且树立了电子战在现代战争中的核心地位。

4.1 海湾战争前后

海湾战争是冷战结束后第一场大规模的局部战争，也是第一场真正意义上的现代高科技战争。在这场为期 43 天的高技术战争中以美国为首的多国部队在空中、地面和海上对伊拉克军队进行了压倒性的打击。而美国运用电子战手段破坏伊拉克的防空系统则成为电子战历史上的经典战例之一。

海湾战争前，伊拉克的武装部队已经成为一支令人畏惧和久经沙场的作战力量。危机伊始，伊拉克拥有一支较大规模的陆军，装备有大量的坦克、装甲运兵车和火炮，是海湾地区规模最大的地面部队。伊拉克还拥有一支庞大的空军，装备有许多一流的战斗机和战斗轰炸机，并配有现代化的防空指挥及控制系统。

伊拉克以巴格达地区的战略和工业设施为中心，建立了一个由雷达、地空导弹和高射炮组成的防空网。设在巴格达市区的国家防空作战中心负责伊拉克的防空，该中心掌握伊拉克的完整空情，并确定防空作战的重点。国家防空作战中心下辖数个地区防空作战中心，它们各自负责一个具体的地区。地区防空作战中心和国家防空作战中心由法国制造的"卡里"指挥与控制系统相连。这一现代化的计算机系统把苏联和西方制造的各型雷达及防空武器连接起来，提供了绰绰有余的指挥与控制能力。

伊拉克的防空武器包括 SA-2（图 4.1）、SA-3、SA-6（图 4.2）和"罗兰"式地空导弹，以及空军的歼击机，陆军建制内的 SA-7/14、SA-8、SA-9/13、SA-16

型导弹系统和 ZSU-23/4 型自行高射炮。此外,伊拉克防空军还拥有 7500 多门高射炮,负责保卫所有重要目标,其中有些部署在巴格达许多政府大楼的楼顶上。这些 57mm 和 37mm 高射炮、ZSU-23/4 型 23mm 四管和 ZSU-57/2 型 57mm 双管自行高射炮,以及数以百计的 14.5mm 和 23mm 轻型防空武器,构成了综合防空火力网的中坚力量。在关键目标区内,这种多兵种联合防空火力网会给飞行高度在 3km 以下的作战飞机以致命的打击。

(a) SA-2 地空导弹

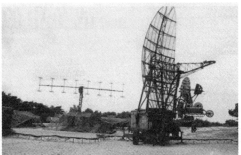
(b) 防空雷达

图 4.1 伊拉克部署的 SA-2 地空导弹和防空雷达

图 4.2 伊拉克部署的 SA-6 地空导弹系统

伊拉克的防空系统吸收了多种系统的最佳特长,坚固难摧。巴格达周围高低重叠、五花八门并且由计算机控制的防空网,比冷战时期多数东欧城市的防空网更为严密,而且其规模比越南战争后期河内的防空网还要大好几个数量级。如果能够发挥应有的功能,该防空布势可有效地保护伊拉克境内的所有重要目标。

第4章 电子战的异军突起：现代战争中的电磁频谱战

但是，伊拉克在这场战争中的对手是美国。此时美国的电子战装备精良，部队训练有素，其电子战能力正处于历史最高水平。美国的电子战不仅吸取了越战的经验教训，还基于从以色列和东德获得的很多苏制雷达进行了大量的干扰试验，充分掌握了苏制雷达的薄弱环节。微电子技术和数字计算机技术的发展，使美国的电子战系统实现了软件重编程，可以快速响应战场上新出现的威胁。在海湾战争中，美国正是凭借强大的电子战能力，瘫痪了伊拉克的指控系统和防空系统，为空中、地面和海上的行动打开了局面。

在开战前的几个月时间里，美国使用了空间侦察卫星、空中侦察飞机和地面侦测站相互配合，全方位、多途径地监视伊拉克方面的动向，截获伊拉克的雷达和通信设施辐射的电磁波信号，并通过信息情报分析人员分析处理，最终确定了伊军的指挥中心、通信和雷达系统的各种参数。为了侦察伊军部署，美国动用了以下手段。

（1）空间卫星侦察。从海湾危机开始到海湾战争期间，以美国为首的多国部队曾先后调用32颗以上的军事卫星，涉及美国的整个军事卫星系统，其中包括通信、导航、电子侦察、光学照相侦察、海洋监视、气象及导弹预警卫星，全天候、全天时地对伊拉克的各种战略、战术目标进行监测、拍照和侦察。其中，美国侦察危机地区的军事侦察卫星共有7颗，包括3颗"锁眼"KH-11、3颗"锁眼"KH-12和1颗"长曲棍球"雷达成像卫星。"锁眼"卫星装备有电荷耦合器件（CCD）可见光相机，也配备有红外和多谱段相机以及无线电接收机等。KH-11卫星的地面分辨率在通常情况下为1.5~3m；在必要情况下可以通过临时降低轨道高度以拍摄特定目标的高清晰照片，其分辨率可以达到0.3m。KH-12卫星是美国第六代"锁眼"卫星，装备有大型望远镜、先进数字成像相机（包括CCD可见光、多波段和红外相机）和高灵敏度无线电信号接收机等，可执行照相侦察和电子侦察双重任务。KH-12卫星载有大量机动变轨用的推进燃料，而且这些燃料将在用光之前由美国的航天飞机在太空轨道上重新加注。卫星平时在较高轨道上进行普通监视，必要情况下可以随时改变轨道平面和飞行轨迹，快速机动到指定地区上空的较低轨道，对感兴趣的特定目标进行拍照。这些卫星可以工作5年时间，所拍摄的照片可达到0.1m的极限分辨率。"锁眼"卫星有一个最大的缺陷，就是当天空浓云密布时其辨识能力将大大降低，甚至成了"瞎眼"。为了弥补该缺陷，美国在1988年12月3日由航天飞机部署了"长曲棍球"雷达成像卫星，这是美国首颗实用性合成孔径雷达成像卫星。它克服了可见光照相的固有缺点，不受气象变化的干扰，能够逾越云层和黑夜的障碍拍摄地面目标，每天可不受气候和昼夜影响，提供1m分辨率的雷达图像。该卫星不仅特别适合侦察伊拉克装甲部队的活动情况，还能透过树林发现隐藏其中的机动导弹和海湾地区地下的重要设施。美国还在海湾上空部署了3颗电子侦察卫星,其中2颗"大酒瓶"电子侦察卫星、1颗"漩涡"电子侦察卫星,前者专门窃听伊拉克军事基地间的无线电联络,后者专门用于截获无线电通信信号。因此,无论是电传信号、步话机,还是雷达和导弹点火脉冲都不能逃脱监视。这些电子侦察卫星不仅能截获记录电子信号,还能鉴别电子信号的特征,确定电子信号的来源。它们把侦收的情报经过处理和筛选后分门别类地传给各个情报站。美国还调用2颗导弹预警卫星,其上装有直径3.7m的红外望远镜,其中一颗卫星定点在伊拉克南部2700km赤道上空地球同步轨道上,卫星每12s扫描旋转一次、主要用于监视并预警伊拉克发射的"飞毛腿"导弹。导弹预警卫星系统的高性能红外探测器可在120s的时间内探测、识别伊军"飞毛腿"导弹的发射并测算出导弹大概的落区,再通过另外的通信卫星链路将预警信息传送到海湾地区,可为"爱国者"导弹提供90~120s的预警时间,使"爱国者"导弹多次成功拦截"飞毛腿"导弹而大出风头。此外,美军还有GPS卫星、国防支援计划(DSP)导弹预警卫星、通信卫星和气象卫星等,这些卫星组成了一个完整的空间侦察、监视、空袭效果核查、导航、定位、预警、通信和气象测报系统,它为整个战争的顺利进行提供了十分有效的服务,是实施空地一体战不可缺少的支援保障系统。

(2) 空中侦察/电子战飞机。在空中侦察方面,美国使用了侦察机、预警机和电子战飞机。在中空,美军在阿拉伯半岛的6架探测距离超过500km的E-3A预警指挥机和部署在航空母舰上的多架E-2C预警指挥机,轮流升空或多架同时升空,以监视伊拉克境内及其周围地区的军事行动和战争准备情况,并对伊军的导弹、飞机等提供30min以上的预警。美国还把仅有的两架E-8A联合监视/目标攻击雷达系统样机也派往海湾,它在1万多米高空监视敌后方320km甚至更远的范围。在低空,有美军分布在沙特、阿联酋、土耳其和航空母舰上的无人驾驶侦察机、U-2、TR-1A间谍侦察飞机、F-15和RF-4C战术侦察机、EC-130H(图4.3)和RC-135(图4.4)电子侦察机以及EA-6B、EF-111A(图4.5)电子战飞机。这些飞机能够对陆海空实施100~150km的战术侦察,并提供几分钟到几十分钟的预警时间。其中EF-111A、EA-6B和EC-130H等电子战飞机还可干扰伊军通信联络。这些飞机还能利用其特备的高空照相、红外监视和电磁波控制技术对间谍卫星收集的情报进行反复验证。

为了充分了解伊军的雷达运行情况,以美国为首的多国部队派出多架飞机作为诱饵,并尽量让这些飞机被伊拉克的雷达"捕捉"到。与此同时,美国和法国空军的特种飞机着手接收信号,记录下伊拉克雷达的工作频率、脉冲宽度、重复频率等信息,然后确定伊方使用的雷达型号,并查清100km范围内伊军雷达的确切位置,并保证误差在1km之内,如果误差超过1km,那么空军将很难摧毁敌方雷达,因此,还必须将情报卫星和侦察机搜集到的情报进行比较,以便弄清伊方雷达的准

第 4 章 电子战的异军突起：现代战争中的电磁频谱战

图 4.3　EC-130H 电子战飞机（见彩图）

图 4.4　RC-135 电子侦察飞机

图 4.5　EF-111A 电子战飞机（见彩图）

确位置。

（3）地面侦察。美军在阿曼、塞浦路斯和意大利设立了地面侦察站，对伊拉克的雷达和通信网进行远距离的侦察、窃听。海湾战争的地面战斗是一场沙漠坦克大战。美军利用装甲侦察车频繁地深入敌方前沿和后方进行侦察活动，并与伊军装甲部队多次遭遇开火。在地面，美军的电子战情报营使用电子侦察台和投掷式电子侦察器材对伊军电子设备进行不间断的侦察，查明其战术技术性能、数量、频率和配置地点，掌握其工作特点和变化规律。

根据空间、空中和地面侦察系统提供的军事情报，美军司令部在1991年1月15日之前就绘制了作战地图，精确地标出了攻击目标，同样还制订了详细的干扰伊军雷达和通信系统的"白雪"计划。总之，美军在海湾战争开始前信号情报侦察为实施电子战做了充分的准备。

在"沙漠风暴"行动开始前的24h，美军对伊拉克无线电通信和雷达探测系统实施了大规模的电子干扰。特别是在空袭前的5~9h，美军以EF-111A、EC-130H、EA-6B等电子战飞机和地面电子战设备，在广阔的空间同时施放了强烈的电子干扰。EA-6B"徘徊者"电子战飞机专门对付电磁波制导武器和干扰通信链路。EF-111A发射出强大的干扰电波，使伊军的地空通信联络、地面雷达以及飞机和导弹中的雷达制导系统全部失灵。十几架电子战飞机同时出动，加上美军设在沙特的功率强大的发射机发出的高频电子干扰，使伊拉克方面的所有雷达荧屏上一片雪花，操作人员不知所措。这就是美军经过了6个月时间，动用数十颗卫星、上百架飞机精心策划的"白雪"行动计划。在强大的电子战攻击力量掩护下，在E-3A和E-2C预警机协调下，多国部队的上千架飞机飞入伊拉克领空，上百枚BGM-109"战斧"巡航导弹射向伊军阵地和伊拉克境内的重要设施。当时伊军毫无察觉，甚至当F-117A隐身战斗轰炸机投放的炸弹在电报电话大楼内猛烈爆炸时，伊拉克防空部队仍然没有反应，直到爆炸10min后才有防空武器开始反击，然而这些盲目的射击毫无效果。40min后，巴格达才实行灯光管制，这表明伊军雷达系统已经被成功有效地压制了。

在第一波电子战机群中，还有美军专门携带反辐射导弹的F-4G"野鼬鼠"战斗机。当美军机群发现、识别敌地面防空雷达和地空导弹阵地后，就使用反辐射导弹将其摧毁。另外，美军还使用了AGM-88A"哈姆"反辐射导弹、AGM-65"小牛"空地导弹和各型号的精确制导炸弹，摧毁和破坏了伊拉克的大部分侦察、指挥和通信设施。空袭作战中，美军也对伊拉克实施不间断的侦察，在发现新的电子装备后，立即对其实施干扰和摧毁，牢牢地控制着海湾战场上的"制电磁权"。

在海湾战争的第一个星期中，美军就发动了12000多架次的空袭，其中6000架次的飞机是执行轰炸作战任务，其余6000架次主要是电子战飞机，执行侦察干

第4章 电子战的异军突起：现代战争中的电磁频谱战

扰和支援作战任务,以掩护和保护作战飞机,使作战飞机的损失减少到了最小。在战果上看,以美国为首的多国联军在历时40天的空袭作战中总共出动了各式战机10多万架次的飞机,平均每天2500架次,多国联军共被击落飞机34架,损失率为0.3%,阵亡126人,失踪及被俘虏69人,死亡率为0.2%。而伊拉克方面的飞机只要起飞就会被击落,绝大部分都被击毁在机场,毫无制空权。伊军伤亡12.5万人,被俘10万人,被缴获坦克2500辆。这样悬殊的战绩足以说明:在现代战争中如果没有制电磁权,就没有制空权,进而就会丧失制海权和地面战斗的主动权。

4.2 科索沃战争

科索沃战争是由科索沃危机引发的,而科索沃危机则根源于南斯拉夫联邦的解体。作为东欧剧变的组成部分,1945年成立的南斯拉夫联邦于1991年迅速瓦解。当年6月25日,斯洛文尼亚和克罗地亚率先宣布脱离联邦而独立。10月15日和11月20日,波斯尼亚-黑塞哥维那和马其顿亦先后宣告独立。1992年4月27日,塞尔维亚和黑山两个共和国宣布联合组成"南斯拉夫联盟共和国"。这样,原南斯拉夫联邦分裂为5个独立国家。在南联邦解体过程中,由于领土、财产和利益分割上的矛盾以及原本存在的民族纠纷和宗教冲突,1996年,阿族激进分子成立武装组织"科索沃解放军",开始了暴力分离运动。面对阿族人的反抗,以斯洛博丹·米洛舍维奇为首的南联盟和塞尔维亚当局采取强硬镇压措施,派遣大批塞族军队和警察部队进驻科索沃,试图消灭"科索沃解放军"。1997年以后,科索沃地区不断发生武装冲突事件,伤亡人数日益增多,约30万人流离失所,沦为难民。从1998年末开始,以美国为首的北约开始介入科索沃危机,北约与南联盟的矛盾逐渐成为主要矛盾。1999年3月19日,北约向南联盟发出最后通牒,3月24日北约发动了对南联盟的空中打击,科索沃战争爆发。

1999年3月24日,北约发动代号为"联盟行动"的军事行动。北约以绝对的空中优势,使用先进的作战飞机及高精度巡航导弹,在夜间实施空袭,重点攻击南联盟首都贝尔格莱德、科索沃首府普里什蒂纳和其他主要城市附近的指挥控制系统、通信中心、机场和导弹发射阵地、雷达系统等防空设施,目的是摧毁和瘫痪南联盟的防空体系,夺取制空权。战争初期,北约投入的精确制导弹药占弹药总投入量的90%以上。从3月27日起,北约投入了更多的作战飞机和巡航导弹,空袭规模逐渐扩大,空袭时间也由夜间改为昼夜进行。在继续攻击上述目标的同时,重点打击南联盟驻科索沃的地面部队。从4月1日开始,空袭行动全天无间隔连续进行,规模和强度进一步升级,打击目标进一步扩大到政府机关以及能源、交通等影响国计民生的民用和工业设施,力图最大限度地削弱南联盟的战争潜力。4月25日以后,北约对南联盟实施开战以来规模和强度最大的空袭,日出动飞机达700多架次,同时将轰炸目标扩大到与人民生活息息相关的供水、供电、能源、交通等大型基础设施。5月9日,北约代表和塞尔维亚代表在马其顿签署了关于南联盟军队撤出科索沃的具体安排协议,南联盟军队随即开始撤离科索沃。10日,北约宣布暂停对南联盟的空袭。同一天,联合国安理会通过了关于政治解决科索沃问题的决议,科索沃战争落下帷幕。

科索沃战争是一场典型的现代高技术条件下的局部战争。如果说1991年的"沙漠风暴"行动和1998年的"沙漠之狐"行动是现代高技术战争的雏形,那么科索沃战争标志着高技术战争的形态日趋成熟。科索沃战争中不仅具有高科技含量的武器系统在战争的各个领域和整个过程中广泛使用,而且在战争形态、作战样式、作战方法等方面都具有与以往战争明显不同的特点,成为新军事技术革命理论得到验证的一次成功实践。北约盟国在科索沃"联盟行动"的基本战法是在空天一体化信息保障下,由多兵种联合火力协同完成远程超视距精确打击。科索沃战争是通过远程空袭实施的"非接触战争",多兵种火力协同、多层次空中打击成为非接触战争的重要模式。战后的统计数据表明,"联盟行动"中精确制导武器使用量超过万枚,所占比例较以往历次战争都要高得多,大致占到总投放量的70%,战争前期,使用比例甚至高达98%。"联盟行动"中的战术的成功是建立在强大电子战和电子侦察能力基础上的。战争中电子战一直处于空袭的最前沿,作为一种灵活、有效和自适应的军事手段,成了战斗力的"倍增器"。

4.2.1 科索沃战争中运用的主要电子战装备

北约在对南联盟的79天狂轰滥炸中,出动了各型作战飞机约1000架,其中各种电子战飞机和监视飞机有100多架,约占10%。其中包括 EA-6B"徘徊者"、EC-130H"罗盘呼叫"、F-16CJ、RC-135"铆钉"等多型电子战飞机。电子战飞机为北约的作战提供了强有力的支撑,一位美国海军军官说,没有 EA-6B 电子战飞机支援,就不会有任何攻击机队飞往塞族和科索沃地区上空执行任务,这已经成为共识,并非危言耸听。到1999年5月中旬,北约攻击飞机在巴尔干地区共进行了10000架次作战飞行,每次均有一架或多架 EA-6B 电子战飞机在科索沃上空执行预防性干扰保护任务。

EA-6B 是世界上最先进的电子战飞机,是由美国诺斯罗普·格鲁曼公司在 EA-6A 电子战飞机的基础上改进研制的4座舰载电子干扰飞机,主要用于通过压制敌人的电子活动获取战区内的战术电子情报来支援攻击机和地面部队的活动。干扰频率范围为64MHz~18GHz,可干扰地面各种警戒与火控雷达,等效干扰功率达1MW。其主要电子设备有战术干扰吊舱、通信与雷达干扰机、干扰物投放器、AYK数字计算机、气象与导航雷达、威胁告警系统和敌我识别设备,有一定的自卫能力。此次战役中出动了30多架。它的最大平飞速度(海平面)1048km/h,巡航速度774km/h,实用升限12550m,航程1769km。随着美国空军EF-111A电子战飞机的退役,机载电子支援任务已全部落到"徘徊者"电子战飞机肩上,因此诺斯罗普·格鲁曼公司对部分EA-6B电子战飞机实施了功能改进计划(ICAP-3),对"徘徊者"电子战飞机的通信、航空电子设备、信号处理器和通用激励器等单元进行了改造。其中最重要的单元是新的电子支援措施(ESM)系统,这种系统能快速而精确地确定敌方雷达的特性,这将进一步提高"徘徊者"飞机的电子战性能。

EC-130H"罗盘呼叫"电子战飞机是一种大功率飞机,能干扰20~1000MHz频率范围内的通信,同时具备一定的雷达干扰能力,干扰功率达5~10kW,巡航速度为550~600km/h,它的特种设备有C^3电子干扰系统、雷达告警接收机、红外探测系统、多功能雷达、多普勒雷达和"塔康"战术导航系统。在1999年3月24日发起首轮空袭之前,就由EC-130H电子战飞机对预定空袭区域进行了强电磁定向干扰、压制,造成了两个结果:一是南联盟相当大区域的有线与无线电话几乎全部瘫痪;二是使南联盟警戒雷达、地对空导弹制导雷达失去作用。

4.2.2 科索沃战争中的电子战战术特点

4.2.2.1 利用各种侦察手段严密监视南联盟电子目标

科索沃战争中北约使用了50多颗卫星、80余架各型有人侦察机和大量无人侦察机、欧洲境内的50多个电子监听站、海上部署的航空母舰战斗群和电子侦察船以及数量众多的谍报人员,运用多种先进手段对南联盟进行侦察监视,获取了大量政治、军事情报,以及电子目标情报。

北约在1998年上半年就开始利用各种电子侦察手段对南联盟特别是科索沃地区进行侦察监视。北约先后将原来对付华约的50多颗卫星集中用于对南联盟的侦察。同年10月初开始,美国空军的RC-135和U-2等侦察飞机就已经在科索沃上空对塞尔维亚军队进行监视。从11月开始,美军侦察飞机每天对科索沃地区的侦察时间达到10~20h。与此同时,北约派出400多名间谍进入南联盟,以外交官和国际组织工作人员的身份作掩护,潜入预定目标,并利用GPS记录下这些目标的准确坐标,查明驻科索沃的塞族军队集结地域。战争期间,北约还出动了多架预警指挥飞机、电子侦察飞机,对南联盟实施全天候、全频段的多维立体侦察监视。空袭过程中,几乎每轮轰炸行动都有E-2C、E-3预警飞机担任空中预警,监视南联盟军队的行动。通过侦察,北约掌握了大量有关南联盟政治、经济、社会的情报以及军队部署、目标分布、无线电和雷达的参数、电磁辐射源位置等军事情报，为空中打击提供了准确的目标。

4.2.2.2 专用电子战飞机为战斗机空袭突防提供有力支援

美军在空袭作战中采取的电子战攻击手段主要有以下几种。

（1）远距离支援干扰。每次空袭前，首先出动 EA-6B 电子战飞机对南联盟的预警雷达和火控雷达实施干扰，出动 EC-130H 电子战飞机对南联盟 20～1000MHz 频率范围内的无线电指挥通信系统实施干扰。它们从南联盟防空导弹的射程之外，对南联盟的防空雷达系统、通信系统实施干扰和压制，保障突击机群的安全和空袭行动的顺利进行。

（2）近距离支援干扰。当远距离支援干扰效果不好时，EA-6B 和 EC-130H 电子战飞机便在其他战斗飞机的掩护下实施近距离支援干扰。此外，还经常使用无人驾驶干扰飞机实施近距离支援干扰。在空袭中，无人干扰飞机盘旋在空袭目标的上空，进行强烈的电子干扰，有时也投掷一些有源干扰器材，对南联盟的电磁辐射源实施近距离的干扰压制。

（3）随队支援干扰。美军经常在突击机群中编入专门遂行电子干扰任务的飞机，实施随队支援干扰。执行随队支援干扰的飞机既可以是专用电子干扰飞机，也可以是和突击机群相同机型的装备有专门电子干扰设备的飞机。例如，参加首轮空袭的 8 架 B-52H 隐身轰炸机中，就有 1 架装备了大功率电子干扰设备。

（4）自卫电子干扰。除使用专用电子干扰飞机遂行电子干扰掩护任务外，在作战飞机上还装备了机载自卫电子干扰设备，以提高作战飞机的战场生存能力。

（5）建设无源干扰走廊。在突击机群将要经过的航路上，投撒无源干扰物，在一定空域范围内形成无源电子干扰走廊，它与有源电子干扰相结合，对南联盟的预警系统起到了一定的迷惑作用，为轰炸机实施突防提供安全保障。

（6）隐身突防。科索沃战争中，美国空军大量使用了隐身飞机，使得隐身与反隐身成为本次战争中电子战的一个新的、重要的斗争领域。从电子战的角度来看，隐身技术实际上就是一种特殊的无源对抗技术，它通过采取减小自身雷达反射特征的措施，来使敌方探测系统无法发现。在此次战争中，美国空军第一次将现役的 F-117A 隐身战斗机和 B-1B、B-2 隐身轰炸机这 3 种隐身飞机同时在科索沃战场上亮相。

4.2.2.3 电子干扰与火力打击相结合摧毁南联盟指挥及防空系统

在科索沃战争中，北约使用了"软杀伤"与"硬摧毁"相结合的手段，对南联盟军队的通信指挥系统、武器制导系统等实施强有力的干扰压制和摧毁。"软杀伤"行动使用了美军的 38 架 EA-6B"徘徊者"电子战飞机和 4 架 EC-130H"罗盘呼叫"通信干扰飞机,德国的 8 架"狂风"ECR 电子战飞机和多架无人机。EA-6B 和 EC-130H 都是专门用于电子干扰的电子战飞机,EA-6B 电子战飞机有 5 个干扰吊舱,装有多个电子干扰系统,可对南联盟的雷达和通信辐射源释放连续的噪声干扰。它所拥有的自卫电子干扰机,可以对南联盟军队的雷达和导弹实施欺骗式干扰。EC-130H 电子战飞机则是专门用于对付南联盟通信系统的电子战飞机。为了彻底摧毁南联盟的指挥通信和雷达系统,使电子战的效益达到最佳,北约部队还大量运用了以反辐射攻击为代表的"硬摧毁"电子战手段。在实施电子干扰的同时,使用反辐射导弹及其他精确制导武器,对南联盟的电子系统和指挥控制系统实施了摧毁破坏。美国空军的 F-16C/J、EA-6B 及欧洲国家的"狂风"战斗机都可挂载反辐射导弹,实施反辐射摧毁。它们通常伴随空袭机群飞行,一旦发现南联盟的警戒及制导雷达等电磁辐射目标,就可随时对其进行攻击。空袭中几乎每个突击机群都编有可挂载反辐射导弹的电子战飞机。北约部队所使用的反辐射导弹有多种,典型的有美国 AGM-88"哈姆"导弹,可装在美军 EA-6B 专用电子战飞机和 F-16C/J 反辐射攻击机等多种战斗机上。此外,英国使用了 ALABM 反辐射导弹,这种导弹挂载在"狂风"战斗机上,对南联盟的防空雷达同样具有较大威胁。除了对南联盟的雷达等目标实施反辐射攻击外,北约还使用了巡航导弹、制导炸弹等多种精确制导武器,实施精确火力打击。

在对南联盟的空袭作战中,美军首次使用了电磁脉冲炸弹。电磁脉冲炸弹是一种介于常规武器和核武器之间的新式大规模杀伤性炸弹。这种炸弹在目标上方爆炸后,将爆炸的化学能转化为电磁能,产生高强度的电磁脉冲向外辐射,一枚炸弹爆炸后,瞬间即可使半径数十千米内的飞机、雷达、电子计算机、电视机、电话、手机等几乎所有的电子设备无法正常工作,甚至造成难以修复的严重物理损伤,指挥、控制和通信系统及所有带电子部件的武器系统全部瘫痪。美军 EA-6B"徘徊者"电子战飞机除实施全方位电子干扰外,还可携带电磁脉冲炸弹。战争中,美军驻意大利的 10 架 EA-6B 飞机对南联盟实施了地毯式电子压制和强电磁脉冲杀伤。

美军还首次使用了一种从未为外界所知的秘密武器"石墨炸弹"。石墨具有很高的导电性。石墨炸弹在弹体中装入上百千克石墨,并在其中装上炸药,由 GPS 制导。美军用这种炸弹专门破坏南联盟的电力系统,通常由 B-2 隐身轰炸机和 F-117A 隐身战斗机投掷,也可用巡航导弹发射。炸弹投掷后,用雷达测高仪控制炸弹在变电站上空某个高度爆炸,把石墨炸成一团直径几百米的石墨粉,然后散落在目标地区。这些石墨粉会引起变电站短路,导致变电站停电,并对变电站中的重要设备造成永久性损坏,引发大面积停电。1999 年 5 月 2 日夜,美军使用这种炸弹攻击了塞尔维亚戈迪的发电厂,造成包括贝尔格莱德在内的塞尔维亚大部分地区电力中断,导致部分电子设备和系统因停电而完全失去作用。

北约部队使用有源与无源干扰、压制与欺骗干扰、雷达与通信干扰、"软杀伤"与"硬摧毁"等多种相互结合、相互补充的电子战手段,使所有电子战资源都得到了最为充分的综合利用,对战争的胜利起到了十分重要的作用。

4.2.3 科索沃战争中隐身神话破灭,电子战成为最大赢家

在科索沃战争中,美国最先进的 F-117A 隐身战斗机被南联盟的防空部队击落,使得隐身战斗机的不败神话破灭,令世界为之震惊。美国空军组织了防空和隐身领域专家组成专家小组,分析了 F-117A 隐身战斗机被击落的原因。专家小组得出以下结论:由于 F-117A 隐身战斗机并不是完全隐身,波长较长的米波雷达能够比较容易地探测到隐身目标,关键问题是 EA-6B 电子战飞机没有掩护 F-117A 隐身战斗机返航,最终导致 F-117A 隐身战斗机被击落。除此外,对南联盟远程预警雷达的摧毁不彻底、飞机航线重复等也是 F-117A 隐身战斗机被击落的原因,但缺乏电子战支援是 F-117A 隐身战斗机被击落的最根本原因。

美军原以为隐身可以解决所有问题的想法也不得不放弃。隐身飞机并不是对所有雷达都具有良好的隐身特性,超视距雷达、米波雷达能够有效探测隐身飞机。同时,隐身飞机并不是在所有方向上都可以隐身,其雷达特征会根据观察者位置在三维空间中变化。隐身飞机可以通过机动实现对空中或地面单个雷达的隐身,但其他雷达可以从另外的角度上发现隐身飞机。因此,隐身飞机在作战中不可缺少电子战飞机的支援。美国智库战略与预算评估中心(CSBA)在其《科索沃经验教训》报告中把电子战列为科索沃之战的"赢家"。

"沙漠风暴"行动中美空军采取了"在冲突开始阶段先摧毁敌方的防空,使空中相对来说没有威胁"这一作战方针。然而南斯拉夫使用了一种"游击战"的形式,采取了不暴露和电磁静默方式,妨碍了北约摧毁防空设施计划的执行。导致北约不得不更加依赖电子战飞机进行护航,尤其是要在 EA-6B 电子战飞机护航时才进入作战空域。原以为隐身可以解决所有问题的想法也不得不放弃。战场上出现了隐身技术和电子战的积极混合作战方式。电子战使老战术获得了新生,任何飞机(包括隐身飞机)都需要在电子战资源(尤其是 EA-6B 电子战飞机)的护航下去执行任务。美国空军参谋长 Mike Ryan 上将说过,"在隐身、干扰和信息战之间存在一种平衡,它们都在这次攻击飞机部队的防御中发挥了作用"。

4.3 阿富汗战争

2001 年 10 月 8 日凌晨 0 点 27 分,美英联军对阿富汗塔利班发动了代号为

第4章 电子战的异军突起：现代战争中的电磁频谱战

"持久自由"的军事打击行动。"持久自由"历时两个多月，最终推翻了塔利班在阿富汗的统治。美国对阿富汗军事打击是21世纪的第一场高技术局部战争，也是20世纪90年代由美国牵头发动的"沙漠风暴""谨慎力量""沙漠之狐""联盟行动"四次大规模高技术局部战争后发动的又一场局部战争。这次美军对阿富汗的军事打击，虽然在部署规模、战役战术和作战进程等方面，与上述四次军事作战行动有较大区别，但高技术局部战争的本质是相同的，采取的仍是以巡航导弹为开路先锋、以空中力量为主力、形成陆海空天电磁一体化作战体系实施作战的模式，而且高技术特征更为显著，已经研制成功或正在研制的各类新一代高技术武器装备，在这场军事作战行动中都发挥了重要作用。

在这场反恐战争中，尽管对手的军事力量与美军无法相比，但美军依然拿出"大炮打蚊子"的架势，运用了大量电子侦察和电子对抗装备，充分体现了电子战对现代战争的倍增器作用。作为21世纪的第一场高科技局部战争，阿富汗战争展现了一些新的作战特点，对电子战的应用方式和未来电子战的发展带来新的启示。

1）空间控制与对抗初露端倪

在阿富汗战争中，美军更加注意夺取和保持空间信息系统的优势，不仅调用了已有的大量天基资源，而且严密控制其他渠道的天基系统，以防被塔利班利用。

此次美军对阿富汗的军事打击中，采用了多型不同作用的卫星。战前和战时在太空利用KH-11高级"锁眼"系列照相侦察卫星、"长曲棍球"雷达成像卫星、8X成像侦察卫星、"大酒瓶"电子侦察卫星等50多颗侦察卫星以及GPS等，广泛搜集战场情报信息。

同时为防止塔利班利用空间信息资源，美军方面严格控制商业天基信息资源在阿富汗的使用。美国国防部于2001年10月7日开始，独家买断了空间成像公司分辨率为1m的"伊科诺斯"-2卫星拍摄的阿富汗战区图片，以防泄露美军的动向。同时，法国国防部也禁止斯波特（SPOT）图像公司自10月8日后出售分辨率近14m的卫星影像。此外，美国国防部国家图像测绘局还禁止NASA公开"航天飞机雷达地形测绘计划"（SRTM）所获取的地形数据，并表示即使以后公开，也要降低其垂直精度。

阿富汗战争中还大量运用了GPS干扰和反干扰技术。美军施里弗空军基地的发言人曾表示，美军在阿富汗战争中选择性地干扰某些地区GPS信号的能力，但不会影响到更为精确的军用信号的应用。同时，为了抵抗敌方干扰机对GPS卫星接收机的干扰，美军开展GPS伪卫星星座方案研究，利用安装在无人机或地面上的"虚拟机"构成伪卫星星座，其转发的高功率加密GPS信号将能压制敌方的干扰信号。

这些事例表明，空间对抗已经悄然诞生，控制商业卫星资源已成为美军战时必然采取的举措。

2) 实施强大的电子战,增强了空中打击的效果

阿富汗战争中,美军吸取科索沃战争中的经验教训,采取了干扰先行、干扰和摧毁"软""硬"相结合的战术,加速了战争的进程。每轮空袭前,美军都要动用包括 EA-6B 远距离干扰飞机和 EC-130H 通信干扰机在内的电子战飞机对阿富汗实施强烈的电子干扰。接着在防空火力区外,从多种平台发射巡航导弹,对阿富汗的重要指挥枢纽、通信、雷达等军事设施实施远距离精确打击。巡航导弹拉开空袭战幕后,美军再以造价昂贵,技术先进的 B-2A 隐形战略轰炸机,B-1B、B-52H 隐身战略轰炸机,F-15、F-16、F/A-18 战斗机等组成攻击编队,使用 BGM-109 "战斧"巡航导弹、AGM-86 巡航导弹、AGM-65"小牛"空地导弹、AGM-88"哈姆"高速反辐射导弹、GBU"铺路"系列激光制导炸弹、GBU-31/32 联合直接攻击弹药,分别对阿富汗境内的导弹设施、雷达、防空体系、指挥控制中心、军事通信站及机场等重要目标进行毁灭性打击。空袭后的第三天,美军就宣布已摧毁了塔利班政府的指挥中心、通信、雷达、防空体系,使其无法有效指挥军队。

3) 无人侦察机发挥独特优势——察打一体无人机首次亮相

美军无人机的运用在阿富汗战场上收到了非常好的效果,美国国防部利用无人机获得"战场持久能力"。在这次对阿富汗的战争中美军虽然动用了大量的侦察卫星和有人侦察机,但他们在特定地区的持久作战能力有限。为了弥补这个不足,美军动用了 RQ-1A/B"捕食者"、RQ-4A"全球鹰"等多种高空长航时无人机。

RQ-1A/B"捕食者"是一种由操作人员在地面控制站遥控的无人机,整套系统由 4 架带有传感器的飞机、一个地面控制站和一套卫星通信链路组成。飞机机长 8.22m,高 2.1m,翼展 14.8m,总质量 1020kg,通常在 5km 或更低的高度飞行,续航时间 24h。由于其红外信号非常小,而且机身用石墨合成树脂制成,大大降低了雷达反射面积,因此几乎不会受到威胁。机上装有合成孔径雷达、光电摄像机、红外成像仪、全球卫星定位系统和惯性复合导航系统等先进的电子设备,在距离目标 4.5km 远的上空所拍摄的照片及红外图像可以清晰地显示出地面上 0.04m 大小的物体。捕食者的性能相当优越,可直接在空中处理大部分情报信息,传回基地的每幅电视画面的下方都记录着精确的经纬度。机上的激光指示器可以为攻击机标出利用制导导弹打击的精确目标。改进型"捕食者"无人机还可以携带 AGM-114 "海尔法"反坦克导弹,直接利用其侦察到的信息进行精确目标定位,及时向其自身探测到的目标发动攻击。"捕食者"无人机在阿富汗战争中首次执行了对地打击任务,成为无人机发展史上的里程碑。

RQ-4A"全球鹰"无人机是美国现有最先进的无人侦察机。美国在对阿富汗

塔利班和基地恐怖组织的军事行动中,第一次部署了"全球鹰"无人机,其在"持久自由"行动中发挥了很大作用。"全球鹰"无人机飞行高度为20km,续航时间40h,监视范围1.4km²。"全球鹰"无人机配备了当时最先进的设备,其中包括电子光学数码照相机、第三代红外感应器、雷达系统和特种计算机,它能对地面所有车辆、飞机、导弹及其他军事设施拍照,并直接把信息传送到战场指挥中心。数据和照片可不断地传送到五角大楼。红外和雷达设备有助于"全球鹰"无人机夜间和全天候侦察。针对阿富汗战争,"全球鹰"无人机配备了特殊的设备,能将敌方的电话和无线电通话进行录音。

无人机作为一种新型电子战装备,其在现代战争的重要作用在这场战争中得到了充分的展示和迅速的发展。为了能及时收集战场的情报,美国专门拨款加速发展"全球鹰"远程无人侦察机,持续提升"捕食者"和"全球鹰"无人机的飞行能力和侦察能力,以满足未来战争的需要。

4.4 伊拉克战争前后

21世纪以来发生的现代化高技术战争主要包括:2001年10月至2002年3月,由"9·11"事件为导火索引发的阿富汗反恐战争;2003年3月至2003年5月,美英联军旨在推翻萨达姆政权而蓄意发动的伊拉克战争;2011年2月至2011年10月,以美国为首的北约国家旨在推翻卡扎菲政权而发动的利比亚战争;2011年3月开始,由叙利亚内乱而引起的叙利亚战争。在21世纪以来的现代化高技术战争中,电子战行动都贯穿作战始终。

4.4.1 精确打击武器综合对抗手段

2003年3月20日美国发动的伊拉克战争是21世纪又一场现代化高技术战争。为实现速战速决的战略目的,美军在多类卫星、电子战飞机、无人机等平台的支持下,战场信息获取的广泛性、精确性、实时性达到了空前的高度,战场的绝对主动权牢牢掌握在美军手中。伊拉克战争的最大特点之一是前所未有地应用了精确打击手段,它对战争的进程和结局都起到了关键性的作用,这次战争与1991年发生的海湾战争差别极大:携带激光制导武器的战机比例由20%上升到100%,精确制导炸弹的比例由9%上升到95%以上,其中相当一部分是采用GPS末制导的武器,对GPS的依赖性非常大。美国的精确制导武器能实施全天候全地域高强度远程精确打击,其射程1000km的命中误差不超过10m。

4.4.1.1 精确打击武器中的卫星导航对抗技术

根据美军中央司令部 2003 年 4 月 30 日发布的《自由伊拉克行动——数字统计报告》,在这次战争中,美军使用了 6542 枚"联合直接攻击弹药"(JDAM)(图 4.6)和尾部改装有 GPS 的旧式炸弹。美海军还从舰艇、潜艇上发射了 802 枚装有 GPS 的"战斧"式巡航导弹。不仅大大提高了命中精度,而且增强了抗干扰能力,几乎不受云雾、沙尘、浓烟的干扰,可全天候、全时空使用。在"斩首行动"和"威慑行动"阶段,美军使用精确制导弹药对萨达姆行宫和藏身处、伊拉克高级官员住所、伊指挥控制设施等目标,进行准确的"点穴式"打击,既摧毁了预订目标,又没有造成大的附带损伤,加速了整个战争进程。

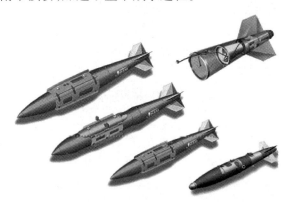

图 4.6 常见的 JDAM 炸弹(使用 GPS 制导)

GPS 能全天候地在全球范围内提供精确的位置、速度、时间(PVT)信息,目前已经渗透到包括高效战场指挥和控制、准确兵力投送、导弹制导、精确打击、情报收集、侦察通信和卫星定位等军事应用领域,是远程精确打击、协调作战支持以及指挥、控制、通信、计算机、情报、监视与侦察(C^4ISR)系统的核心,是现代战争不可或缺的信息基础设施。

技术花絮——GPS 定位原理

GPS 利用到达时间(TOA)测距原理来确定用户的位置。这种原理需要测量信号从位置已知的发射源(如无线电信标或卫星)发出至到达用户接收机所经历的时间。根据空间几何学原理,3 个球面相交于一点,简化的卫星导航定位可以应用"三球定位"原理表述,如图 4.7 所示。应用"三球定位"原理需要做出三个空间相交的球。要确定一个球,必须要确定球心位置和球半径。如果把卫星作为球心,卫星到需要定位的用户之间画出连接线,其连线长度就是球半径,便可以做出我们定位用的一个球了。在 GPS 中,卫星位置由卫星发送的导航电文给出,球半径是卫星到用户接收点的距离,即通过测量卫星信号的传播时间得到的"伪距"。

图 4.7　GPS 定位原理图

设 GPS 接收机所在点的坐标是 (X,Y,Z),各卫星 S_i 在坐标中的坐标为 $(X_{S_i}, Y_{S_i}, Z_{S_i} = 1,2,\cdots | i = 1,2,\cdots,24)$。则 S_i 到用户接收机的距离为

$$R_i = R_i' + c \cdot \Delta t = \sqrt{(X_{S_i} - X)^2 + (Y_{S_i} - Y)^2 + (Z_{S_i} - Z)^2} + c \cdot \Delta t$$

式中:伪距 R_i 由测量获得;$X_{S_i}, Y_{S_i}, Z_{S_i}$ 可以从卫星广播的导航电文中获得;式中需要求解观测点位置 (X,Y,Z)。因为实际测量到的传输时延 τ 还包含卫星时钟和用户时钟的钟差 Δt,因此,伪距 R_i 与真实距离 R_i' 之间有一个误差 $c \cdot \Delta t$ ($R_i = R_i' + c \cdot \Delta t$),需要再测第 4 颗卫星的伪距以消除误差。所以,公式中有观测点 (X,Y,Z) 和钟差 Δt 4 个未知数,故需要测量 4 颗卫星的伪距,建立上述 4 个方程,求解方程组后就可以得到观测点的三维位置和精确时间,从而实现定位和授时功能。

1) 伊拉克对美国 GPS 的干扰

在 1997 年莫斯科航展上曾展出过一种功率为 4W 的干扰器,如图 4.8 所示,据称能使半径 185km 范围内的 GPS 信号失效。俄罗斯的 Aviaconversiya 公司自 1999 年以来常在各种展会上展出其 GPS 干扰机,声称既能干扰美国的 GPS 又能干扰俄罗斯的 GLONASS 导航信号。伊拉克也购买了这种干扰装置,并在 2003 年的伊拉克战争中进行了检验。伊拉克战争初期,美军的精确制导武器频频打偏,伊拉克的重要目标未能被摧毁。开战后的第 5 天,美国指责俄罗斯向伊拉克提供 GPS 干扰机。

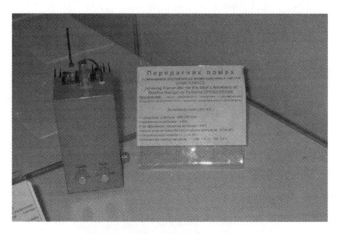

图 4.8　俄罗斯展出的 GPS 干扰机

虽然 GPS 采用了一定的抗干扰技术,但其本质是一种无线电导航系统,无线电信号的脆弱性导致 GPS 接收机易受干扰。从电子对抗角度出发,可利用 GPS 以下几个特点实施干扰。

(1) GPS 卫星距离地面 GPS 接收机 2 万多千米,信号到达地球表面时已很微弱,信号强度相当于在 2 万多千米之外看到的一盏 25W 的灯泡亮度。

(2) 现有 GPS 信号的发射频率、调制特性和导航电文众所周知,敌方很容易对其进行干扰。美国联邦航空局负责电子对抗的研究部门进行干扰测试表明:干扰功率 1W 的干扰机,天线指向水平线以上不超过 2°时,能对 200km 范围内的 GPS 接收机进行干扰。

(3) GPS 的固有弱点。因为用户设备需要卫星发射的信号才能完成导航定位。只要干扰方侦察截获到卫星导航信号,经分析处理后再发射相应的干扰信号,使之进入终端用户的接收机,即可实现对用户接收系统的电子干扰。

(4) GPS 接收机天线方向图呈半球状,接收干扰信号区域大。

(5) GPS 接收机灵敏度高,本身易受干扰。

对 GPS 接收机进行电子干扰,使依靠 GPS 进行导航和定位的飞机、导弹、坦克等武器装备无法进行自身的精确导航和定位,从而降低敌方兵器的作战效能。从技术角度出发,对 GPS 的干扰可以分为两类:一是压制性干扰;二是欺骗性干扰。压制性干扰是用干扰机发射强干扰信号,阻塞接收机,使 GPS 信号无法被正常放

第4章 电子战的异军突起：现代战争中的电磁频谱战

大与检测，导致 GPS 接收机降低或完全失去正常工作能力。压制性干扰又可分为瞄准式干扰和阻塞式干扰。欺骗性干扰是引导 GPS 接收机跟踪上假 GPS 信号，使其输出不正确的位置等信息。目前，主要为产生式干扰和转发式干扰两种形式。

2）美军的 GPS 反干扰

鉴于 GPS 在各个武器装备和武器平台中具有不可替代的重要作用，美国在伊拉克战争导航战中十分注重摧毁 GPS 干扰源和提高抗干扰能力，导航战是美国信息战的一部分，也是其现代战争的重要组成部分。其导航战的主要策略包含两方面内容：一是摧毁 GPS 干扰源；二是提高抗干扰能力，包括抗干扰 GPS 接收机和抗干扰 GPS 卫星系统两部分。这样，即使不能完全摧毁所有干扰源，剩余的 GPS 干扰源也不会对其精确制导武器产生任何影响。

伊拉克战争后的第 2 天，美英联军一共发射了 1000 多枚巡航导弹，但是，如此多的精确制导导弹并没有完全达到预期目的，特别是在获取萨达姆准确藏身之处后进行的"斩首行动"并未如愿。直到美军发现伊拉克的 GPS 干扰系统之后，才明白之前发射的高成本导弹至少有一部分可能没有击中预定的目标。随后美军立即启动了针对伊军 GPS 干扰系统的火力打击，美军以空袭手段摧毁了总共 6 台用来干扰联军卫星定位信号的 GPS 干扰系统，其中一个干扰装置是由 B–1B 轰炸机投放的 1 枚 GPS 制导炸弹摧毁的。

技术花絮——AOA 和 TOA 定位技术

到达角度（AOA）定位是一种利用目标信号到达角度进行定位的方法，AOA 定位基本原理如图 4.9 所示。假设二维平面有两个定位接收机 BS1 和 BS2 对目标进行定位，其位置坐标分别为 $(x_i, y_i)(i = 1,2)$，目标的位置坐标为 (x,y)，两个定位接收机分别测得目标的信号 AOA 分别为 θ_1 和 θ_2，由此可以得出方程 $\tan(\theta_i) = (y_i - y_0)/(x_i - x_0)(i = 1,2)$，通过求解该方程组即可得到目标的估计位置。AOA 定位方法需要至少两个定位接收机才能实现对目标的定位。

TOA 定位方法及基于电磁波传播时间的定位方法，从几何意义上看实质是一种圆周定位方法，这一点与前述的 GPS 定位类似，TOA 定位基本原理如图 4.10 所示。测量待测定位节点 $MS(x,y,z)$ 与发送端 $(x_i, y_i, z_i)(i = 1,2,\cdots,M)$ 的信号到达时间差，其中 M 是参与定位的发送端数量。假设测得的传输时间为 t_i，则待测定位点与发送端的空间距离为 $R_i = t_i \times c$，根据几何原理可得方程组：

(续)

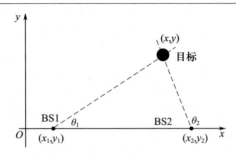

图 4.9　AOA 定位基本原理示意图

$$\begin{cases} R_1 = \sqrt{(x_1-x)^2+(y_1-y)^2+(z_1-z)^2} \\ R_2 = \sqrt{(x_2-x)^2+(y_2-y)^2+(z_2-z)^2} \\ R_3 = \sqrt{(x_3-x)^2+(y_3-y)^2+(z_3-z)^2} \end{cases}$$

求解上述方程组,即可获得对目标位置的估计。TOA 定位方法必须满足参与定位的信号发射源数目至少大于等于 3 个,才能实现对目标的定位。

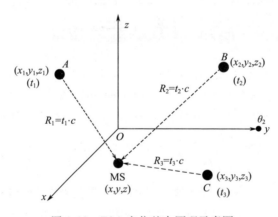

图 4.10　TOA 定位基本原理示意图

4.4.1.2　精确打击武器中的光电对抗技术

1) 光电精确制导技术的进一步发展

光电精确制导武器主要包括激光制导、电视制导、红外点源制导和红外成像制导等几种形式,它具有制导精度高、抗干扰能力强、隐蔽性能好、效费比高等特点,已经成为现代战争中的重要打击手段,在近几次局部战争中,发挥了惊人的作用。在伊拉克战争中,采用复合制导的弹药比例达到90%以上,这些弹药普遍采用了GPS/INS(惯性导航系统)卫星导航制导技术,再加上光电/红外和激光制导方式,可以将打击精度控制在1~3m之内,实现真正意义上的精确打击,在确保命中精度高的前提下,还提高了弹药的全天候作战能力,同时大大降低了成本。

根据美国《每日防务》2002年5月15日报道,美国空军官员对外宣称:在这次伊拉克战争中使用的EGBU-27增强型"宝石路"Ⅲ(EP3)制导炸弹非常有效,是一种很精确的武器,如图4.11所示。EGBU-27制导炸弹采用激光/全球定位/惯性导航组合制导系统,其中的GPS可使其在恶劣天气如沙尘暴条件下正常使用。当然,激光制导在良好天气条件下能提供的精度更高。EGBU-27是GBU-27"宝石路"Ⅲ激光制导炸弹的改进型。在伊拉克战争的第一天晚上由F-117首次投入使用,在整个战争期间共投了100多颗。除F-117隐身战斗机外,可以携带EGBU-27制导炸弹的飞机还有F-16和F-15E战斗机。

图4.11 EGBU-27制导炸弹

越战结束之后,美军就对"宝石路"型激光制导炸弹又进行了改进,先后研制出了第二代和第三代,使其成为目前世界上品种最多(30余种)、生产数量最大的精确制导炸弹系列。1986年,美军第二代激光制导武器"宝石路Ⅱ"型(GBU-12、GBR-16等)激光制导炸弹又在中东地区炸毁了5个重要目标,命中误差不超过1m。在海湾战争和科索沃战争中,西方国家均大量使用了"宝石路"Ⅰ、Ⅱ型激光制导炸弹,取得了极好的作战效果。

据统计,在1991年的"沙漠风暴"行动中,美国空军的F-117、F-15E和F-111F隐身战斗机共投放了8000枚激光制导炸弹,占其所使用的空对地制导武器的50%以上,炸毁了伊拉克用钢筋混凝土等加固594座飞机库中的375座;用激光制导炸弹攻击的54座桥梁中有40座被摧毁,10多座遭受不同程度的破坏,命中率高达90%。F-111F战斗轰炸机还曾在一次行动中出动46架,每架携带4枚激光制导炸弹(GBU-12),创下了摧毁132辆坦克/装甲车的记录。在伊拉克战争中,美军战斗机携带的"宝石路"Ⅲ型(GBU-24、GBU-27等)激光制导武器,通过机载成像设备发现地面伊空军司令部塔楼,投下一颗900kg的激光制导炸弹。在激光束的精确引导下,炸弹从塔楼顶部的通气口穿进,一直钻到底层而后爆炸,炸毁了整座大楼。

在海湾战争中,为了攻击硬目标,美国应急制造了GBU-28激光制导钻地炸弹。该弹长5.72m,质量2270kg,可穿透30m厚的地面或6m厚的钢筋混凝土。在科索沃战争中,美军用GBU-28炸弹攻击了南斯拉夫普里什蒂纳机场的地下仓库。2001年美军在轰炸阿富汗时,也曾投下了GBU-28巨型钻地炸弹,打击塔利班政权领导人的地下指挥控制中心以及其他坚固的地下掩体。在目前已装备或待装备的激光制导炸弹中,较典型的还有法国的"马特拉"系列激光制导炸弹以及俄罗斯空军的KAB-500L和KAB-1500L-F激光制导炸弹等。

尽管激光制导炸弹的价格比普通炸弹要高出许多,但由于有较高的命中精度,一枚激光制导炸弹的使用效能可相当于十多枚或数十枚常规炸弹。同时,使用高精度制导武器还可大大降低载机和飞行员的危险。因此,激光制导炸弹现已成为空对地轰炸中使用最为广泛的一种武器。

2)伊拉克的烟雾遮蔽干扰

干扰烟雾是用于干扰对方红外、激光、微波等武器装备的使用效能的烟雾,是针对现代光电武器系统的一种新的对抗武器。干扰烟雾按干扰对象的不同可分为干扰红外烟雾、干扰激光烟雾和干扰微波烟雾等。20世纪80年代以来,干扰烟雾日益受到重视,取得了突破性进展,一些国家已研制出能有效对抗光电武器系统的发烟设备,并逐步形成系列。在海湾战争中,伊拉克在十分被动的情况下,匆忙点燃了一些油井,漫天的烟雾使光电侦测装备无法识别目标,光电精确制导武器也失去了用武之地,有效地阻止了多国部队对这些区域的攻击。海湾战争后,烟幕技术又重新引起了各国军界的重视,并得到迅速发展。1998年,南联盟军队巧借"天幕",土法制烟,使北约空袭的前12天投放的12枚激光制导炸弹,仅有4枚击中目标。在伊拉克战争中,为对抗美英联军精确制导武器的猛烈进攻,伊拉克军队采取了多种电子防御手段。烟雾遮蔽干扰是伊军对抗精确制导武器的重要手段。

为适应对付现代战场的光电威胁,烟幕技术也在不断发展。现代烟幕具有很多种类并形成制式装备,根据不同的作战对象和需求,将采用不同类型的烟幕及其相应的施放方法。

(1)从发烟剂形态上划分,烟幕可分为固态和液态两种形式。常见的固态发

第4章 电子战的异军突起：现代战争中的电磁频谱战

烟剂主要有六氯乙烷－氧化锌混合物、粗蒽－氯化铵混合物、赤磷及高岭土、滑石粉、碳酸铵等无机盐微粒；液态发烟剂主要有高沸点石油、煤焦油、含金属的高分子聚合物、含金属粉的挥发性雾油以及三氧化硫－氯磺酸混合物等。

（2）从施放方式上划分，烟幕大体可分为升华型、蒸发型、爆炸型、喷洒型四种。升华型发烟，是利用发烟剂中的燃烧物质燃烧时产生的大量热能使成烟物质升华，在大气中冷凝成烟；蒸发型发烟，是将发烟剂经喷嘴雾化送至加热器使其受热、蒸发，形成过饱和蒸汽，排至大气冷凝成雾；爆炸型发烟，是利用炸药爆炸产生的高温高压气源将发烟剂分散到大气中，进而燃烧反应成烟或直接形成气溶胶；喷洒型发烟，是直接加压于发烟剂，使其通过喷嘴雾化进入大气中吸收水蒸气成雾或直接形成气溶胶。

（3）从战术使用上划分，烟幕可分为遮蔽烟幕、迷盲烟幕、欺骗烟幕和识别烟幕四种。传统的遮蔽烟幕主要施放于友军阵地或友军阵地和敌军阵地之间，降低敌军观察哨所和目标识别系统的作用，便于友军安全地集结、机动和展开，或为支援部队的救助及后勤供给、设施维修等提供掩护。而现代遮蔽烟幕主要用于改变光电侦测和光电制导所用光波的介质传输特性，以降低光电侦测和制导系统的作战效能；迷盲烟幕直接用于敌军前沿，防止敌军对友军机动的观察，降低敌军诸如反坦克导弹等光电武器系统的作战效能，或通过引起混乱迫使敌军改变原作战计划；欺骗烟幕用于欺骗和迷惑敌军，在一处或多处施放，并常与前两种烟幕综合使用，干扰敌军对友军行动意图的判断。识别/信号烟幕主要用于标识特殊战场位置和支援地域或用作预定的战场联络信号。

（4）从干扰波段上划分，烟幕又可分为防可见光和近红外常规烟幕、防热红外烟幕、防毫米波和微波烟幕，以及多频谱、宽频谱和全频谱烟幕。

烟幕遮蔽机制主要有辐射遮蔽和衰减遮蔽两种形式。辐射遮蔽通常是利用燃烧反应生成大量高温气溶胶微粒，凭借其较强的红外辐射来遮蔽目标、背景的红外辐射，从而完全改变所观察目标、背景固有的红外辐射特性，降低目标与周围背景之间的对比度，使目标图像难以辨识，甚至根本看不到。辐射遮蔽型烟幕主要用于干扰敌方的热成像探测系统，在热像仪上形成一大片烟幕的热像，而看不到目标的热像。衰减遮蔽主要是靠散射、反射和吸收作用来衰减电磁波辐射。构成烟幕粒子的原子、分子处于不断运动状态，其微粒所带的正负电荷的"重心"不相重合，可视为电偶极子。这种电偶极子的电磁辐射场与周围电磁场发生相互作用，从而改变原电磁场辐射传输特性，使电磁辐射能量在原传输方向上形成衰减，衰减程度的大小取决于气溶胶微粒性质、形状、尺寸、浓度和电磁波的波长。图4.12所示为安装在M113A3装甲人员输送车上的美国M58发烟系统。

图4.12 装载在M113A3装甲车上的M58发烟系统

4.4.2 电子战在IED反恐领域中大量应用

简易爆炸装置(IED)是美军在伊拉克所面临的最大威胁,在各种引爆方式中无线电遥控炸弹具有隐蔽性好、控制者可以有效保全自己、作用准确、可靠性高等特点。通过世界范围内的调查统计发现,98%的炸弹恐怖爆炸事件都采用了这种典型的控制方式,它已经成为一种重要的非对称作战形态。应对这种相对低级的武器也将成为驻伊美军军事行动的一个热点,对于IED防护通常有两种有效的方式:一是传统的无线电干扰方式;二是高功率电磁脉冲对抗方式。2009年联合简易爆炸装置对抗组织发布的报告宣称,在使用了电子干扰手段之后,"敌人现在得使用7种以上的简易爆炸装置,才能在伊拉克制造一起伤亡",这说明电子干扰的防护效果已经开始显现。

4.4.2.1 无线电干扰设备在IED反恐中的应用

IED是地区武装分子对付军队的非对称作战武器,如图4.13~图4.15所示,武装分子通常将伪装的IED放置在主要交通要道沿线和主要供应线上,其攻击目标主要是部队车辆、人员等软目标,对战区军人的安全构成了严峻挑战,同时也威胁到普通百姓的生命财产安全。

伊拉克是世界上IED最多的国家之一,截至2003年底,伊拉克发生的405起爆炸事件中有60%的袭击采用了IED,伊拉克反美武装在战争结束后向美军发动了4000多次IED攻击,仅在2006年美国国防经费听证会上,就有美军官员称:驻伊美军由于简易爆炸装置而阵亡的人数约为800~1500人,1000多人受伤。由于遥控炸弹能够使用多种遥控装置进行引爆,所以叛乱分子可以与目标区域保持一

第 4 章 电子战的异军突起：现代战争中的电磁频谱战

图 4.13　用混凝土包装的 IED 装置

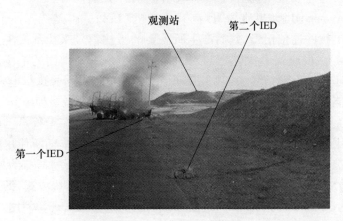

图 4.14　IED 装置攻击图示

(a)　　　　　　　　　　　　　(b)

图 4.15　被简易爆炸装置摧毁的美军各种军车

169

定的距离观察目标车队,然后启动遥控装置引爆炸弹。实际上这种遥控炸弹成了叛乱分子的远距离武器。当车队在一处基本没有逃脱空间的狭窄地带行进时,遥控炸弹可以用于摧毁最前面的车辆,这是叛乱分子最喜欢采用的一种方法,因为车队停下来以后更容易攻击。另外,遥控炸弹也用于袭击运油车或者轻型防护车等车辆,目的是造成尽可能多的人员伤亡。

路边炸弹的遥控引爆主要利用无线电、手机或红外装置。采用无线电引爆时使用依次连接到电子点火电路的射频接收器,通过射频接收器触发开关,从而使炸弹爆炸。也可以设置一些密码,使射频接收器能够"识别"输入的射频信号,以防止被其他射频源意外引爆炸弹。许多射频设备都可以用于触发这样的炸弹,包括汽车防盗遥控报警器、无线寻呼机和民用超高频(300~3000MHz)无线电装置。当手机被连接到爆炸装置的电子点火电路时,也可以用于触发这种炸弹。

遥控简易爆炸装置干扰机(图 4.16)分为两种类型:一种是宽带干扰机,将所有的通信链路全部阻断(也称为"压制式干扰机");另一种是选择性干扰机,首先检测到需要干扰的通信信号,然后产生所需要的干扰信号来扰乱或阻止有用信息的传输(也称为"反应式干扰机")。对付路边遥控炸弹最常用的手段是利用电磁信号来干扰遥控的射频信号,其基本原理是对无线电遥控信号进行电磁压制,防止敌对的射频能量传输到预定的引爆装置。不过,干扰技术是一种极其复杂的技术,简单地发射大量的射频能量来干扰所有传入的信号,将存在干扰自己的通信信号的风险。民用手机的通信在超高频的不同频段工作,军用车辆所使用的车载战术无线电台也在超高频频段工作,因此只是发射电子噪声来干扰所有的超高频信号,存在干扰己方无线电台的风险。这就需要采用"智能"的干扰方式,即在干扰敌对的射频信号引爆爆炸装置的同时,还要保证自己的电磁频谱正常使用。

图 4.16　遥控简易爆炸装置干扰机(见彩图)

第4章 电子战的异军突起：现代战争中的电磁频谱战

多年来，美国军队一直使用美国 SRC 公司制造的反遥控简易爆炸物装置电子战（CREW）Duke 型防护系统。这种 Duke 型防护系统设计为轻量级结构，功耗低、操作简便、体积紧凑、能够很容易地安装在多种军用车辆上，而不用考虑车辆的空间大小和发动机的功率。自 2000 年以来，该系统已经有多种型号提供给美军使用。2003 年，部署在伊拉克的美国军队开始利用美国 Exelis 公司制造的"术士绿色"（Warlock Green）型干扰器取代 Duke 型防护系统。Exelis 公司现在提供的反遥控简易爆炸物装置电子战车载干扰器（CVRJ）能够检测传入的敌对射频信号，然后对应地进行干扰。

另外，ITT Exelis 公司已经开发出反遥控简易爆炸物装置电子战（CREW）系列遥控炸弹对抗系统。这些遥控炸弹对抗系统最初研发是为了满足美国国防部的要求，他们需要这些车载干扰器去防止主要在"伊拉克自由行动"和"持久自由行动"中遇到的 IED 威胁。CREW 系列遥控炸弹对抗系统的设计受到其"前辈"——EDO 公司（现在已并入 ITT Exelis 公司）生产的"术士"系列的影响。"术士绿色"干扰器随着驻伊美军在 2003 年首次亮相，首先检测、记录，然后屏蔽激活炸弹的信号。然而"术士绿色"的缺点是覆盖的频率范围不足。此外，叛乱分子不断改变频率来激活武器也使"术士绿色"干扰器疲于应付。对于叛乱分子来说，改变频率可能就像将一个汽车遥控防盗器变成一个车库门遥控器一样简单。因此，频率捷变现在对于所有移动遥控炸弹干扰系统已经是常规功能。这些问题导致该公司设计出"术士红色"（Warlock Red）来覆盖"术士绿色"未覆盖的频率。当然，如果武装分子采用软件无线电技术来设计 IED 的遥控器，则将对反 IED 的电磁干扰带来巨大的挑战，幸运的是当前的武装分子并没有完全掌握这一先进的电子技术，暂时还不具备这样的技术能力。

技术花絮——软件无线电技术

软件定义的无线电（SDR）是一种特殊的无线电通信技术，它是基于软件定义的无线通信协议而非通过硬件实现。简而言之，软件无线电技术就是在开放式的、通用的无线电通信硬件平台上，通过安装不同的软件来实现不同的系统功能，系统的升级主要依靠软件的升级来实现，该技术为多体制、多标准的通信互通问题提供了灵活的解决方案。

完整的软件无线电概念和结构体系是美国的 Joe Mitola 首次于 1992 年 5 月明确提出的，其基本思想是将宽带 A/D/A 转换尽可能早地靠近天线，尽可能通过软件编程控制实现频率合成、上下变频、调制解调等功能。软件无线电的主要标志是用软件来确定无线电的功能,特点在于软件无线电的完全可编程性,包括可编程的无线电工作频段、带宽、通道增益、可编程的信道访问模式和信道调制方式等。

软件无线电硬件主要包括宽带射频(RF)接收前端、宽带 RF 变频通道、宽带 A/D 转换器、微处理器和高速数字信号处理器(DSP)等通用硬件资源,如图 4.17 所示。可以说这种平台是可用软件控制和再定义的平台,选用不同软件模块就可以实现不同的功能,而且软件可以升级更新。

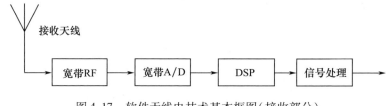

图 4.17　软件无线电技术基本框图(接收部分)

由于软件无线电所具有的灵活性、开放性等特点,使得软件无线电不仅在军民无线通信中获得了应用,而且将在其他领域,如电子战、雷达、信息化家电等领域得到迅速发展。

4.4.2.2　高功率电磁脉冲武器在 IED 反恐中的应用

通过世界范围内的调查统计,对伊拉克战争中发现的 IED,采用传统电子对抗方式和高功率电磁脉冲方式两种对抗方式的有效性进行了比较,发现高功率电磁脉冲方式作用有效的比例达到 77%。"高功率微波"(HPM)是指峰值功率超过吉瓦、频率为 1~300GHz,跨越厘米波和毫米波范围的辐射,利用定向发射的强大功率微波射束能力,直接杀伤目标或使目标失去作战效能的武器。近年来在文献资料中常看到"HPM/RF technology""HPM/RF weapon"这类词汇。与传统武器相比,HPM 利用最少的目标特征信息对目标进行攻击,没有严重的传输问题,产生的附带损伤很小,其全天候攻击速度为光速,从发射到击中目标所需的时间很少、速度快、命中率高、瞄准和跟踪简便、威力大,可在瞬间击毁电磁波束内的多个目标,能够对敌方武器系统、信息系统和通信链路中的敏感电子部件进行干扰和毁伤。高功率电磁脉冲武器典型应用场景如图 4.18 所示。

德国从事军工产品研发的 DIEHL BGT Defence 公司开发了扫雷和清除 IED 的 DS 系列高功率电磁脉冲功率源。据 DIEHL 公司报道,他们向驻伊美军提供了 10

第4章 电子战的异军突起：现代战争中的电磁频谱战

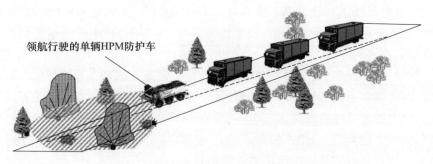

图 4.18　高功率电磁脉冲武器的典型应用场景

部 DS 系列高功率电磁脉冲源设备，作为陆军护卫之用。这些高功率微波武器被主要用来干扰引爆简易爆炸装置，美军在伊拉克战场应用 DS 系列高功率电磁脉冲源场景如图 4.19 所示。

图 4.19　美军在伊拉克战场应用 DS 脉冲源场景

HPM 由高功率微波源、高功率微波器件、高增益定向天线、发射装置、控制系统和其他辅助设备构成，如图 4.20 所示。高功率微波武器就是把高功率微波源产生的微波经过高增益天线定向辐射出去，将微波能量集中在很窄的波束内，以极高的强度射向目标，从而干扰或烧毁敌方武器系统的电子器件、控制装置及计算机系统，使它们中断工作、失效或者毁坏，从而降低敌方武器系统的作战效能。

图 4.20　高功率微波武器组成示意图

按照辐射频谱来划分，HPM 通常分为窄带 HPM 和超宽带 HPM 两种。其中，窄带 HPM 的波束很窄，能量集中，硬杀伤效果好；超宽带 HPM 称为电磁脉冲武器更为合适一些，它波束较宽，攻击的范围大，一般用于软杀伤。HPM 的杀伤机理主要有 3 种：一是热毁伤，电子设备或者武器表面吸收微波能量，引起过热，使电子设备失效，或使武器表面的物理形状变形，甚至烧毁；二是电毁伤，在高功率微波的辐射下，金属表面和导线将产生表面电流，并在终端节点产生电压，使电子设备出现电击穿；三是生物毁伤。HPM 的军事应用非常广泛，包括电子战、攻击性对空作战、海上作战并使敌方指挥控制中心和战略设施瘫痪。

在现代战争中各种军用电磁辐射体如雷达、通信、导航等辐射源的功率也越来越大，数量成倍增加，频谱也越来越宽，使战场的电磁环境变得异常复杂。这就给了电磁脉冲武器巨大的用武之地。HPM 的发展揭开了电子战硬武器发展的帷幕，将使武器发展发生划时代的变革。从 HPM 的威力和作战效能方面来看，它将可能成为未来战争的"杀手锏"。

4.4.3　反无人机领域中的电磁频谱战

2011 年 12 月 4 日，伊朗向全世界宣布其捕获了一架美国 RQ-170"哨兵"无人侦察机（图 4.21），并通过实物展示证实了这一新闻（图 4.22），这是美伊双方电磁交锋的典型战例，不仅突显出电磁频谱空间无形较量分外激烈，更表明电磁频谱对抗在现代信息化战争中举足轻重的地位。

图 4.21　RQ-170"哨兵"无人侦察机

第4章 电子战的异军突起：现代战争中的电磁频谱战

图4.22 伊朗公开展示的被"击落"的 RQ-170 无人侦察机

有媒体透露了 RQ-170 无人侦察机被控制的一种说法：利用从先前被击落的美无人机身上收集到的信息，伊朗专家当时重构了这架无人机的 GPS 坐标，使其降落在伊朗境内，降落的这架无人机误认为自己降落在美军的阿富汗基地。伊朗工程师透露：GPS 是无人机的薄弱点，通过对通信进行干扰，迫使这架无人机进入自动驾驶状态，而正是因此这架无人机变成了无头苍蝇。伊朗人利用的这种欺骗技术考虑到了着陆的高度以及经纬度数据，让这架无人机自动着陆在希望它降落的地方，而无须破译来自美国指挥中心的遥控信号和通信联系。这名工程师说，这些技术是通过近年来截获或击落的不太尖端的美国无人机开展逆向工程获得的，是沾了 GPS 信号微弱、易于操纵的光。

伊朗国家电视台展示了这架无人机，从画面上看这架飞机的左翼有一个凹陷，起落架和起落装置被反美横幅盖住。这名工程师解释了其中的原因：对我们使其着陆的地点和这架飞机基地的位置进行了对比可发现，它们几乎有同样的海拔高度，但由于与准确的高度存在几米的误差，这架飞机腹部着陆时受到损坏，所以在播出的电视画面上那一块被遮盖了。西方军事专家和许多已发表的有关 GPS 欺骗性的报告认为，这名伊朗专家的讲述情况听上去是真的。美国《基督教科学箴言报》网站 2011 年 12 月 15 日报道：前美国海军电子战专家罗伯特登斯莫尔说，甚至连现代作战级的 GPS 都非常容易被操纵，重新校准无人机上的 GPS 并使其改变飞行航线，这当然是可能的，虽然不容易，但这种技术的确存在。

在该事件发生之后，各国媒体和专家站在不同的角度对此事件进行了分析与报道,主要的观点归纳如下:美国列克星敦研究所的分析家劳伦·汤普森表示从他所了解的一切来看,损失的这架无人机确实是 RQ-170 无人侦察机,但他认为伊朗人没有办法探测或射击 RQ-170 无人侦察机。他认为伊朗几乎没有可能击落 RQ-170 无人侦察机,因为该机是隐身的,因此伊朗的防空系统没法发现它,伊朗使用某种赛博攻击手段击落该机同样是非常不可能的,原因之一也在于此。RQ-170 无人侦察机设计在存在陆基防空系统威胁,而没有巡逻战斗机之类严重空中威胁的作战环境中使用。阿富汗西部正是这样一种环境。他说 RQ-170 无人侦察机有着与 RQ-4"全球鹰"无人侦察机类似的失去联络后自动返回基地(RTB)的设计,因此它在与地面站失去联络后本应自动返回出发基地,最终坠毁可能是因为机上的硬件或软件发生了故障,而不是因为被击落。

从电磁频谱战的角度出发来分析该事件:RQ-170 无人侦察机在干扰掉其测控链路的基础上,利用 GPS 卫星导航欺骗技术使其降落到指定地点,这点在技术上是可行的,即通过 GPS 卫星导航欺骗技术实现对干扰目标的位置坐标重构。

4.4.4　EA-18G 先进电子战飞机首次参与实战

2011 年 3 月 19 日(利比亚当地时间),以美、英、法为首的多国联军开始了针对利比亚的军事行动,美军代号"奥德赛黎明"、英军代号"依拉米"、法国代号"哈马坦",从而拉开了利比亚战争的序幕,其作战目的是打击和削弱卡扎菲政府军的作战能力,帮助反对派武装力量推翻卡扎菲的独裁统治。

在这次军事力量对比悬殊的战争中,联军的电子战行动贯穿整个战争过程中,呈现出了一些新的特点。其中特别值得一提的是美国海军一共派出了 5 架 EA-18G"咆哮者"新型电子战飞机(图 4.23)参战,这是该型飞机服役以来首次参加实战,主要作用是破坏利比亚的防空雷达系统。EA-18G"咆哮者"电子战飞机是在美军 F/A-18E/F"超级大黄蜂"战斗攻击机的基础上发展而来的,它不仅拥有新一代电子对抗装备,同时还保留了 F/A-18E/F 全部武器系统和优异的机动性能,还能较好地遂行机载电子攻击(AEA)任务,所以 EA-18G"咆哮者"电子战飞机既是当今战斗力最强的电子干扰机,又是电子干扰能力最强的战斗机,从 2010 年开始逐步替换现役的 EA-6B 电子战飞机。

EA-18G"咆哮者"电子战飞机拥有十分强大的电磁攻击能力,机载 ALQ-218(V)2 战术接收机(通常被看作是"系统的核心")和 ALQ-99 低频段/高频段干扰机吊舱(其中两部高频段吊舱位于机翼,一部低频段吊舱位于中心线)可以高效地执行对敌雷达系统的压制任务。以往的电子干扰往往采用覆盖某频段的梳状谱干扰方式,起效的前提是敌方雷达仅仅工作在若干特定频率。这种方式将有限

第4章 电子战的异军突起：现代战争中的电磁频谱战

图4.23 在利比亚上空执行干扰任务的EA-18G"咆哮者"电子战飞机

的干扰能量分散在较宽的频带上，付出功率代价太大，干扰效率较低。当具有跳频（FH）能力的抗干扰系统出现之后，传统干扰方式无法有效应对每秒钟发射频率都要跳动数次的电台和雷达，干扰效率明显下降。EA-18G"咆哮者"电子战飞机可以通过分析干扰对象的跳频图谱自动追踪其发射频率，并采用机载"长基线干涉仪（LBI）测向天线"对辐射源进行精确定位以实现"跟踪－瞄准式干扰"。这种措施大大集中了干扰能量，首度实现了电磁频谱领域的"精确打击"。采用上述技术的EA-18G"咆哮者"电子战飞机可以有效干扰160km以外的雷达和其他电子设备，作战效能大大提高。

安装在"咆哮者"飞机机首和翼尖吊舱内的ALQ-218(V)2战术接收机是目前世界上唯一能够在对敌实施全频段干扰时，仍能实现正常电子监听功能的系统，这项功能被研制方诺斯罗普格鲁曼公司称为"透视"。ALQ-218(V)2接收机子系统既可以让敌方无法正常通信，但同时又可以对敌方实施正常的电子监听。另外，EA-18G"咆哮者"电子战飞机还装载有通信对抗系统（CCS）和干扰对消系统（INCANS），即在对外实施干扰的同时，采用主动干扰对消技术保证己方甚高频（UHF）话音通信的畅通，这就使得EA-18G"咆哮者"电子战飞机可在机载电子攻击任务的关键阶段进行通信，并将信息传递给作战空间内的其他参战单元。

4.5 电磁频谱战装备与技术的进展

20世纪90年代发生的海湾战争和科索沃战争是电子战进入体系对抗历史发

展时期的一个显著标志,也是现代化战争发展的必然结果。这一发展阶段是电子战概念、理论、技术、装备、训练和作战行动的又一个繁荣时期,体现了现代战争中以电子战为先导并贯穿战争(战役/战术作战行动)始终的军事思想,信息战已经初露端倪,体系对抗则成为打赢高技术现代化战争或者局部战争的决定性力量之一。

此后发生的科索沃战争则是美国及其北约盟国试验新军事战略思想、信息作战行动概念以及新概念电子攻击武器的战场。在这场战争中,美国及其北约盟国采用海湾战争成功的经验,以战前天、空、地综合一体化的多层次、多平台、多系统电子情报侦察为先导,以电子战飞机为主要的突击作战力量,先发制人地攻击并压制了南联盟的指挥控制通信网和防空防御系统,以确保后续的空袭作战平台及远程精确打击武器的顺利突防。

在近20年的几场军事冲突中,电子战作为一种独立的作战方式,成为不对称战争环境中具有信息威慑能力的主战武器和作战力量。

1999年科索沃战争,多国部队以强大的电磁优势作保障,经过78天空战,以1架F-117和2架F-16战斗机的微小损失,迫使南联盟签订停战协议。

2001年阿富汗战争,面对弱小的塔利班武装,美军依然谨慎地实施电子战作战。

2003年伊拉克战争,在美军压倒性的电子战优势和火力下,"开机,找死;关机,等死"成了伊军防空雷达无法摆脱的宿命。

在2011年利比亚战争中,美国出动了EA-18G、EP-3E、EC-130H、RC-135等电子战飞机,为联军提供了强大的电子侦察和电子攻击能力,成功摧毁了利比亚的防空力量。

海湾战争和科索沃战争对电子战理论的发展具有非常重大的意义。电子战非但是不可或缺的作战力量之一,而且已经成为一种威慑力量,必将在现代化战场上发挥越来越重要的作用。这一阶段电子战理论的发展,在世界范围内引发了一场新军事变革的大讨论,其涉及范围之广,参与层次之高,都是前所未有的。经过这场大讨论,最终形成了信息作战和信息战理论。

这一阶段,军事电子技术突飞猛进,军事电子信息装备日新月异,电磁环境日趋复杂,电子战作为现代武器装备的核心技术与能力,已成为掌握信息控制权、战场主动权和战争制胜权的重要手段。电子战装备不断创新,涌现出GPS干扰机、电子战无源探测系统、高功率微波武器等新型电子战武器。这一时期具有代表性的典型电子战技术装备归纳总结如表4.1所列。

第4章 电子战的异军突起：现代战争中的电磁频谱战

表4.1 这一时期具有代表性的典型电子战技术装备列表

1990—2000年	ALE-50先进机载投掷式诱饵	1994年对ALE-50进行了作战评估。随后部署于F-16、F/A-18E/F、B-1B电子战飞机。AN/ALE-50(V)是一种拖拽式一次使用射频诱饵，由发射器、发射控制器和拖曳诱饵组成。诱饵控制器/监视电路安装在发射控制器内，发射器中通常容纳3枚诱饵。拖曳诱饵由接收天线、固态放大器、调制器、行波管和发射天线组成，它基本上是一个转发器，不需做任何信号处理。发射时，飞机拖着诱饵，诱饵通过转发欺骗信号，将射频制导导弹引离飞机，从而达到保护飞机的目的
	对ALQ-99战术干扰系统进行多项升级改进	1990—2000年，ALQ-99进行了多项升级改进。具体包括通用激励器升级(UEU)、增加9/10频段发射机、对7/8频段的发射机进行升级
2000—2010年	ALR-94电子战系统	ALR-94是F-22先进战术战斗机一体化传感器系统的重要组成部分，它可提供全波段、全方位覆盖，具有雷达告警、电子支援等功能，探测跟踪和识别距离可达460km。该系统具有两种功能，一是敌机雷达对F-22战斗机进行搜索时作无源侦察；二是针对近距离高威胁辐射源提供导弹攻击所需全部信息，引导空空导弹实施攻击
	ALQ-99战术干扰系统	完成低频段发射机(LBT)升级，扩展了频率覆盖范围，增强对通信干扰的能力。2010年，ALQ-99首次安装于EA-18G电子战飞机
	"水面电子战改进项目"(SEWIP)	"水面电子战改进项目"(SEWIP)是一个多阶段项目，替代20世纪70年代研制的AN/SLQ-32反舰导弹防御系统，旨在增强舰船的反舰导弹防御能力，同时还提供目标瞄准、反监视以及态势感知能力。该项目Block 1于2002年启动，主要是更新控制部件并增加了新型个体辐射源识别和高增益/高灵敏度接收机。2009年，洛克希德·马丁公司获得Block 2的合同。Block 2将采用新型、功能更强的宽带数字接收机系统替代SLQ-32现有的电子支援(ES)系统
2010—2020年	MALD-J微型空射诱饵-干扰机	MALD-J是MALD的改进型，除提供与MALD相同的功能，还增加了干扰敌方雷达的能力。MALD-J在诱饵和干扰模式间切换，能够迷惑敌人的雷达或对其实施电子攻击，帮助友军进入敌防空区
	"水面电子战改进项目"(SEWIP)	该项目共分为4个阶段，阶段1和阶段2已进入生产阶段，2015年2月，美国海军将Block 3的初步设计(PD)合同授予诺格公司。该阶段将开发新型高功率电子攻击能力，以对付现代岸基、舰载雷达以及先进反舰巡航导弹
	"反电子高功率微波先进导弹项目"(CHAMP)	项目研发的高功率微波武器在空中飞行时，发可调节的高功率微波，将能够较好压制电子目标，使目标范围内的所有电子设备停止运行。2011年，高功率微波弹进行首次试飞。在这次试验中，美国空军将AGM-86空射巡航导弹(ALCM)改装成高功率微波弹，通过B-52隐身轰炸机平台发射

(续)

2010—2020 年	"下一代干扰机"（NGJ）	美海军积极研发下一代干扰机,旨在以更高功率的一体化干扰机取代现有的 ALQ-99 系统。2014 年 10 月进行的飞行试验中,美海军下一代干扰机首次在机载配置下,集成电子对抗措施、网络操作与信号情报,有效对抗先进雷达威胁,表现良好。下一代干扰机将采用氮化镓技术以增强干扰功率,同时还将采用波束捷变干扰技术、固态电子技术,所有这些技术将集成到开放式体系结构中,便于未来升级。一旦可以部署,下一代干扰机将安装到海军的 EA-18G"咆哮者"电子战飞机上

下面,对从海湾战争至今电磁频谱战技术与装备的发展进步进行详细的归纳总结。

4.5.1 雷达对抗技术与装备发展的新特点

4.5.1.1 有源相控阵和氮化镓革新雷达对抗系统的形态

雷达对抗系统的性能很大程度上取决于天线组件、功率器件等基础部件的发展水平。这一时期,雷达对抗系统开始采用宽带有源相控阵（AESA）和氮化镓（GaN）器件,显著提升了系统性能。

虽然有源相控阵在雷达中的应用已经十分成熟,但雷达对抗用的有源相控阵所要求的功率、带宽和占空比都远远高于雷达,工程实现难度较大,故 AESA 近几年才开始逐步用于雷达对抗。有源相控阵给雷达对抗系统带来的性能提升主要体现在以下几个方面。

（1）增强干扰信号的有效辐射功率。使用有源相控阵可以聚焦形成高增益的干扰波束,相对于传统的低增益宽波束,可以更高效地放大干扰信号,显著提升对目标的电子攻击效能,同时还降低了对己方其他作战平台产生的电磁自扰。

（2）增强多目标对抗能力。有源相控阵的波束形成非常灵活,可以在宽频带内形成多个同时波束,每个波束可以发射具有不同频率和干扰样式的干扰信号,从而可以针对多个不同频率上的威胁目标同时实施高效干扰,这在雷达对抗的发展史上具有划时代的里程碑意义。

（3）功率损耗小。与基于行波管的阵列架构相比,有源相控阵在阵元上采用固态放大器减少了阵列对原始功率的损耗,因而效率更高。即使行波管能够产生更大的功率,但将功率馈给所有阵元时发生的损耗较大,效率明显低于有源相控阵所采用的固态器件。

（4）抗反辐射攻击。由于有源相控阵可以形成窄波束，使平台被反辐射导弹攻击的概率显著下降。

雷达对抗系统在过去主要使用电子管和行波管在宽频带内获得大功率。主要原因是半导体技术无法在从高频到 100GHz 的宽频带范围内提供雷达对抗所需的功率电平。近年来氮化镓技术的成熟打破了电子战功率器件领域内行波管一家独大的局面。与传统的行波管和砷化镓器件相比，氮化镓器件给雷达对抗系统带来的性能提升主要体现在以下几个方面。

（1）功率更强。氮化镓器件的功率效率与砷化镓器件相当，但氮化镓器件的功率密度比砷化镓器件高 5 倍以上，可以使电子电路的体积更小，有效减少功率组件的体积和重量。在尺寸、重量和功耗受到制约的平台上，使用氮化镓技术可以获得更高的功率。

（2）带宽更宽。固态器件的瞬时带宽要远远高于真空管器件，而氮化镓器件的带宽也比砷化镓器件更有优势。

（3）寿命更长。氮化镓器件的寿命比行波管的寿命长很多。行波管的寿命通常是 10 万个小时，比典型的电子战系统的寿命要短。而氮化镓器件能够在结点温度高达 200℃ 的条件下连续工作 100 万个小时，远远超出典型的雷达对抗系统的服役时间。

美国海军的"下一代干扰机"（NGJ）就是采用了雷声公司的宽带有源相控阵和氮化镓器件，实现了雷达对抗性能的跨代提升。2016 年 4 月 5 日，经美国国防部副部长弗兰克·肯德尔批准，NGJ 增量 1 项目正式进入工程制造开发阶段，在 2017 年初至年中完成系统级关键设计审查，最终定型并进行试生产和组装。根据计划，NGJ 增量 1 项目于 2019 年 3 月进行全功能干扰吊舱的首次试验，并于 2019 年 8 月进行低速初始生产，最终于 2021 年 6 月形成初始作战能力。

除了新研的下一代雷达对抗系统，美军还积极利用有源相控阵和氮化镓技术对现役的雷达对抗系统进行升级，提升现役装备的性能。如美国海军"水面电子战改进项目"（SEWIP）的 Block 3 阶段也采用了雷声公司的有源相控阵和氮化镓高功率放大器，为 AN/SLQ-32 提供改进的电子攻击能力。2016 年，诺斯洛普·格鲁曼公司宣布 SEWIP Block 3 的 AN/SLQ-32(V)7 电子战系统已通过关键设计评审，标志着 Block 3 的研制获得重大进展。

有源相控阵和氮化镓技术的结合不仅可以提供更高的功率电平和更大的带宽，还可以提供灵活的波束控制和多波束能力，这将从根本上改变雷达对抗系统的形态，是雷达对抗装备发展史上的重要里程碑。

4.5.1.2 无人机成为重要的雷达对抗平台

随着无人机作战应用的不断扩展和雷达对抗装备小型化程度的不断提升，基于无人机平台开展雷达对抗已成为研究热点。与有人驾驶飞机相比,无人机实施雷达对抗具有以下优点。

(1) 无人机操作简单、部署快捷灵活、实时性强、可回收、效费比高且不会造成人员伤亡。

(2) 无人机雷达截面积小,不易被敌方发现,因而可以飞临敌方空域实施抵近对抗。

(3) 成本低廉的小型无人机可以实现群组作战,具有分布式、协同、抵近等特点,有可能催生出全新的雷达对抗作战样式。

美国在雷达对抗无人机的研制和发展方面一直走在世界的前列,大力研究和演示新型的电子战无人机。在研的装备包括空军的 TR - X 长航时隐身无人侦察机、海军的"战术侦察节点"(TERN)无人机等。此外,美国国防高级研究计划局(DARPA)、战略能力办公室和海军研究办公室等诸多机构都在积极研发无人机群组作战概念与技术,开展了"小精灵(Gremlins)""蝗虫"等一系列研究项目。

DARPA 的"小精灵"项目于 2015 年 9 月公布,计划研制一种部分可回收的电子战无人机蜂群。这种无人机蜂群可迅速进入敌方上方,通过压制敌方导弹防御、切断通信等措施击溃敌人。2016 年 3 月,该项目授出第一阶段合同,正式进入技术开发阶段。2017 财年该项目进行初步工程化、制定系统和子系统风险降低试验计划、发展目标系统概念、开展任务能力预测并完成初步设计评审。

无人机因体积、重量和功率受到较大的限制,目前执行的雷达对抗任务以电子支援措施(ESM)和电子情报(ELINT)任务为主。但随着雷达对抗设备小型化和智能化程度的持续提升以及战争形态向无人化战争的演进,雷达对抗平台无人化是大势所趋,无人机将成为重要的雷达对抗平台。

4.5.1.3 平台外投掷式雷达对抗系统蓬勃发展

近年来,平台外投掷式有源雷达对抗系统发展迅速,采购量持续增加,性能不断提升。主要的型号包括:从飞机平台上投掷的"微型空射诱饵 - 干扰机"(MALD - J)和"亮云"(BriteCloud)诱饵,从舰船平台上投掷的"纳尔卡"(Nulka)诱饵等。

MALD - J 是雷声公司研制的一型空射诱饵干扰机,具有干扰机和诱饵两种工作模式,在使用时可由作战人员选择具体的工作模式。MALD - J 能够模拟美军及其盟军飞机的作战飞行特征,可以迷惑敌方的防空系统。MALD - J 还具备干扰雷达的能力,可以对敌防空系统实施主动的电子攻击。MALD - J 可由任何可携带 AIM - 120 先进中程空空导弹的飞机发射,但目前美国空军只有 F - 16 战斗机和 B - 52 轰炸机装备了 MALD - J。美国空军希望获得资金支持,将 MALD - J 装备到绝大多数战斗机和轰炸机上。美国空军在 2015 年签署的 MALD - J 全速生产采办决议备忘录中要求雷声公司及其供应商大批量地生产 MALD - J。2016 年 6 月 29

第4章 电子战的异军突起：现代战争中的电磁频谱战

日,美国空军再次与雷声公司签署了价值1.185亿美元的第9批次 MALD-J 生产合同。美国空军在持续增加 MALD-J 生产的同时,还在开展相关的性能升级工作。2016年7月,美国空军授予雷声公司一项价值3480万美元的演示验证项目合同,用于改进 MALD-J 的电子战载荷和飞行能力。改进型号被命名为 MALD-X,于2018年3月完成飞行演示验证。

美国海军对 MALD-J 也存在潜在的需求。2015年底,美国海军研究实验室(NRL)和雷声公司通过系留飞行试验演示验证了 MALD-J 上的电子战有效载荷的模块化快速可更换架构。在此次试验中,美国海军专门为 MALD 平台设计了4种独立开发的电子战有效载荷,可用于12种作战相关任务。每种有效载荷针对不同的任务和威胁,并可以相互切换。NRL 的相关负责人称,新载荷的设计具有较高的效费比,扩展了 MALD 的能力,可完成新的任务和目标设置,以解决有效载荷过时的问题。美海军未来可能开发海军专用的 MALD,并命名为 MALD-N。MALD-N 未来有望执行海军的防区内干扰任务。

在国际市场上,MALD-J 的主要竞争对手是 Selex ES 公司开发的"亮云"诱饵。"亮云"诱饵是一种可编程的快速响应投掷式射频诱饵。"亮云"诱饵集成了一部小型接收机和一部紧凑型高功率数字射频存储器干扰机,能够对雷达制导导弹进行末段对抗。"亮云"诱饵可人工投放或从飞机的箔条/曳光弹投放器投放,投放后能够探测并识别火控雷达或来袭的雷达制导导弹信号,然后发射诱饵信号,诱使威胁跟踪诱饵而非飞机。该诱饵采用的欺骗技术能够产生具有特定多普勒特征的假目标干扰。"亮云"诱饵于2013年首次亮相,其初始生产型号采用了标准曳光弹药筒的尺寸。2015年,Selex ES 公司在 JAS-39"鹰狮"战斗机上对"亮云"投掷式有源诱饵进行了首次飞行试验。2016年初,英国皇家空军已采购了"亮云"有源诱饵,并在"狂风"GR4 飞机上成功进行了评估测试。此外,Selex ES 公司目前还在研发一种长度为218mm 的正方形投放器,该投放器与 F-16 战斗机上安装的 ALE-47 投放器相兼容,这表明"亮云"诱饵瞄准了全球列装最多的 F-16 战斗机。

"纳尔卡"(Nulka)反舰导弹防护系统是美国和澳大利亚联合研制的一种舷外有源诱饵系统。该系统可以模拟舰船目标的信号特征,吸引和诱偏来袭的反舰导弹。Nulka 目前已经在美国、加拿大和澳大利亚海军的140多艘舰船上进行了部署,并成为美国"伯克"级驱逐舰上的标配电子战装备。2014年7月,澳大利亚国防部批准了 Nulka 能力升级项目。该项目预计耗资6890万美元,主要对 Nulka 老化的火控和发射子系统进行升级,并研制新一代的发射系统。升级完成后,Nulka 系统将首先安装在澳大利亚皇家海军的"安扎克"级(MEKO 200)导弹护卫舰和"霍巴特"级导弹驱逐舰(Hobart Class Destroyer)上。新一代 Nulka 升级系统有望在2020年左右形成作战能力。

这些平台外投掷式雷达对抗系统虽然是一次性使用的,但都采用了先进的有源对抗技术,性能远远高于传统的诱饵系统。

技术花絮——有源诱饵

有源诱饵一般是指通过主动发射信号的方式来引诱跟踪系统和制导系统的假目标。通常分为雷达诱饵、红外诱饵、激光诱饵和声诱饵。从结构上,可以分为飞行式、拖曳式和悬浮式诱饵。使用有源诱饵时,技术上一般要满足以下要求。

(1) 有源诱饵辐射的能量要大于被保护目标;
(2) 有源诱饵辐射的信号特征要接近被保护目标或与之相同;
(3) 诱饵形成过程中应与被保护目标处于跟踪系统的同一分辨单元内。

有源诱饵是飞机和舰船进行自卫的有效手段。如图4.24所示,目前较先进的有源诱饵包括:MALD、"亮云"诱饵和Nulka诱饵。

(a) MALD　　　　　　　(b) "亮云"诱饵　　　　　　(c) Nulka诱饵

图4.24　典型的有源诱饵

4.5.1.4　网络化分布式协同对抗成为主流的对抗形式

美军于1997年将网络中心战确立为军事力量转型和联合作战的指导思想,经过20年的发展,网络中心战已经全面重塑了美军的作战模式,从传统相对分离的平台中心作战模式发展到各作战单元和要素紧密连接与协同的网络中心战模式。网络中心战提供了作战平台之间的互联、互通、互操作能力,使整个作战系统的能力提升不只取决于平台,更多取决于多个平台的网络化集成。在此大背景下,雷达对抗的作战形式也从传统的单机对抗发展到网络化分布式协同对抗。

美国海军的新一代电子战飞机 EA-18G 就具备了强大的网络化分布式协同对抗能力,主要体现在以下几个方面。

(1) EA-18G 上装备了"多功能信息分发系统"(MIDS)、"多用途先进战术终端"(MATT)等网络中心通信系统,可以与其他飞机共享相关的电子攻击数据,并增强整体的态势感知能力。

(2) Link-16 数据链能在 EA-18G 和参战的各种战斗机、支援飞机(E-2D、"铆钉"等飞机)以及舰船等平台间自动交换数据。攻击飞机上的雷达告警接收机(RWR)可以请求 EA-18G 对威胁信号和威胁定位信息进行确认,EA-18G 根据攻击飞机上的 RWR 请求可以迅速给出高可信度的威胁方位或者删除模糊信号;而 EA-18G 在其传感器效果不佳时也能接收到来自其他平台更新的信号活动信息;网络中最精确的传感器获得的参数信息可以被编入一个辐射源文件中,并通过网络实现共享。

(3) Link-16 有助于通过干扰识别消除友军间的电子攻击互扰,通过 Link-16 能将各平台干扰活动状况以及参数报告给己方其他系统,使其对接收到的辐射信号进行自动识别并判断是否是友军的电子攻击信号。

美国海军还在积极开发电磁战斗管理(EMBM)系统,旨在将不同军种和不同平台上的雷达对抗系统(MALD-J、NGJ 等)整合成为一个网络,开展网络化分布式的协同对抗。电磁战斗管理能力可对空中、地面和海上的电子战装备进行可视化的控制,实现联合对抗的实时指挥与控制。不同雷达对抗系统相互协调地工作,能够显著提升能力较弱的干扰机的作战效能,从而最大限度地发挥整个电子战网络的作战效能。

此外,美国陆军的电子战规划和管理工具等系统也可以协调陆军的传感器和雷达对抗装备,实现军种级的网络化分布式协同对抗。由此可见,网络化分布式协同对抗已成为主流的体系对抗形式。

4.5.1.5 电磁战斗管理成为战场电磁频谱管理的核心

随着作战形态的变革与演进,电磁频谱控制成为决定战争胜负的主导性因素。为此,美国期望通过联合电磁频谱作战(JEMSO)和电磁战斗管理(EMBM)构建统一的作战框架,以此来实现电磁频谱控制。电磁战斗管理是指对联合电磁频谱作战的动态监控、评估、计划和指导,形成完整的观察、判断、决策、执行(OODA)循环路管理,支撑整个作战方案。通过电磁战斗管理,可以主动将己方的能力配置到网络化的传感器/决策/目标瞄准/交战系统中,在拒止敌方使用电磁频谱的同时保护己方对电磁频谱的使用。

美国各军种都十分重视电磁战斗管理能力的建设,积极开展相关的项目和演练。例如陆军的"电子战规划与管理工具"(EWPMT)旨在提供一种电磁战斗管理能力,使电子战操作员/频谱管理员同指挥所之间更好地协调、合作、同步与共享信息。EWPMT 在 2016 实现了首次能力部署,并进行了成功的作战试验。

围绕电磁战斗管理,美军开展了多个项目。DARPA"先进射频测绘"(RadioMap)项目在 2016 年部署到了美国海军陆战队,为频谱管理人员和自动频谱分配系统提供了频谱"可视化"工具。美国海军进行的电磁机动指挥与控制(EMC^2)项目将开发出多功能先进射频架构的原型技术,在通用架构上集成电子战、雷达、通信和信息作战功能,可以更有效地进行电磁战斗管理。

4.5.1.6 雷达对抗进入认知时代

随着技术的发展,数字阵列雷达、软件定义雷达、认知雷达等新体制雷达不断出现,这些雷达可以实现超低副瓣的发射和接收、灵活多样的工作模式和复杂多变的信号样式,利用极少的脉冲个数即可完成对目标的探测。传统的雷达对抗系统大多是基于先验知识库对环境中的威胁信号做出响应的,雷达对抗系统将收到的信号特征与数据库中预先装订的雷达信号特征进行比较,如果相匹配,就能识别出该威胁并采用预先编程的对抗措施实施对抗。对于这些新体制雷达的信号,由于缺乏先验的特征信息,传统的雷达对抗系统难以截获、处理和识别,导致对抗效能明显下降。为了应对战场上新体制雷达的威胁,需要研究具有高度自适应能力的雷达对抗新技术。在此背景下,美国军方将先进的认知技术应用于电子战领域,开展了"自适应雷达对抗"(ARC)等项目,推动雷达对抗进入了认知时代。

ARC 项目是 DARPA 于 2012 年启动的一项为期五年的研究项目。目的是开发在短时间内(美军称为"战术相关的时间段内")对抗敌方新型雷达的能力,使电子战系统能够近实时地自动生成有效的对策来对抗新的、未知的或不明确的雷达信号,能够针对敌方雷达不同的工作模式和信号特征,随时调整干扰策略,以达到最佳的干扰效果。ARC 项目研究内容主要包括系统设计集成和先进算法开发两个方面。2016 年该项目在实验室环境中验证了原型样机对未知雷达信号的响应,取得了重大突破。2017 年完成了飞行测试。

此外,美国海军还开展了"下一代认知电子战技术"(Cognitive EW Tomorrow)项目,旨在将自适应、机器学习等算法应用于电子战中,提高电子战整体效能,加强海军对电磁频谱的掌控和利用能力。

可以看出,以提高电子战系统智能化水平为核心,具备自主感知能力、实时反应能力、准确打击能力以及评估反馈能力的认知对抗技术已成为雷达对抗的发展趋势。不仅下一代雷达对抗系统必须具备认知能力,而且当前的电子战系统也要提高其认知能力。美军当前已经计划将认知对抗能力部署到 F-35 战机和 NGJ 上。

第4章 电子战的异军突起：现代战争中的电磁频谱战

4.5.2 太空成为新的电磁频谱战场

侦察卫星自1959年出现以来迅速发展，是发射数量最多的一类卫星。根据任务和侦察设备的不同，侦察卫星通常分为照相侦察卫星、电子侦察卫星、导弹预警卫星、海洋监视卫星和核爆炸探测卫星等。在美国侦察卫星发展史上，照相侦察卫星发展最早，发射也最多，占侦察卫星总量的2/3以上。从技术上讲，照相侦察属于光电侦察的范畴，是一种典型的光波频段的无源侦察手段。这种卫星一般用高分辨率照相机、摄像机等设备，从轨道上对目标区拍照，从中获取情报。同航空摄影相比，侦察卫星在速度、高度、范围等方面更为优越，加之其在运行中没有振动，可以摄取大面积清晰的地面照片。为提高分辨率，这种卫星均运行于低轨道上。若在卫星上装设红外相机和多光谱相机，则可使卫星具有夜间侦察和识别伪装的能力。若装上成像雷达则具有全天候侦察的能力。侦察卫星一般都具有多功能和较长的寿命，其侦察的信息能实时或近实时地传输，以满足军事上准确、及时的要求。

4.5.2.1 照相侦察卫星

在照相侦察卫星领域，美国在种类、数量和技术的先进性上都居世界第一。1960年8月，美国成功发射了世界第一颗侦察卫星KH-1照相侦察卫星。至今，美国已发展了六代"锁眼"系列照相侦察卫星。"锁眼"系列卫星是美国照相侦察卫星系列，简称KH号，分详查型和普查型，其演变历程如图4.25所示。前三代普查型卫星的代号分别为KH-1、KH-5和KH-7；相应详查型的代号为KH-4、KH-6和KH-8。第四代代号为KH-9，也称"大鸟"号；第五代代号为KH-11，最新的为第六代KH-12。

第五代KH-11"锁眼"侦察卫星（图4.26），主要目的是增强对目标，特别是活动目标的实时侦察能力，以提高从空间获取侦察情报的时效性。它是一种不用胶卷而用无线电信道实时传输数字图像信息的照相侦察卫星，卫星上装有高分辨率摄像机，采用数字传输方式，还装载具有信息加工处理能力的专用设备。其主要遥感器是高分辨率CCD可见光相机、红外扫描仪、多谱段扫描仪和功能强大的反射望远镜系统。望远镜系统以巨大的放大率将地物的辐射能量引入视场，然后再送至每个遥感器进行光谱分离，形成的图像经放大、数字化后，传送到中继卫星或其他卫星，再转发至贝尔沃堡地面站。其上的高分辨率CCD相机能拍摄地面分辨率达0.15m的详查图像，能区分地面上的军人和平民，看清大型武器的装备细节。而星上的红外和多谱段扫描仪则可不分昼夜地确定导弹、车队和发射架的位置，并能把伪装和人工植被同真实植物和树木区分开来。

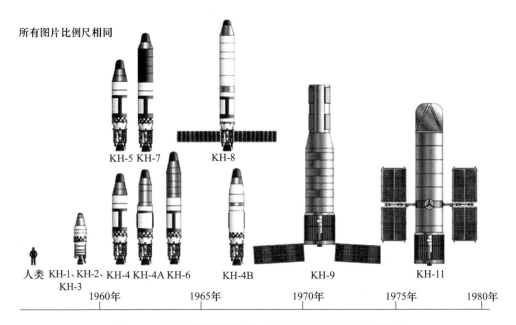

图4.25 美国"锁眼"照相侦察卫星的演变过程(见彩图)

图4.26 KH-11太空侦察卫星(见彩图)

1980年,一颗KH-11卫星发现苏联正在制造一艘比美国的"三叉戟"导弹核潜艇还要大的潜艇;同年KH-11卫星还观察到苏联在某地将SS-16和SS-20两种导弹并排摆放在一起,由此得出结论,苏联想利用其侦察卫星送回的照片来增加这两种导弹的外观相似性,以使美国无法核查苏联对第二阶段限制战略武器洽谈中关于限制弹道导弹协议的遵守情况。利用这种方法从空间获取一幅侦察照片，比用回收胶卷舱的办法快得多，这在战时特别重要。

第六代照相侦察卫星 KH-12（图4.27）于1989年8月由美国"哥伦比亚"号航天飞机成功发射，这是数字电视传输型侦察卫星。目前仍在轨运行，至今已经发射了4颗。其使用与"哈勃"空间望远镜一样的方式成像，其光学系统的相机采用了当今最尖端的自适应光学成像技术制成，可在计算机控制下随视场环境灵活地改变主透镜表面曲率，从而有效地补偿因大气造成的畸变影响，使分辨率达到0.1m，这是目前世界光学成像技术的顶级水平。星上的红外相机也有较大改进，它不仅是"夜猫子"，而且可发现地面伪装物、飞机发动机和大烟囱等有热源的目标。星上的高级"水晶"测量系统（ICMS）可使数据以网格标记传输。它还装有雷达高度计和其他用于测量地形高度的传感器。除第1颗KH-12卫星运行在800km的轨道外，其他3颗都运行在270～1000km的轨道上。KH-12卫星比KH-11卫星重得多，加满燃料时可达14～18t，燃料用完后可由航天飞机进行在轨加注，因而该星的机动变轨能力极强，具有无限制的轨道机动能力，设计寿命长达8年，其光学系统与KH-11卫星的光学系统稍有不同，即KH-12卫星增加了热红外谱段，故能探测伪装和埋置结构目标，对地下核爆炸或其他地下设施监测，探知导弹和航天器的发射，分辨出目标区内哪些工厂开工，哪些工厂关闭等。由于使用了更先进的技术，所以KH-12卫星的分辨率比KH-11卫星要高，达0.1m；星上装有一台潜望镜式的旋转透镜，能把图像反射到主镜上，因而卫星在大倾角的条件下也能成像；它采取了防核效应加固手段和防激光武器攻击的保护措施，并增装了防碰撞探测器。

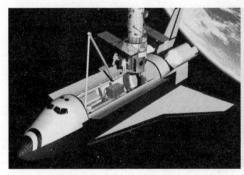
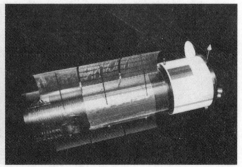

图4.27　KH-12太空侦察卫星（见彩图）

自KH-12卫星升空以来，已经在美国的全球军事战略中发挥了重要作用，无论是海湾战争、波黑冲突，还是北约空袭南联盟、阿富汗"持久自由"行动、伊拉克战争，KH-12卫星都扮演了重要角色。从目前美国公布的新的军事作战条例来看,KH-12卫星无疑是构成美国数字化战争的急先锋。

海湾战争期间,照相侦察卫星是根据"锁眼"计划部署的2颗KH-11和4颗KH-12卫星。这些卫星以平均两小时间隔飞越海湾地区一次,每次工作约10min,可以拍摄10~100km^{2}的目标。

在1999年北约空袭南联盟的行动中,美国动用了3颗KH-12卫星,其中2颗分别运行在昼夜轨道平面和晨昏轨道平面,轨道倾角97°,另1颗KH-12卫星运行在这两者之间,它能克服目标光照射对成像侦察的影响。它们每日飞过目标区域上方两次,并能对飞行轨迹东西两侧区域进行斜视成像,使7~10km的观测幅宽有较大扩展。

目前,现役的KH-12卫星的分辨率最高。在2011年多国联军对利比亚发动空袭前,美国利用KH-12卫星确定了利比亚地面部队与防空火力的部署情况,并对空袭打击的效果进行评估,在联军的空袭中发挥了重要作用。

不过,像KH-12这样的光学成像侦察卫星有一个先天不足,即天气不好时难以完成任务。于是,美国开始研制雷达成像侦察卫星,它不仅能全天候随时工作,还能透过地表,发现藏在地下数米深处的设施。但这种成像侦察卫星的分辨率稍低,目前最高为0.3m。在1991年美军对伊拉克实施"沙漠风暴"行动之前,萨达姆让其精锐的共和国卫队进入掩体,以躲避轰炸,保存实力。这一招让美国KH-12卫星成了"睁眼瞎",但是,美国用"长曲棍球"雷达成像侦察卫星像X射线机一样透视了伊拉克掩体"内幕",结果使所有藏在沙堆下的伊军坦克、管路暴露无遗,"莫名其妙"地遭到美军痛打。

技术花絮——光学成像侦察卫星

光学成像侦察卫星又叫照相侦察卫星,是成像侦察卫星的一种,主要工作在可见光和红外谱段,可在单一谱段或多个谱段进行成像,具有图像直观、分辨率高的特点。光学成像侦察卫星的缺点是受天气影响较大,阴雨云雾天气和夜间都会"看"不清楚,为了实现全天候、全天时的工作,通常会与雷达成像卫星配合使用。为了保证成像的分辨率,光学成像侦察卫星一般会选择在低轨道或太阳同步轨道运行,卫星的轨道高度普遍只有几百到一千千米,只有极少数光学侦察卫星为了追求成像幅宽,才会运行在高度超过两千千米的轨道上。由于卫星的运动和地球自转,光学成像侦察卫星相对地面的位置是在不断移动的,因此缺乏对时间敏感目标的持续侦察跟踪能力。

目前最先进的光学成像侦察卫星就是美国的KH-12卫星,其运行轨道高

第4章 电子战的异军突起：现代战争中的电磁频谱战

（续）

度为270~1000km,对地面的成像分辨率可达0.1m。除此之外,KH-12卫星还有以下特点。

（1）采用大型CCD多光谱线阵器件和凝视成像技术,使卫星同时具备高分辨率成像和多光谱成像的能力；

（2）星载光学传感器结合图像增强技术大大提高了低光度条件下的成像质量；

（3）载有大量燃料,使卫星变轨能力很强,能满足现代战争的需要；

（4）通过跟踪与数据中继卫星可实现大量高速率的图像数据实时传送,因此能在全球进行实时侦察；

（5）星上装有GPS接收机、雷达高度计和水平传感器等,对目标定位十分准确。

4.5.2.2 导弹预警卫星

在20世纪50年代后期,苏联研制出洲际弹道导弹,而当时美国对它束手无策。在这种形势的逼迫下,美国才开始研制导弹预警卫星,并于1961年完成了世界首次发射。

海湾战争期间,国防支援计划（DSP）导弹预警卫星在伊方"飞毛腿"导弹发射后的30s内即探测到了导弹阵地的位置,为"爱国者"导弹提供了1min左右的预警时间,战争后期,已能对"飞毛腿"导弹提供4min左右的预警时间。因此,可以说"爱国者"成功拦截"飞毛腿",导弹预警卫星的早期预警是关键。正是在海湾战争时期,这种卫星通过与"爱国者"导弹的默契配合,完成了大量反导作战任务,一夜之间成为家喻户晓的明星。

"国防支援计划"系统是在冷战时期为战略导弹发射预警而研制与部署的系统,受海湾战争的启发,美国国防部研制了下一代预警卫星系统,以提高对战术导弹的预警能力。经过多种方案的对比,从降低计划费用和满足战术应用要求两方面考虑,美国国防部1991年底提出了"天基红外系统"计划。该系统将取代"国防支援计划"系统,用于探测助推段与中段飞行的弹道导弹,所提供导弹发射的预警信息,可满足21世纪美军对全球范围内战略和战术导弹预警的需要。"天基红外系统"由高轨道部分和低轨道部分组成,其中高轨道部分包括4颗地球同步轨道卫星及2颗大椭圆轨道卫星,它们将装备高扫描速度和高分辨率的红外探测器,而低轨道部分称为"空间与导弹跟踪系统",由12~24颗低地球轨道卫星组成。"天基红外系统"能透过大气层探测和跟踪导弹飞行时火箭发动机排出的火焰。在导弹起飞后10~20s内把信息传输给作战指挥机关,并引导反导弹武器对目标进行拦截。据估计,第一颗大椭圆轨道卫星与第一颗地球同步轨道卫星分别于2001年与2002年发射,低轨道卫星从2006年开始发射,整个计划估计耗资200亿美元。"天基红外系统"在21世纪初投入运行后,可使战术导弹的预警速度与精度比目前的"国防支援计划"系统提高10倍以上。

技术花絮——导弹预警卫星

导弹预警卫星是一种用于发现和监视敌方战略弹道导弹发射的预警卫星。冷战时期由于美、苏两个超级大国核军备竞赛的不断升级,装备核弹头的弹道导弹尤其是洲际弹道导弹成为主要的核威慑力量。为了及时发现对方有可能实施的先发制人核打击,从而确保己方有足够的反应时间,美、苏两家都不惜巨资建立了一套完备的战略预警系统。导弹预警卫星就是在这套系统当中至关重要、不可或缺的关键组成部分。预警卫星通常在地球同步轨道和大椭圆轨道上运行,由数颗卫星组成覆盖全球的预警网络,主要用途是对正在处于上升段的弹道导弹进行识别和监控。

导弹预警卫星一般在高轨道上运行,它主要利用高灵敏度和高分辨率的红外探测器探测来袭导弹助推段发动机尾焰的红外辐射,并配合使用电视摄像机跟踪导弹,及时准确判明导弹并发出警报,其探测效果如图4.28所示。导弹预警卫星可不受地球曲率的限制,居高临下地进行对地观测,具有监视区域大、不易受干扰、不易受攻击的特点。

美国、苏联在20世纪70年代相继发射了各自的第一代预警卫星,目前已经发展到了第三代产品。2009—2014年,我国相继成功发射了多颗"前哨"系列天基红外预警卫星,也初步建成了能够覆盖全球主要地区的太空导弹预警网络,成为继美、俄之后第三个掌握这件"国之重器"的国家。

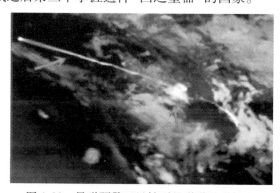

图4.28 导弹预警卫星拍到的弹道导弹轨迹

4.5.2.3 电子侦察卫星

电子侦察卫星是军事侦察卫星家族中的重要一员,其主要任务是利用星载电子侦察设备,跟踪、搜集敌方雷达、通信等辐射源的信号,分析信号特征参数,确定敌方雷达与通信终端的类型、型号、地理位置、作用距离,以及与之相关的武器和平台类别等情报信息,并能够验证可见光和红外成像等其他侦察手段的侦察情况。美国是世界上研发电子侦察卫星较早、种类较齐全、技术较先进的国家之一,所以下面以美国为例概要回顾电子侦察卫星的发展历程。

20世纪60年代美国发射了世界上第1颗电子侦察卫星,至今已发展了5代电子侦察卫星,几乎是每间隔10年发展出新的一代。第1代为低轨道卫星,第2~4代主要为地球同步轨道和大椭圆轨道卫星,目前主要使用的是第4代电子侦察卫星,正在研制和部署第5代新型电子侦察卫星。表4.2给出了美国电子侦察卫星的运行轨道类型及发展历程,其中包含了部分海洋监视卫星等搭载有电子侦察有效载荷的其他卫星。

表4.2 美国电子侦察卫星的运行轨道类型及发展历程列表

运行轨道	第1代(20世纪60年代)	第2代(20世纪70年代)	第3代(20世纪80年代)	第4代(20世纪90年代)	第5代(21世纪初)
地球同步轨道(空军)	—	峡谷(Canyon)	小屋(Chalet);旋涡(Vortex)	水星(Mercury)	入侵者(Intruder)
地球同步轨道(中央情报局)	—	流纹岩(Rhyolite);水技表演(Aquacade)	大酒瓶(Magum);猎户座(Orion)	导师/顾问(Mentor)	
大椭圆同步轨道(空军)	—	弹射座椅/折叠椅(Jumpseat)		号角/小号(Trumpet)	徘徊者(Prowler)
低地球轨道(空军)	雪貂(Ferret)	子卫星(Sub-Sat)	—	命运三女神(Parcae)	奥林匹亚(OLYMPIC)
低地球轨道(海军)	银河辐射背景卫星(GRAB)		海军海洋监视卫星(NOSS)	天基广域监视系统(SBWASS)	

表4.2中所示的"折叠椅"卫星中的第一颗卫星于1971年3月发射,采用大椭圆轨道的设计主要是为了覆盖高纬度地区,如苏联北部地区。在1971年3月至1981年4月期间一共发射了6颗"折叠椅"卫星,其中只有一颗没有进入预定轨道。表4.2中所示的"峡谷"卫星是美国第一颗进入地球同步轨道的通信情报侦察卫星,主要针对苏联内陆的通信系统实施侦收。第一颗"峡谷"卫星于1968年8月发射,到1977年5月为止一共发射了6颗"峡谷"电子侦察卫星。紧接着"峡谷"卫星之后出现了中央情报局用于执行遥测情报收集任务的"流纹岩"卫星,该卫星星体呈圆柱形,长约6m,直径约1.5m,重约275kg,"流纹岩"卫星外形如

图4.29(a)所示。卫星入轨后,由地面发射无线电指令将约21m口径的网格式抛物面天线展开,卫星上还安装了一个小型天线阵,用于检测波长更短的雷达和通信信号。第一颗"流纹岩"卫星于1970年6月发射,它位于非洲角上空的地球同步轨道上,可以检测到苏联中部和南部地区很长一条地带内的辐射源信号。后来美国发生了关于"流纹岩"卫星资料的严重泄密事件,之后该计划重新命名为"水技表演",该系列的最后两颗卫星分别于1977年5月和1978年4月发射,它们进入地球同步轨道后主要执行监视中国、朝鲜和苏联东部地区的辐射源信号。

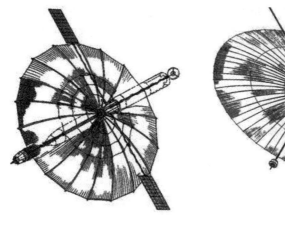

(a) "流纹岩"卫星　　　　　　　　(b) "大酒瓶"卫星

图4.29　美国第2代与第3代典型电子侦察卫星外形图

美国空军的"峡谷"通信情报侦察卫星之后是"小屋"卫星,1978年6月第一颗"小屋"卫星发射进入地球同步轨道。此后不久,纽约时报的一篇文章披露了这颗卫星的代号,于是该系统又被重新命名为"旋涡"。1987年在出版的一篇文章中又暴露了代号,于是该系统的后继卫星再次被重新命名为"水星"。总共发射了6颗"小屋/旋涡"卫星,最后一颗在1989年5月进入轨道。

在第3代系统中"大酒瓶"卫星采用了当时微电子技术的最新研究成果,整颗卫星重3t,具有三轴稳定装置和中等规模的可展开天线,"大酒瓶"卫星外形如图4.29(b)所示。1985年第一颗"大酒瓶"卫星由"发现"号航天飞机送上太空。在等待轨道上停留了一段时间之后,卫星的火箭发动机点火将其送入地球同步轨道。据一份公开的报告称,"大酒瓶"卫星重约4t,比"流纹岩"卫星重约18倍,有一个直径上百米的可展开的抛物面天线,可截获遥测、通信和雷达信号,另一个较小的天线用来将这些信号转发给位于澳大利亚的地面站。在20世纪80年代后期,"大酒瓶"卫星的秘密被泄露,于是该系统被重新命名为"猎户座"。在决定"发现"号航天飞机停止运载军事负载之后,"大力神3"运载火箭被用于该卫星的发射。1995年5月第5颗"大酒瓶/猎户座"卫星升空。据一份报道称,该系统能够侦收遥测、甚高频无线电、蜂窝移动通信和数据链等信号。

在美军当前使用的第4代电子侦察卫星中,"水星"由休斯公司研制,是空军的同步静止轨道电子侦察卫星,携带有长约100m的新型特种天线,主要用于通信情报侦察,该卫星不但可以对地面低功率的手机信号进行侦听,还可以收集导弹试验时的遥测和遥控信号,以及雷达等辐射源信号,"水星"卫星外形如图4.30(a)所示。"命运三女神"是空军的低轨电子侦察卫星,它的轨道是高度约为454km,倾角为63.4°的圆轨道,工作时3颗卫星为1组,组内各星保持约50km距离,星间采用光通信手段进行数据交互与传输。"号角"卫星由休斯公司研制,用户主要是美国空军,也包括中央情报局,该卫星重5~6t,采用的大椭圆轨道的近地点高度为360km,远地点高度为36800km,装有复杂而精细,展开后足有一个足球场大的宽频带相控扫描侦收天线,天线直径约为100m,"号角"卫星外形如图4.30(b)所示。1994年5月第一颗"号角"卫星发射,1995年7月又发射了第二颗。该卫星主要用于侦听通信广播信号,也能侦察雷达和其他电子设备的信号,甚至能监听俄罗斯本土指挥站与其核潜艇舰队之间的通信。据信该卫星除了能够搜集地面与空间中的话音通信之外,还搭载有一个红外预警载荷,它属于防御支援计划的一部分。

(a) "水星"卫星　　　　　　　　　　(b) "号角"卫星

图4.30　美国第4代典型电子侦察卫星外形图

在美军研制中的第5代电子侦察卫星中,"入侵者"是一种大型卫星,采用了天基组网的发展思路和全新的设计理念,是美国"集成化"过顶信号侦察体系的重要组成部分。该卫星具有多轨道能力,可代替当今静止轨道和大椭圆轨道的卫星,并集通信情报和电子情报侦察于一身。具有一定隐身特征的"徘徊者"卫星主要用于侦察并定位战略目标。另外,"奥林匹亚"低轨卫星主要用于实施集空军、海军、安全局等单位的电子侦察一体化计划。

4.5.2.4　军事通信卫星

利用人造地球卫星进行军事通信具有通信距离远、传输容量大、可靠性高、灵活性强和造价便宜等优点,成为当代军事通信的重要形式之一。另一方面,军事通信还要求迅速、准确、保密和不间断实施信息传输与分发,所以现代军用通信卫星大多具有抗干扰性好、机动灵活性大、可靠性高、生存力强等特点。这些特点是靠选择不同的通信体制、调整发射功率和接收灵敏度、改变天线波束宽窄和指向、实行星上信号处理、采用多种方式的加密等技术手段来实现的。

军事通信卫星主要分为战略通信卫星和战术通信卫星两大类,前者提供全球性的战略通信,后者提供地区性战术通信以及军用飞机、舰船和车辆乃至单兵之间的机动通信,但是从 20 世纪 80 年代以来战略通信卫星和战术通信卫星之间的功能任务划分已经不再明显,部分军事卫星同时具备了战略战术通信功能。例如美国在 20 世纪 80 年代发射的"国防通信卫星Ⅲ"号系列卫星是先进的地球同步轨道军事通信卫星,在东经 54°、175°和西经 12°、135°赤道上空分别部署了 4 颗工作卫星和 2 颗备用卫星。每颗卫星装有 7 个转发器和 10 副不同类型的天线,总带宽达到了 375MHz,通信转发器增益控制范围可达 39dB,采用频分多址、时分多址和码分多址等多种通信体制,灵活性、机动性和抗干扰性较强。不仅有确保大范围覆盖的喇叭天线,而且双轴万向架圆盘天线可以控制点波束的指向,使覆盖区根据需要而移动,除此之外还有 1 副 61 个馈源阵接收天线和 2 副 19 个馈源阵发射天线可根据需要改变覆盖区域的大小和形状,并使功率获得最佳分配,因而具有全球战略通信和局部战术通信的双重功能。

世界上第一颗通信卫星是美国于 1958 年 12 月发射的"斯科尔"号卫星。这是一颗试验性卫星,该卫星成功地将当时美国总统艾森豪威尔的圣诞节献词发送回了地球。世界上最早的地球同步轨道通信卫星是美国的"辛康"号卫星。1963 年 2 月发射的"辛康"1 号仅获得部分成功;1963 年 7 月发射的"辛康"2 号才获得完全成功,它当时主要用于在越南作战的美军与美国本土之间的通信。20 世纪 60 年代初,美国军方委托伍德里奇公司研制出"国防通信卫星"并投入使用,为美国国防部各部门提供通信传输并直接支援美军的全球军事通信与指挥。1971—1989 年底,美国又发射了 16 颗更为先进的"国防通信卫星Ⅲ";与此同时,美国还研发了各军兵种使用的通信卫星。1978 年至 20 世纪 80 年代末期,美国发射了 8 颗由 TRW 公司研制的舰队通信卫星,该通信卫星系统由美国海军负责管理,约 800 艘

第 4 章 电子战的异军突起：现代战争中的电磁频谱战

舰船、100 艘潜艇和空军的数百架飞机和一些地面终端使用该系统。1976 年美国开始部署空军通信卫星系统，1979 年投入使用，1981 年开始全面工作，系统连接包括侦察机、战略轰炸机、预警机、洲际导弹指挥所在内的地面和机载终端。20 世纪 90 年代以后，美国还研制和发射了具有较强抗核加固能力与抗干扰能力，确保能在战争条件下通信畅通的新一代 MILSTAR 军用通信卫星。除了美国之外，其他国家和国际军事组织也大力发展军事卫星通信系统，如：北约于 20 世纪 70 年代初发射了 3 颗"纳托"通信卫星；英国于 1969 年、1970 年、1974 年和 1988 年分别发射了"天网 - 1""天网 - 2""天网 - 4"军事通信卫星；法国于 1984 年和 1985 年分别把"电信 - 1A""电信 - 2B"发射到地球同步轨道；苏联于 1965 年发射了"闪电 - 1"，20 世纪 70 年代后又发射了改进的"闪电 - 2""闪电 - 3"卫星，苏联的军事通信卫星主要包括混编在"宇宙"号卫星系列中较低轨道的通信卫星、大椭圆轨道的"闪电"号通信卫星，以及地球静止轨道的"虹"号、"荧光屏"号和"地平线"号等通信卫星。

军事通信卫星目前正向更高的毫米波频段方向发展，选择更高频率可使得收发波束变窄，跳频带宽变大，减少被侦听和受干扰的可能性，还能够使地面卫通终端的天线等设备小型化，从而具有更好的机动性。通过电扫与机扫相结合的方式控制天线波束的形状、大小和方向，可进一步提高通信的灵活性和抗干扰能力，尤其是具备了天线波束调零功能的相控阵天线之后，能切断来自覆盖区内指定方向的干扰信号。另一方面，卫星星体也采取防电磁脉冲和核辐射的保护措施，可提高卫星在遭受高功率微波攻击和核爆炸情况下的生存能力。当前具有代表性的三种先进军事通信卫星如下：

1）宽带军事通信卫星

宽带卫星通信主要用于提供高数据速率的传输应用，宽带卫星通信系统大多采用固定式终端以及安装在大型舰船和飞机上的移动式终端。典型的宽带卫星系统包括：国防卫星通信系统（DSCS）、UFO 特高频后续星上搭载的 GBS 全球广播业务有效载荷。美国现役的宽带通信卫星主要是宽带全球卫星（WGS），如图 4.31 (a) 所示。

2）窄带军事通信卫星

窄带移动和战术卫星通信用户的特点是采用具有低增益天线的小型终端，这些终端使用低、中等的数据速率，可安装在飞机、舰船或者地面车辆上。随着技术的进步，其数据传输速率也得到了提升，宽带和窄带通信之间的划分点已经比较模糊。窄带卫星通信网络能够连接的用户范围很广，从战区到横越大洋都有所涉及。典型的窄带通信卫星系统有舰船卫星通信系统、租赁卫星系统和特高频后续星 UFO 卫星系统等。美国现役的窄带军事通信卫星主要是移动用户目标系统卫

(MUOS),如图4.31(b)所示。

3)保护型军事通信卫星

保护型军事通信卫星采用的终端通常具有极低到中等的数据速率,可以在舰船、飞机或地面车辆上使用。在一次低数据速率交换中,这些终端能够提供相当重要的保护能力,使其免受物理、核和电磁威胁的破坏。典型的保护型卫星系统有军事星系统(MILSTAR)、空军卫星通信系统(AFSATCOM)等。美国在20世纪90年代至21世纪初装备过的保护型通信卫星有5颗MILSTAR,但目前均已退役;后续一代的保护型卫星通信系统是先进极高频(AEHF)卫星,如图4.31(c)所示。首颗AEHF卫星已经于2010年发射上天,但由于推进系统故障,卫星历经14个月之后才进入轨道,由此拉开了AEHF保护型军事通信卫星应用的序幕。

(a) WGS

(b) MUOS

(c) AEHF

图4.31 三种典型的军事通信卫星

4.5.2.5 海洋监视卫星

海洋监视卫星,顾名思义,就是监视海洋及海上舰船的侦察卫星。由于需要覆盖广阔的海域,探测目标多而且是活动的,所以海洋监视卫星的轨道较高,并且多采用多星组网,以保证连续监视,提高定位概率和精度。美军于1978年发射了监测海洋特性的"海洋卫星"-A。部分卫星能利用蓝-绿激光穿透云和水,与高速潜航的导弹核潜艇进行通信;部分卫星携带能判读信号、控制和探测的海洋遥感器,并能完成数据中继等任务。

在海湾战争期间,在轨的4组12颗卫星是在1987—1989年6月间发射的。每组卫星每天至少飞经海湾地区上空1次,最多达3次,对该地区的重要目标进行侦收、定位,为多国部队提供海上及部分陆基信号情报。

4.5.2.6 采用电子战手段的卫星对抗

1) 采用光电手段的卫星对抗

自第一颗人造卫星上天后不久,卫星对抗技术的研究就已经悄然展开。但相对于进展如火如荼的卫星发射技术,卫星对抗技术则发展相对较慢,美国直到1985年才进行了其首次反卫星实验。

早期的卫星对抗技术主要通过物理摧毁的方式实现。例如,美国在20世纪60~70年代开始研究反卫星导弹。这种导弹装载在美国的F-15战斗机上,首先利用红外探测器可以探测几百千米高空的卫星发出的红外线,然后导弹锁定卫星并发射,将卫星击毁。1985年美国的反卫星导弹进行了首次打靶试验,击毁了一颗500km轨道上的卫星。现在我国也具备了用导弹击毁卫星的能力。而当时与美国冷战的苏联则研制了共轨式截击卫星,俗称"卫星地雷",在截击卫星上安装爆破装置,然后利用运载火箭将其送入要摧毁的卫星的轨道上。截击卫星通过雷达或红外探测装置对目标卫星进行搜索和定位,然后启动自身发动机靠近目标卫星,在距目标卫星约30m的距离时引爆自身,形成大量高速运动的碎片来袭击摧毁目标卫星。由于太空中空间是真空环境,障碍物极少,因此早期的反卫星武器也不要求太高的精确度,只要导弹或"卫星地雷"能够靠近目标卫星到几十米的距离内,就可以引爆自身,用"满天花雨"般的碎片把卫星送上西天。

然而,这种物理摧毁的卫星对抗技术却存在着很大的弊病,那就是太空碎片。武器自身爆炸和目标卫星被击中所产生的大量的碎片会长时间地在太空的近地轨道上游荡,在广阔的太空轨道上形成一大片"雷区",对过往卫星形成很大的威胁,不论这颗卫星是自己的,还是敌人的。

相较于简单粗暴的反卫星导弹或"卫星地雷",激光武器则更受各国卫星对抗专家的青睐,不仅是由于其远远快于卫星的运动速度可以真正实现"指哪儿打哪儿",还因为激光武器主要通过热攻击和电磁攻击来破坏卫星的特定功能,不会产生大量的碎片。

早期的激光武器都安放在地面,属于陆基激光反卫星武器。陆基反卫星激光武器可对卫星上的特定瞄准点进行精确的射击,并累积足够的能量,使卫星上的关键部件由于热损伤而失效,或被摧毁。当激光器与卫星传感器工作波长相同,激光器位于传感器视野内时,传感器就可能由于光能量饱和而遭到破坏。当然,具备反卫星能力的陆基激光系统中的激光器必须能在较长的工作时间内产生所需要的功率值,并有良好的光束质量,才能对卫星具有真正威胁。激光武器的作用距离为500~1000km,激光武器的平均功率最高需要上百万瓦,才能有效破坏卫星的光电探设备。其实几十瓦到几百瓦的激光功率也能有效干扰军事侦察卫星。陆基反卫星激光武器用于反低地球轨道卫星,也能干扰、致盲和摧毁低轨道上的军用卫星。

在冷战时期,苏联曾经大力发展激光武器,并于1975年10月,在首都莫斯科以南50km的地方,用激光武器连续5次照射两颗飞临西伯利亚上空的美国预警卫星,使其瘫痪达4h。这可以算是拉开了激光反卫星战的序幕。由于激光器的输出功率、光束质量、瞄准精度和大气对激光传输的影响,当时苏联的激光武器还不能对卫星上的红外传感器造成永久性破坏。当时的苏联甚至还计划研制射程40000km的激光武器,用于袭击地球同步轨道卫星。

然而由于陆基的激光器会受到地形和大气湍流的影响,于是人们想到了把激光武器搬到天外。1981年3月,苏联利用一颗卫星上的小型高能激光器照射一颗美国卫星,使其光学、红外电子设备完全失灵。而美国在这方面也不甘示弱,成功实现了以波音747飞机搭载激光武器摧毁了300多千米外的一枚导弹的试验。此项试验证明,用同样方法击毁地球轨道上的卫星也是完全可能的。在1997年10月,美国在新墨西哥州南部利用激光武器向在轨道上运行的气象卫星发射了两束高能激光,试验使得该卫星不能正常工作,这表明美国也已具有利用激光器摧毁敌方轨道卫星的能力。

进入21世纪,反卫星武器又有了新花样。最近,美国准备尝试进行太空俘虏卫星的试验。在这个名为"轨道快车"的试验项目中,有一个体积小一点的目标卫星"未来星",重226kg,高和宽各1m;还有一个个头大一点的"太空自动化运输机器人",它重952kg,高和宽各1.8m。在把两个装置一起发射升空后,两者彼此分离,之后"太空自动化运输机器人"将去捕捉"未来星"。一旦"太空自动化运输机器人"锁定并赶上"未来星"后,机器人伸出手臂,将"未来星"拉到自己身边,替"未来星"更换电池板,如此反复多次。这个试验的成功实现,表明美国不仅能够给自己的卫星更换设备,显然也能够利用"太空自动化运输机器人"把其他国家的卫星俘虏过来,想怎么拆就怎么拆。

2) 采用无线电干扰手段的卫星对抗

近年来美国太空军已经装备了本军种独特的进攻性武器反通信系统(CCS)，这是一种采用高增益反射面天线的进攻型地对天卫星通信干扰系统，如图4.32所示。该系统通过发射大功率干扰信号阻断星地卫星通信链路，从而使得其他国家的通信卫星的数据传输功能丧失或降级。CCS目前已装备了位于科罗拉多州彼得森空军基地的第4太空控制中队，能够随时投入实战应用。

图4.32　处于运输状态中的CCS地对天卫星通信干扰系统

CCS的总承包商是美国著名军火企业L3哈里斯公司，CCS能够机动部署，主要通过电磁干扰手段来暂时瘫痪对方的卫星通信传输。美国空军早在2004年就首次部署了CCS，在经过长期的训练与使用后总结了相关经验，并在2014年开发了升级的CCS10.1版本。而后续的10.2版本具备的更多的干扰频段，具备更强的干扰能力。CCS的用户不但包括美国太空军，也包括部分美国空中国民警卫队。该项目的负责人SMC特殊计划局物资主管Steve Brogan中校解释说，CCS的10.2版本完全达到了实战要求，并且CCS是美国太空部队武器库中唯一的进攻系统。

实际上除了对通信卫星进行干扰之外，在地面上也可以对太空中的合成孔径雷达成像卫星和电子侦察卫星实施干扰，使得合成孔径雷达成像卫星无法对地面目标实施成像侦察，使得电子侦察卫星难以获得准确的辐射源情报，虽然在各种公开文献中对上述干扰的技术原理也进行过研究与报道，但是关于对合成孔径雷达成像卫星和电子侦察卫星进行干扰的电子战装备的公开报道极少，关于此方面的装备应用世界各国目前都处于非解密的阶段，而且本书的内容全部基于公开材料编写，所以在此就不再进一步讨论了。

4.5.3 光电探测与精确制导技术的发展

4.5.3.1 激光雷达的诞生与发展

激光雷达从字面上讲是雷达传感器的一种,应该划归到雷达技术领域,是电子战中光电对抗的重要目标对象之一,但是由于激光雷达采用了激光技术,该技术在光电对抗中也广泛应用,而且激光雷达中的重要部件与技术同激光对抗中的重要部件与技术是广泛通用的,所以在此我们也以简短的篇幅对激光雷达进行一个概要性的介绍。

1)激光雷达发展历程

1960年世界上第一台"红宝石"激光器出现不久,科学家和工程师们就提出了激光测距、激光雷达、激光制导的设想,并开展了相关研究工作。最简单的激光雷达就是激光测距机,其具有体积小、重量轻、精度高、速度快等优势,逐步替代了传统的光学测距机。其中以人造卫星测距机的发展最为突出,1969年就精确测出了地球测点与月球上反射器之间的距离。

激光雷达从一开始即与航天技术紧密结合,最早公开报道的星载激光雷达是由美国国际电话和电报公司研制的用于航天飞行器交会对接的激光雷达。第一代原理样机于1967年研制成功。1978年美国国家航天局的马歇尔航天中心研制了用于同一目的的CO_2相干激光雷达。1980年德国MBB公司开始研制用于交会对接的CO_2相干激光雷达,1984年取得阶段性成果。

1976年美国麻省理工学院林肯实验室公布了其"火池"(Firepond)CO_2相干激光雷达的实验结果,它采用脉冲多普勒体制,用于远距离精密跟踪,对卫星的作用距离达1000km。它证明了激光雷达的远距离测量和跟踪能力。20世纪80年代中期,为配合"星球大战"计划,对"火池"激光雷达进行了多处改进,几项关键技术——高精度高刚度小惯量支架技术、高精度快速响应伺服控制技术、自适应光学补偿技术等均得到解决,并于20世纪90年代初对800km远的模拟弹进行了成功的跟踪识别试验。

美国Syracuse大学1968年建造了世界上第一个激光海水深度测量系统,首次阐述了激光水深测量技术的可行性;此后美国海军研制成功机载脉冲激光测深系统(PLADS),并于1971年进行了试验。而NASA研制成功了机载激光水深探测器(ALB),于1971—1974年对其进行了试验,ALB采用50Hz的Nd:YAG激光器,在圆盘透明度5m时的测深为10m左右;20世纪70年代末NASA又研制了一种具有扫描和高速数据记录能力的机载水文激光雷达(AOL),采用400Hz低峰值功率2kW氦-氖激光器,绘制出水深小于10m的海底地貌。

为应对水雷威胁,自20世纪60年代开始的利用机载蓝绿激光雷达探测水雷的研究工作已取得重大进展。美、苏、加、澳、瑞典和日本等国都先后研制出演示系统,有的已形成装备并实战应用。1991年装备了"魔灯"(ML-30)激光扫描探雷系统的两架美国海军SH-20超级海怪直升机参加了海湾战争,并探测到布设在水下30m以内的大量水雷。苏联的"紫英石"激光水雷探雷系统,已装备在"熊"级U型战斗机上,探雷深度达45m。瑞典的"鹰眼"系统也已开始试装,探雷深度为20~35m。此后,美国对"魔灯"系统进行了几次改进并开始小批量生产和装备。

海湾战争后,随着战场数字化新概念的发展。为适应数字化战场对侦察系统的新要求,美国、英国、德国、俄罗斯、以色列、瑞典等国都制定专门计划,发展包括激光测距或激光雷达的多频谱侦察传感器,以提高对战场的全天候实时精确感知能力。其中比较典型的是美英联合研制的FSCS/TRACER型装甲侦察系统,它不仅装备了雷达、红外/电视摄像仪、声阵列、$1.06\mu m$目标指示器、$1.54\mu m$激光测距仪和激光雷达,还装备了GPS接收机和保密通信设备,成为战场C^4ISR系统的组成部分。该系统于21世纪初装备。

由于航母甲板面积有限且处于运动和颠簸状态,因此高速飞机回收降落难度大,事故率高。雷达和常规光学灯阵都存在很大局限性,而激光雷达在内的舰载光电系统引导舰载机等角下滑着舰是较为理想的方法。法国于1987年研制成功"达拉斯"系统,由具有小范围搜索和自动跟踪/测距能力的二极管激光雷达和红外/电视摄像机组成,能为着舰指挥官和飞机驾驶员提供飞机偏航(水平和高低)、距离、姿态及航空母舰的运动等信息,可保证飞机以每60s一架的速率在夜间不良条件下安全着舰。激光雷达的作用距离可达9.3km(机上有合作目标),测距精度为5m,方位精度为0.6mrad,俯仰精度为3mrad。"达拉斯"系统在1988年已装备于"福网"(FOCH)号航空母舰,其改进型已装备于1999年下水的"戴高乐"号核动力航空母舰。

2) 成像激光雷达研究现状

国外自20世纪60年代发明激光雷达以来,对成像激光雷达展开了深入的研究,并且在军用领域进行了广泛应用。目前在美国,成像激光雷达已作为新一代的精确自动制导传感器,用来制导先进的巡航导弹、航空导弹、灵巧弹药等。美国的休斯公司、Schwatz公司、Spanta公司、洛雷尔系统公司以及法国的汤姆逊公司等在20世纪80年代末至90年代初还分别研制出半导体激光成像雷达,用于战场侦察、低空飞行器下视和防撞以及主动激光制导等。

20世纪80年代末,美国Sandia国家实验室研制出供低成本制导用的半导体激光主动成像雷达导引头的试验系统及其信号处理装置和软件,该实验系统采用

12mW 的 GaAs 半导体激光二极管，4MHz 的调幅体制，距离-强度成像方式，以 4Hz 的帧速显示目标，用不同颜色表示距离图像和强度（灰度反射）图像。试验表明半导体激光主动成像雷达导引头可完成自动导向目标、目标识别和分类、目标上的瞄准点自动选择等近程军事任务。

1986 年以来，美国空军 Wright 实验室在 Eglin 空军基地实施了一系列试验计划和技术研究活动，旨在验证用二极管激光雷达系统作为武器制导传感器的可行性。该计划始于 1985 年底，经历了两个研究阶段：第一步研制了一套单元二极管激光测距机和一套扫描系统，并与图像数据显示和记录硬件集成起来实施图像数据采集，1988 年成功地完成了塔上试验计划；第二步计划是实施扫描阵列雷达计划，该计划包括目标探测和分类算法两方面的任务，于 1990 年进行了静态飞行试验，该试验所取得的结果为低成本近程武器制导奠定了良好的基础。

精确制导是激光雷达富有成效的应用领域，20 世纪 80 年代后期激光成像制导已成为激光制导的发展方向，美国雷声公司和道格拉斯宇宙公司分别为空射巡航导弹研制了激光制导雷达样机，用于巡航导弹防撞和末制导，现已装备 AGM-129"战斧"式巡航导弹，与惯性制导相结合，在 3000km 的射程上命中精度为 16m。此外，美国 Hercules 防御电子系统公司和 Schwartz 电光公司分别研制了武器制导用的二极管抽运的固体激光成像雷达和二极管激光成像雷达，1992 年已研制出样机并进行了成像试验，由于其体积小、重量轻、成本低，有望取代 CO_2 激光制导雷达。

3）激光雷达战场应用

激光雷达具有无可替代的显著优点，其在民用领域的实际应用很多都可以直接或间接用于军事领域。例如，激光雷达可以用于靶场测量、战场侦察、军用目标识别、火力控制、水下探测、局部风场测量等。而当基础材料、辐射材料、快速跟踪定位和成像技术等方面研究取得重大突破后，也必将首先应用于军事。目前，军事上较常见的激光雷达及相关应用技术有以下几种。

（1）激光雷达制导技术。

激光雷达分辨率高，可利用高精度三维影像数据实现对目标的准确识别。同时，激光雷达受假目标的热能辐射干扰小，大大提高了战术导弹的命中准确率。激光雷达制导技术早在 1991 年海湾战争中就得到应用。激光雷达可代替地形匹配中的微波雷达高度表，多普勒速度传感技术能够在低速测量时得到高精度数据，因此巡航导弹单次打击精度得以大大提高，成为各国军界普遍关心的焦点和热点，美国休斯公司、通用动力公司和麦道公司联合为巡航导弹生产激光雷达、制导系统、地形匹配系统。美军还进一步应用激光雷达技术实现自动目标识别，利用激光雷达的特性在快速响应的同时降低了虚警率，从而能够在导弹发射后自动捕获目标，当目标丢失后能够自动捕获,并能计算出弹头最佳打击点,成为一种直接打击,且发射后不用管的智能武器。

(2)超低空目标探测、跟踪。

基于激光雷达低空探测性能好、不受阴影和太阳高度角影响、隐蔽性好、抗干扰能力强等优点,激光雷达非常适合作为一种低空、超低空目标探测、跟踪雷达,填补该领域的空白,并且实际低空探测和跟踪效果非常好。激光雷达还可用于对己方发射导弹的低空飞行阶段及其他低空飞行目标进行参数测量、姿态调整和目标识别,不但在实战中作用巨大,而且能够在武器设备的试验阶段提高数据采集精度,减少试验次数、缩短研发周期、节约研发成本。

(3)战场侦察激光雷达。

激光雷达的波长比常用的毫米波雷达小2~3个数量级,而光学设备的波长越短分辨率越高,所以通过激光雷达获得的目标图像较微波雷达可识别程度要高得多。激光雷达波长极短且多普勒频移灵敏度高,能够达到极高的距离辨析和角度辨析,甚至可以作为毫米级的距离测量设备。而激光雷达回波数据所特有的三维特性和植物穿透特征,实现了对隐蔽目标的立体感知,战争中能够对目标更好地进行搜索、跟踪和识别。美国雷西昂公司研制了使用GaAs激光行扫描传感器制造ILR100成像激光雷达,此设备可以安装在高性能飞机和无人机上,在待侦察地区的上空120~460m执行侦察任务。侦察的影像可实时地传送到飞机上的阴极射线管显示器上或通过数据链路直接发送至地面接收站。例如,美国海军的"辐射亡命徒"先进技术演示计划,使用光束发散度100mrad的CO_2激光器,演示利用主动三维成像激光雷达和被动红外成像远距离识别空中和地面目标。

(4)障碍回避激光雷达。

直升机在进行低空巡逻飞行时极易与地面小山或建筑物相撞,这是世界各国军界面临和力求解决的一大难题,为此各国都在研制用于地面障碍物回避的激光雷达。美国诺斯罗普·格鲁曼公司与陆军通信电子司令部夜视和电子传感器局联合研制了直升机超低空飞行用的障碍回避系统。该系统使用半导体激光发射机和旋转全息扫描器,探测直升机前很宽的范围,可将障碍信息显示在平视显示器或头盔显示器上。该激光雷达系统已在两种直升机上进行了试验。

在美国陆军夜视和电子传感器局的指导下,作为陆军直升机障碍回避系统计划的一部分,Fibertek公司研制了直升机激光雷达系统,用于探测电话线、动力线之类的障碍。该激光雷达由传感器吊舱和电子装置组成,使用二极管抽运1.54μm固体激光器。吊舱中安装激光发射机、接收机、扫描器和支持系统。电子装置由计算机、数据和视频记录器、定时电子系统、功率调节器、制冷系统和控制面板组成。该激光雷达系统安装在UH-1H直升机上。

德国戴姆勒-奔驰宇航公司按照联邦防卫技术合同,研制了 Hellas 障碍探测激光雷达。该激光雷达是 1.54μm 成像激光雷达,视场为 32°,能探测距离 300～500m、直径 1cm 以上的电线和其他障碍物(取决于角度和能见度)。1999 年 1 月德国联邦边防军为新型 EC-135 和 EC-155 直升机订购了 25 部 Hellas 障碍探测激光雷达。

德国达索电子技术公司、蔡司光电公司和英国 GEC-马可尼航空电子公司、马可尼 SpA 公司联合研制的 Eloise CO_2 激光雷达是另一种直升机载障碍报警系统,可提前 10s 提供前方有 5mm 电缆的报警,使直升机能在恶劣气候条件下作战飞行。马可尼 SpA 公司还提供自行研制的 Loam 障碍回避系统。该系统使用人眼安全激光技术,探测电线、树木、桅杆等障碍。飞行员接收视觉和声音报警,显示器显示障碍的形状、位置、方位和距离。法国和英国联合研制的吊舱载 CLARA 激光雷达具有多种功能,它采用 CO_2 激光器,不但能探测直升机飞行前方如标杆和电缆等微型障碍物,还具有地形跟踪、目标测距和活动目标指示等功能,适用于飞机和直升机。

(5) 弹道导弹防御激光雷达。

随着世界军事强国对弹道导弹的大力研发,特别是洲际弹道导弹的成功试射,各个国家都感到本土安全受到巨大威胁。弹道导弹的特点是飞行速度快、射程距离远、突防能力强。如果进行防御必须在导弹发射早期,完成对其的探测识别和跟踪定位,通过数据分析找到导弹起始发射点、目标命中点和最佳拦截点。将新兴的激光雷达技术与业已成熟的被动红外探测技术相结合,综合利用红外技术优秀的目标方位、俯仰参数测量能力以及激光雷达精确的距离测量能力,可以更加准确地测量可疑飞行器的飞行方向、距离和速度参数,大大缩短了识别和锁定的时间,可以使导弹弹道的计算精度成数量级上升,使后半程实施有效拦截成为可能。

(6) 化学/生物战剂探测激光雷达。

生化武器是一种大规模、非人道的毁伤武器。即使在和平时期也被一些恐怖分子和极端主义者所利用,世界人民都面临着生化武器的威胁。各国都在采取相应措施,以加强对生化武器的有效探测与早期防范。传统生化探测,必须人工携带探测设备,在污染区进行大面积数据采集,不但速度慢、耗时长,而且人员易感染和中毒。因而研发一种能够对生化物质反应灵敏、响应快速的技术势在必行。当空气中含有特定的生化物质时,会改变空气的特性,使之对不同波段激光的吸收或反射特性增强。每种化学战剂仅吸收特定波长的激光,对其他波长的激光是透明的。被化学战剂污染的表面则反射不同波长的激光。化学战剂的这种特性,就允许利用激光雷达对其进行探测和识别。激光雷达可以利用差分吸收、差分散射、弹性后向散射、感应荧光等原理,实现化学/生物战剂的探测。自 20 世纪 70 年代中期,美、英、法、日等国开始相关研究,主要采用 CO_2 激光相干探测的差分吸收雷达体制,对 CO、SO_2、NO、CH_4 等有害气体成分的最小可探测浓度分别可达百万分之 0.1、0.04、0.1 和 0.07。CO_2 差分激光雷达已成熟并投入使用。此外,20 世纪 80 年代发展起来的波长可调谐激光器(波长为 610～1100nm)——掺钛蓝宝石($Ti:AlO_3$)激光器和以二极管抽运 Nd:YAG 为抽运源的光参量振荡器,为多种化学战剂的测量提供了理想的光源。

(7) 星载激光雷达(星载 LiDAR)。

与机载 LiDAR 相比,星载 LiDAR 具有许多不可替代的优势。星载 LiDAR 以卫星作为平台,其运行轨道高、观测范围广、观测速度快,受地面背景、天空背景影响小,具有高分辨率、高灵敏度的特点,几乎可以触及世界的每一个角落,为三维控制点和数字地面模型(DEM)的获取提供了新的途径,在国防或是科学研究等领域都具有十分重大的应用价值和研究意义。星载 LiDAR 还具有观察整个天体的能力,实现天体测绘、全球信息采集、全球环境监测、农业林业资源调查、大气结构成分测量等。此外,星载 LiDAR 在植被垂直分布测量、海面高度测量、云层和气溶胶垂直分布测量以及特殊气候现象监测等方面也可以发挥重要作用。目前,国际上发展的星载激光雷达有:美国的 NASA/LaRC 星载差分吸收雷达、月球观测 Clementine 系统、火星勘探者的 MOLA-2 系统、观测空间小行星的 NRL 系统、地球观测的 GLAS 系统、大气激光雷达(ATLID)。研究和解决星载 Li-DAR 的关键技术,建立起自己的星载 LiDAR 系统,将会是我国激光雷达的重要的发展方向。

(8) 水下探测激光雷达。

声呐是传统的水中目标探测装置,但由于它的体积和重量过大,给探测带来诸多不便。后来发现波长为 0.46～0.53μm 的蓝绿激光能穿透几百到几千米的海水。1981 年,美国在圣迭戈附近海域 12km 高度的水面上空与水下 300m 深处的潜艇间成功地进行了蓝-绿激光通信试验,这不仅打开了水上与水下联络的激光通道,也使水下的探测成为可能。激光雷达用于探测水中目标,主要是利用激光器发射大功率窄脉冲蓝-绿激光,通过接收目标反射回来的回波来获取水下目标的方位、速度等参数,从而对水中目标进行警戒、搜索和跟踪,与传统声呐探测方式相比既简单精度又高。

1988 年美国"罗伯茨"号护卫舰在阿拉伯湾几乎被廉价的水雷击沉。此后 Kaman 宇航公司研制了"魔灯"水雷探测激光雷达。该激光雷达使用蓝-绿激光器、灵敏的电子选通像增强摄像机和精确脉冲定时发生器。机载激光器向海面发射激光脉冲,扫描水雷。同时,脉冲定时发生器控制摄像机快门,仅接收特定深度反射的激光能量。在这个深度的目标反射激光而被显现。影像通过数据链路传送给舰船。"魔灯"激光雷达可以在海面以上 120～460m 高度工作,名义工作高度

460m，但低空飞行时分辨率和信噪比较高，致使视场有限。其探测深度最初定为12~61m的浅水区，但根据初步作战评估和不断地研究，调整为包括3~12m的极浅水区和深度不足3m的冲浪区。"魔灯"激光雷达不仅可以自动探测水中目标，而且可以实施目标分类和定位。1988年的样机试验表明，该系统可以迅速探测锚雷并定位。

海湾战争期间，美国"特里波利"号和"普林斯顿"号军舰被水雷毁伤，使人们将注意力集中到采用新技术的水雷对抗手段上。部署到该地区的"魔灯"水雷探测激光雷达样机成功地发现了水雷和水雷锚链。1996年，美国海军将第一个"魔灯"系统部署到海军航空兵HSL-94预备役中队。目前，该中队有3套"魔灯"系统供SH-2G"超海妖"直升机使用。"魔灯"激光雷达仍属于应急性系统，美国海军计划最终用机载激光水雷探测系统取而代之。机载水雷探测系统在2005年前后开始研制，最终安装在H-60直升机上。

技术花絮——激光雷达

激光雷达通过接收目标反射的激光信号获取目标信息，在军事上是极为重要的光电探测手段。激光雷达的工作原理与雷达非常相近，以激光作为信号源，由激光器发射出的脉冲激光，打到地面的树木、道路、桥梁和建筑物上，引起散射，一部分光波会反射到激光雷达的接收器上，根据激光测距原理计算，就得到从激光雷达到目标点的距离，脉冲激光不断地扫描目标物，就可以得到目标物上全部目标点的数据，用此数据进行成像处理后，就可得到精确的三维立体图像。

传统激光雷达通过不断旋转发射头，将速度更快、发射更准的激光从"线"变成"面"，并在竖直方向上排布多束激光(32线或64线雷达)，形成多个面，达到动态三维扫描的目的。新一代固态激光雷达利用了光学相控阵技术(OPA)而不需要旋转。

相控阵技术，全称相位控制阵列技术，其原理如图4.33所示，相控阵发射器由若干发射接收单元组成一个矩形阵列，通过改变阵列中不同单元发射光线的相位差，可以达到调节射出波角度和方向的目的。按照经典的衍射光栅公式，光栅衍射中央明纹角度B与相邻入射相位差关系为

$$\sin B = \frac{\lambda}{2\pi d}\Delta\varphi$$

该公式就是相控阵技术的理论基础，相控阵技术可以通过电信号控制阵列

(续)

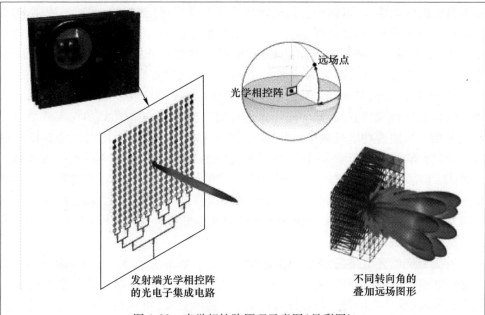

图4.33 光学相控阵原理示意图（见彩图）

中相邻发射光线的相位差，就可以达到改变模块整体发射激光的方向和角度，而成百上千的发射单元组成一个阵列，通过控制发射单元就能让一个平面实现三维空间的扫描，达到与旋转机械式雷达一样的效果。

在军事领域，激光雷达广泛应用于目标轨迹测量、目标搜索识别跟踪、战场成像侦察和障碍物回避等方面，具有广阔的应用前景。

4.5.3.2 光电精确制导技术的发展

在城市作战的情况下，大威力的非制导武器不仅命中率极低，而且会造成大量的平民伤亡，这已经成为制约空中力量使用的一个重要因素。而精确制导武器不仅命中精度高，而且可以有效控制杀伤范围，使战场附带损伤降至最低限度，因此越来越受到美国等国家的青睐。随着信息技术的发展，大量直接命中概率很高的导弹、制导炮弹、炸弹和制导鱼雷等精确制导武器投入战场使用，使武器装备的精确程度和作战效能有了惊人的提高，如摧毁同一个目标，第二次世界大战时约需9000枚炸弹，越战时只需300枚，到叙利亚战争时平均只要1~2枚精确制导弹药就够了。美国是世界上装备机载精确制导武器最多的国家，也是装备系列最完备、制导技术最先进、采购和储备量最多的国家。据2003年统计，美国空军装备有200多种型号和品种系列的精确制导弹药，其储备量已多达30万枚以上，并计划在2007年前再采购15.8万枚性能更先进的各种精确制导弹药。据报道,在1991年1月的海湾战争中,以美国为首的多国部队用8%的精确制导武器击毁了80%的目标,显示了精确制导武器是威力倍增、高效费比的武器。在这四次主要局部战争中,美军依靠大量使用精确制导武器,取得了良好的作战效果。在这四次战争中,美军所使用的精确制导武器数量所占比例分别为:1991年海湾战争7.6%;1999年科索沃战争35%;2001年阿富汗战争60%;2003年伊拉克战争68.3%。由此可以看出,精确制导武器的使用比例逐渐上升,从海湾战争到伊拉克战争增加了近9倍。按照这种增长速度预测,美军在未来参与的战争中将可能全部使用精确制导导弹和炸弹进行空中打击,而且据美国国防部消息,在未来的武器研制和生产中,美军将不再为非制导武器提供经费支持。可见,精确制导武器是决定战场胜负的重要装备。精确制导武器可以较低的成本、较小的损耗完成高精度远程打击,摧毁敌方的重要军事场所。精确制导武器可实现非接触打击、外科手术式打击,是决定战场胜负的重要装备。

种类繁多的光电精确制导武器威胁具有命中率高、使用灵活、维修简单和成本低廉的优点,因而在全球使用的范围不断扩散。并且光电制导武器所采用的技术越来越先进:从使用的光学波段来看,从激光到可见光,再到近、中、远红外等多个波段;从技术体制来看,从激光到电视成像、从红外点探测到面成像、从单一方式到复合型制导等不一而足。

1)新的激光制导体制

在科索沃战争前后,激光制导技术出现了新的体制——比例导引制导。比例导引法是指在航弹的制导过程中,要求弹的速度向量的旋转角速度与视线角速度成比例。比例导引是基于导引头可以测定弹-目标线的角速度予以实现的。导引头是一个陀螺跟踪装置。它能接收来自目标反射的激光脉冲,当弹-目标线的角速度不为零时,从目标反射回来的激光脉冲,经过光学系统的聚焦,在光电探测器上形成偏离中心位置的弥散圆。出现一个误差角,相应给出一个控制信号,这个控制信号是和弹-目标线的角速度成比例的,这个误差信号反映了弹轴相对于目标偏离的方位和大小。在这个控制信号的作用下导引头就会产生修正力矩,使陀螺向目标方向进动,驱使误差角趋近于零。在制导过程中该控制信号同时送入舵机舱,保证导弹能稳定跟踪目标。

比例导引制导的优点在于它能够有效地攻击活动目标,在同样的使用条件下,它对弹的过载要求比两种追踪导引法都小,其制导精度可以达到很高,克服风的影响的能力也较强。当然,比例导引制导系统复杂,造价较高。美军新研制的"宝石路"Ⅲ激光制导炸弹、美国的"铜斑蛇"激光制导炮弹、苏联的"红土地"激光制导炮弹等都采用比例导引制导方法。

历时78天的科索沃战争中,北约共出动33200架次飞机,投掷了各类弹药23000余枚。北约空袭中使用的各类弹药绝大部分为精确制导。其精确制导弹药的制导方式主要是光电制导,部分为雷达、微波、GPS制导。光电制导武器摧毁了南联盟大量重要坚固目标,战绩不凡。例如,1999年5月3日,法国"福煦"号航空母舰上起飞的"超军旗"战斗机,在6000m高空,对预定的攻击目标投射AS·30激光制导导弹,8枚激光制导导弹全部命中目标。

在1999年4月29日,北约对南联盟的空袭中,美空军F-15E战斗机曾携带GBU-28激光制导炸弹,摧毁了南斯拉夫普里什蒂纳机场的地下目标。GBU-28激光制导炸弹足以穿透约6m厚的钢筋水泥工事和约30m厚的普通土壤,因此获得了一个凶猛的绰号——地下掩体粉碎机。该型激光制导炸弹由经过改进的激光制导部件和常规炸药组成,属美国"宝石路"Ⅲ型激光制导炸弹系列,具备穿甲、爆破和粉碎3种功能。它是在"沙漠风暴"行动开始后,美国政府匆匆向国内军工企业提出火速研制攻击地下坚固堡垒武器的要求的背景下开始研制的。订购要求提出后,军方与生产商签订了合同,并马上开始组装试验。很快,2枚GBU-28激光制导炸弹被紧急运往海湾战区,并由一架F-111轰炸机对巴格达以北数千米的空军基地地下综合设施进行了轰炸,其中一枚准确命中目标,对地下掩体目标造成了毁灭性的破坏。据报道,海湾战争期间,美国共生产了30枚该种炸弹,后来又对其进行改进,制造出161枚硬目标钻地炸弹,专门用于对付坚固的地下掩体和防空洞。

2) 红外制导技术的发展

(1) 红外点源制导技术的发展。

在之前的战争中,红外制导技术以点源制导为主,红外点源制导大体上经过了3个发展阶段:第一代红外点源寻的制导导弹研制时间大致为20世纪40年代后期至50年代中期,探测器选用硫化铅材料,为非制冷型,工作频段一般在1~3μm,其作用距离近,导引头对红外辐射的探测能力有限,只能获取到飞机尾喷管发出的红外辐射,因此只能用来进行尾追攻击,美国的AIM-9B响尾蛇导弹是这类导弹的典型代表;1957—1966年为红外点源寻的制导导弹的第二个发展时期,此阶段导弹探测器采用锑化铟材料,制冷型,工作波段3~5μm向中波扩展,可以有效地避免阳光辐射的干扰,抗背景干扰能力得到了提高,攻击区域扩大,英国航空航天公司在1957年开始研制的红头导弹是典型的第二代红外点源制导导弹,于1965年开始服役;大致在19世纪70年代中后期,第三代红外点源寻的制导导弹开始出现,这一时期的导引头大多使用制冷型锑化铟光敏元件,这类元件具有很高的灵敏度,对扫描方式也做了很大的改进,已具备了对目标进行全方位攻击的能力,美国的"毒刺"是典型的第三代红外点源寻的制导导弹,1967年开始研制,1981年开始服役。

红外点源寻的制导技术具有以下优点：①重量轻、体积小、造价相对较低；②制导精度较高；③无源探测，具有隐蔽性、安全性能好、电子干扰影响小等特点；④可用来应对低空目标。但是其信息处理一般以调制盘调制为基础完成，使其易受复杂背景干扰，且很容易因红外诱饵弹以及其他热源的干扰而造成目标的丢失，在目标数较多时，区分能力很弱，严重影响导弹的作战效率，未能实现真正的全自主攻击。此外，由于作用距离比较近，使用时存在很多限制。为了更好地满足战场需要，新一代红外成像制导技术应运而生。

（2）红外成像制导技术。

红外成像制导的原理是利用自身携带的红外成像设备获取因目标温度分布差异而形成的热图像，这些热图像经过信息处理系统的处理与分析之后，就能够区分出目标和背景信息，确定所要攻击的目标之后，就可以将导引指令发送给导弹控制系统，通过该系统指引导弹准确命中目标。

红外成像导引技术最大的特点是"发射后不管"，同时它还具备很强的隐蔽性、较高的命中精度、可以识别干扰、适应全天候作战和直接命中目标要害等特性，这些优势使得它在精确制导领域占有非常重要的地位，并且拥有很好的发展前景。图4.34 为红外成像制导导弹的工作原理框图。

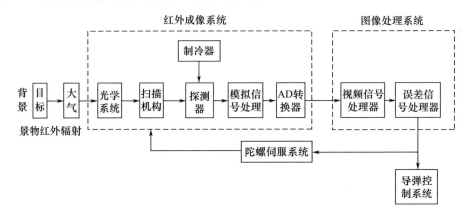

图 4.34　红外成像制导导弹工作原理框图

第一代红外成像制导系统出现于 20 世纪 70 年代，采用线列阵红外探测器加旋转光机扫描机构，由 4×4 元光导碲镉汞探测器的串并扫描成像，工作波长为 8～14μm。代表型号有发射前锁定目标的 AGM-65D"幼畜"反坦克导弹、AGM-65F 反舰导弹以及发射后锁定目标的 AGM-84E"斯拉姆"导弹。

第二代红外成像制导系统出现于 20 世纪 80 年代，采用小规模红外焦平面阵列探测器，以串并扫描方式工作。这类制导系统可以连续积累目标辐射能量，具有分辨率高、灵敏度高、信息更新率高的优点,能够对付高速机动小目标、复杂地物背景中的运动目标或隐蔽目标。红外焦平面阵列探测器灵敏度比线列器件高1个数量级,成本又比凝视型焦平面器件低,同时结构紧凑、体积小、可靠性高,易于小型化,从而促进了红外成像制导小型战术导弹的发展。

第三代红外成像制导系统采用了更大规模的焦平面阵列探测器和凝视工作方式,采用电子自扫描取代复杂的光机扫描机构,简化了信号处理和读出电路,可以充分发挥探测器的快速处理能力,其作用距离更远,热灵敏度、空间分辨率更高。20世纪80年代后期以来,凝视红外焦平面阵列器件发展很快,其中3~5μm中波段器件已发展到512×512元,锑化铟光伏器件已达256×256元,长波8~12μm光伏碲镉汞/硅CCD混合焦平面探测器已达128×128元。目前焦平面探测器正在向着高密集度、多光谱、多响应度、高探测率、高工作温度、低成本的方向发展。因此,国际上新投入研制的红外成像制导系统几乎全部采用了凝视型焦平面阵列技术,典型代表有美国的"海尔法"、AIM-9X空空导弹,德、英、法联合研制的远程反坦克导弹"崔格特",美国的高空防御拦截弹(HEDI),AAWS-M反坦克导弹等。

(3) 双色/多色制导技术。

此外,这个历史阶段也出现了光学双色/多色制导系统。战斗机和巡航导弹是红外制导武器的主要打击目标,为了提高生存能力,现代战机开始采用包括红外隐身涂层、尾气化学降温、喷管上弯等技术来降低红外制导导弹的探测概率,于是各种光学双色制导系统应运而生。光学双色制导系统包括红外双色、红外/紫外双色和红外/可见光双色复合制导等。它可以提高制导系统对目标的光谱分辨能力,改善武器对抗红外诱饵干扰和反隐身能力,代表型号有美国的"毒刺"(Stinger Post)导弹和苏联的"针"式导弹。

光学双色制导系统主要是指红外双色、红外/紫外双色和红外/可见光双色复合制导。红外双色制导系统采用先进焦平面阵列结构的双色探测器,结构与红外单色系统类似。红外/紫外双色制导系统一般采用共口径玫瑰线扫描准成像技术,红外和紫外两种探测器用夹层叠置方式黏合在一起,获得的信号分别送到各自对应的微处理机,经过信号处理后可分析判别真假目标。红外/可见光多模制导系统采用共口径光学系统,可见光通道采用CCD光学摄像头,红外通道多采用凝视焦平面阵列红外探测器。由目标反射的可见光和红外辐射通过共口径的前光学系统聚焦,光路中的光束分离器将可见光反射90°后进入CCD摄像目镜组,经光电转换成可见光图像信号,而光束分离器可透过红外光,使其聚焦于探测器光敏面,经光电转换成热图像信号。

除此之外,双模/多模复合制导系统也逐渐出现。红外制导系统具有较高的精度和抗干扰能力,但作用范围较小,在不利气候条件下,探测器信噪比大幅降低,容易导致目标丢失,而微波雷达制导系统作用距离远,具有全天候作战能力,但其角度分辨率较低,易受电磁干扰的影响,将微波雷达和红外系统进行复合将极大地提高武器系统的目标截获跟踪能力和抗干扰能力。微波/红外复合制导系统有主动雷达/红外和被动微波测向/红外两种,其微波寻的器采用微波相位干涉仪,与红外制导系统按共孔径方式工作,探测目标的雷达辐射和红外热辐射、测量目标速率以及截获与跟踪目标。一般微波被动测向用于中段制导,红外寻的器用于末段精确制导,也可全程由微波被动测向制导或全程由红外制导。代表型号有德、法共同研制的 ARAMIS 增程反辐射导弹和德国的 ARAMIGER 导弹。

毫米波雷达具有全天候和对烟、雾穿透良好等优点,同时因波束较窄而具有更高的目标分辨率和跟踪精度,天线口径尺寸小,器件体积小。毫米波相对红外有较宽的波束,更适用于较大范围搜索与截获目标,红外寻的器适于小范围的跟踪和精确定位。此外,毫米波雷达还能提供距离信息和灵敏的多普勒信息,可以提取幅度、频谱、相位和极化等多种信息,弥补红外寻的器的不足,提高制导系统综合性能。因此,毫米波/红外复合制导方式比其他多模制导方式具有更好的抗干扰性和反目标隐身性能,是目前公认的最有前途的复合制导技术之一,代表型号有美国的 SADARM 反装甲灵巧弹药、法国的 TACED 反坦克炮弹等。

随着双模复合制导技术的发展成熟,各国也开始了三模甚至多模复合制导技术的研究。例如微波/毫米波/红外三模寻的制导地空导弹,充分发挥了微波/毫米波/红外 3 种传感器在作用距离、分辨率、抗干扰能力方面的优势,提高了武器系统的可靠性、命中精度和使用范围。美国研制的主/被动微波/红外成像三模复合制导高速反辐射导弹,在保证导弹制导精度和抗干扰能力的前提下,又可以对抗目标雷达关机,从而大大提高了导弹的命中率。多模复合制导技术综合了多种模式制导体制的优点,比单模制导和双模制导方式具有更强的环境适应性。

3) 电视制导技术

电视(可见光)制导系统的出现可以追溯到第二次世界大战时期,最早是美国研制的滑翔炸弹。第二次世界大战时期也首次出现了电视体制制导武器:由德国研制并投入使用的 Hs294D 型空地制导导弹,这可能是最早的电视制导体制的导弹。

第二次世界大战后,美、俄等国都推出了其自成系列的电视制导武器系列。美国最早推出的电视制导武器是 AGM – 62 "斜视" II 型电视制导滑行炸弹于 1963 年测试成功并投入使用,曾经发挥过重要的作用,现因技术陈旧已经不再使用。

其后,又有 GBU – 15 人在回路型电视制导无动力高性能制导导弹,于 1975 年测试通过并一直沿用至今。可以换装红外图像制导头以供夜间使用。它有两种制导模式:一是直接式,即在发射时由飞行员发现并锁定目标后再行投放;二是间接式,即飞行员首先投放炸弹,炸弹通过数据链路向飞行员返回目标区域图像,然后再由飞行员控制并锁定目标。该制导炸弹在沙漠风暴行动中共投放 71 发,全部命中目标。

AGM 系列的一个改进型,即 AGM-65"幼畜"型是 1972 年通过测试并投入使用至今的一款空地电视体制制导导弹。其主要执行近空支援,以及火力压制的任务。AGM-65 系列中 A、B 型都是采用的电视制导体制,由美国空军研制。D、F 和 G 型采用红外图像制导方式,E 型采用激光制导方式,由美国海军研制。由于 A 型的光电设备老化和不断落后而被淘汰,目前仍在役使用的是 B 型 CCD 电视制导导弹。在沙漠风暴中大量使用了该型导弹,命中率达到 85% 左右。

AGM-130 系列电视/红外制导炸弹是一种类似 GBU-15 的高性能制导导弹。其采用了 GPS/INS 作为制导手段,而在末端采用电视或成像红外作为精确制导手段。

其中,AGM-130A 型于 1984 年研制成功,并于 1994 年首次装备并使用。其余的改进型 MCG(Mid-course Guidance)、Lw(Lightweight)以及 C 型都是在此基础上发展起来的多用途制导炸弹系列。目前,该系列导弹在美国及其他一些国家的空军均有装备。

较新的 AGM 发展型为 AGM-142"猛禽"系列中程空地电视制导导弹;其主要有两个型号:"凸眼"Ⅰ/Ⅱ型。主要装备 B-52 轰炸机,用以提高轰炸机的生存能力和轰炸精度。其控制方式采用人在回路设计,即由飞行员进行目标搜索和锁定,并引导导弹最终命中目标,目前这一系列导弹被多国空军采用。

在巡航方面,美国拥有 BGM-109"战斧"式巡航导弹,其可以实现全天候、水下/舰上发射,主要攻击陆地目标。其主要采用 GPS、改进的光学数字式景象匹配区域相关(DSMAC)制导系统;或者采用 INS 和地形轮廓匹配(TERCOM)的雷达制导系统。其从 1981 年投入使用以来,不断改进、更新并使用至今,是美国海军的主要对地精确打击武器。

俄罗斯联邦也有一些电视精确制导武器。早期的有由 Molniya 设计局设计的 Kh-59 型空地电视制导导弹和 KAB-500KR 型高命中精度电视制导炸弹。

目前,其中较成熟并得到广泛使用的是 Kh-59 系列空地导弹。其中,Kh-59 "大螺栓"或者"将军柱"型中程电视制导空地导弹是由俄国 Raduga 设计局设计的。其主要攻击大型地面固定目标,具有较高的命中精度。而其改进型 Kh-59ME"玩具笛子"主要用来装备先进的苏-30MKK 型战斗机;而改进的 MK 型反舰导弹主要装备海军航空兵的苏-30MK2 型战斗机。英国设计制造的 Bristol PR8 也是一款高精度空地电视制导导弹。

从上述介绍不难看出,在国际军事领域,图像制导,尤其是电视体制末制导已经占有相当分量。或者成为有力的辅助制导方式,或者成为一种可供替换的精确制导方式,其控制方法多采用远距离(敌控区外)投放以提高战斗机或者轰炸机的生存能力,人工寻的,人在回路的方式。通过飞行员的控制来有效提高目标命中精度,并有效对抗敌方的光电对抗措施。

4.5.4 光电对抗技术迅速发展

截止1990年底统计,全世界激光制导炸弹装备了20万枚以上,且每年以1万多枚的数量增加。面对日益增长的精确制导武器的威胁,激光对抗技术再次引起各国军界的高度重视,据报道,西欧国家1982—1991年10年间光电对抗装备费用为27亿美元,年递增15%~20%;美国电子战试验费用中用于光电对抗方面的1976年为16%,1979年为45%;美国和英国开始联合研究用于保护大型飞机的多光谱红外定向干扰技术,这种先进的技术可以对抗目前装备的各种红外制导导弹。美国研制的AN/GLQ-13激光对抗系统和英国研制的GLDOS激光对抗系统采用有源欺骗干扰方式,可将来袭激光制导武器诱骗至假目标;美国研制的"魟鱼"车载强激光干扰系统可致盲来袭激光制导武器导引头的光电传感器,使之丧失制导能力。

4.5.4.1 红外定向干扰技术

红外干扰机是一种能够发射红外干扰信号,破坏或扰乱敌方红外观测系统或红外制导系统正常工作的光电干扰装备,主要干扰对象是红外制导导弹。红外干扰机安装在被保护作战平台上,保护作战平台免受红外制导导弹的攻击,既可单独使用,又可与告警装备和其他装备一起构成光电自卫系统。早在19世纪60年代,人们就已经开始研究利用激光来对抗精确制导武器的光电导引头。1964年,欧洲首次采用"红宝石"激光器在400m的距离上干扰摄像机的显像管,这是人类有记载的第一次激光损伤实验。

红外干扰机主要分为广角型红外干扰机和定向型红外干扰机两大类。定向型红外干扰机采用非相干光源或相干光源(激光)为干扰源。非相干光源以放电光源(如短弧氙灯、氪灯等)为主,采用抛物反射镜面将其压缩成窄光束形成定向干扰光束。激光具有方向性好、能量密度高等特点,是定向型红外干扰机的理想光源,即使干扰模式并不匹配,也能起到很好的干扰效果。随着激光能量的进一步提高,甚至可实现对来袭导弹实施致眩或致盲干扰,而且对空间扫描型、双色及成像制导导弹都有理想的干扰效果。红外定向干扰需配备高精度的引导和跟踪装置。

美国和英国空军装备的"复仇女神"定向红外对抗系统,代号AN/AAQ-24(V)(图4.35),用于装备战术运输飞机、特种作战飞机、直升机及其他大型飞机,对抗地空和空空红外制导导弹的威胁。

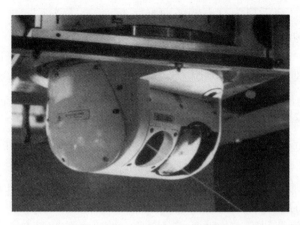

图4.35　美国AN/AAQ-24(V)"复仇女神"定向红外对抗系统(见彩图)

20世纪90年代初的AN/AAQ-24(V)系统采用的是非相干光源(25W氙弧光灯),可干扰工作于$1\sim2\mu m$频段的红外制导导弹。到20世纪90年代后期,干扰光源改用9.6 μm波长的CO_2激光器,经过晶体倍频输出4.8μm波长激光,用于干扰$4\sim5\mu m$波段的新一代红外制导导弹。AN/AAQ-24(V)系统主要由AAR-54(V)导弹逼近告警器、精密跟踪传感器、红外干扰发射机、控制装置、处理器和电源等组成。图4.36所示为定向型红外干扰机对抗导弹的作战过程。

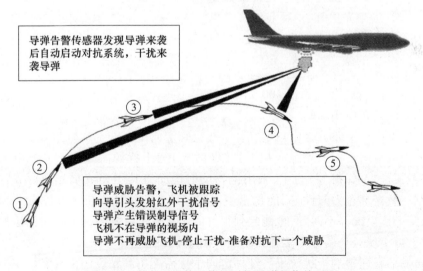

图4.36　定向型红外干扰机对抗导弹的作战过程

红外定向干扰机通过致盲红外/电视制导导弹的导引头使其失效,而激光欺骗干扰则通过产生假目标诱偏激光制导武器,达到保护己方目标的目的。

技术花絮——定向干扰

定向干扰是一种对抗敌方光电侦察设备和光电制导武器的光电对抗技术。当人眼突然受到强光照射后,会出现短暂的失明,无法观察到其他的物体,夜晚开车时被对面车辆的远光灯照射或白天用眼睛直视太阳以后都会出现短暂的失明而无法看清楚周围的环境,如果进入眼睛的光太强,甚至可能造成永久失明。同样的,光电探测成像设备如搭载在卫星、侦察飞机等平台上的光学摄像头、各种光电制导武器的光电导引头与人的眼睛一样,受到强光照射以后会产生短暂或永久的"失明"而无法正常工作。

定向干扰就是利用这一原理来对抗敌方的光电侦察设备或光电制导武器的。现代战争中,飞机、舰艇、装甲车辆所面临的一个主要威胁就是各种光电制导武器,包括激光制导、红外成像制导、电视制导武器等。这些制导武器在锁定目标之前,必须先通过自身携带或其他平台的光电探测器"看"到目标。而定向干扰技术就是使用高功率的激光束晃射敌方光电探测器,使其短暂或永久"失明",进而失去制导能力,其干扰效果如图 4.37 所示。定向干扰设备使用的激光亮度很高,在十几千米之外就可以使敌方的光电探测器失明,当距离较近时甚至可以使敌方的光电设备永久失明。

当然,太阳光虽强,只要我们不直视它就不会受到它的影响,同样的我们的干扰激光要起作用,也必须准确地照射进敌方光电探测设备里。因此,除了高质量,大功率的激光器以外,定向干扰设备还需要精确的跟踪瞄准装置,保证激光束能够在十几千米外准确照射进敌方光电探测器的"眼睛"里。另外,为了防止被干扰,现代的光电探测设备都安装了滤光片,只有特定波长或波段的光才能进入探测器,其他波长的光都会被滤掉。因此,现在的定向干扰设备通常会采用多波段复合的激光束,保证总有激光能够透过敌方的滤光片。

图 4.37 定向干扰效果仿真图

4.5.4.2 激光欺骗干扰技术

激光欺骗干扰是通过发射、转发或反射激光辐射信号,形成具有欺骗功能的激光干扰信号,扰乱或欺骗敌方激光测距、激光制导系统,使其得出错误的方位或距离信息,从而极大地降低光电武器系统的作战效能。

激光角度欺骗干扰的主要对象是激光制导武器,包括激光制导炸弹、导弹和炮弹。激光制导武器的制导方式依激光目标指示器在弹上或不在弹上分为主动式或半主动式两种。导引体制也有追踪法和比例导引法两种。目前装备较多的是半主动式比例导引激光制导武器。

半主动激光制导武器多为机载,用来攻击地面重点军事目标。典型的半主动激光制导武器有法国的"马特拉"(炸弹)、美国的"宝石路"(炸弹)、"海尔法"和"幼畜"(导弹)等。激光制导系统主要由弹上的激光导引头和弹外的激光目标指示器两部分组成,激光目标指示器可以放在飞机上,也可放在地面上。激光导引头利用目标反射的激光信号来寻的,通常采用末段制导方式。

激光末制导的制导过程是:弹体投出后,先是按惯性飞行,此时机上目标指示器不发射激光指示信号,当弹体飞近目标一定距离时,激光目标指示器才开始向目标发射激光指示信号,导引头也开始搜索从目标反射的激光指示信号。为增强激光制导系统的抗干扰能力,激光制导信号往往还采用编码形式。导引头在搜索从目标反射的激光信号的同时,还要对所接收到的信号进行相关识别,当确认其符合自身的制导信号形式后,才开始进入寻的制导阶段,直至命中目标。图4.38所示为半主动激光制导的全过程示意图。目前,半主动激光制导武器的激光目标指示器,多采用固体Nd:YAG脉冲激光器,激光波长为 $1.06\mu m$。

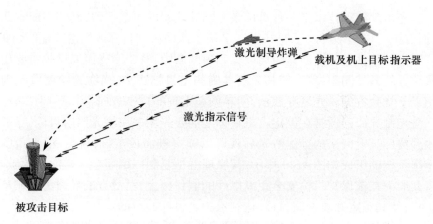

图 4.38　半主动激光制导过程示意图

而激光角度欺骗就是通过在被保卫目标附近放置激光漫反射假目标,用激光干扰机向假目标发射假信号,进入激光导引头的接收视场,使导引头产生目标识别的角度误差。当导引头上的信息识别系统将干扰信号误认为制导信号时,导引头就受到欺骗,并控制弹体向假目标飞去。典型的激光有源欺骗干扰如图4.39所示。美国的AN/GLQ-13车载式激光对抗系统和英国的GLDOS激光对抗系统就是典型的激光欺骗干扰系统。

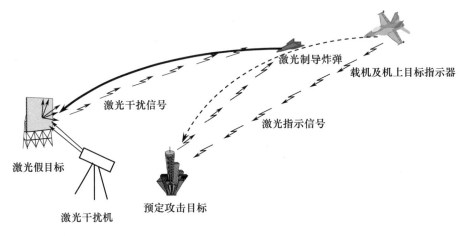

图4.39 激光有源欺骗干扰示意图

技术花絮——激光角度欺骗

激光角度欺骗技术是一种对抗激光制导武器的有效手段,其使用成本非常低,而对抗的成功率可以接近100%,多用于地面机动目标或固定阵地的防护。

激光欺骗技术分为激光距离欺骗和角度欺骗,其中激光距离欺骗主要用来干扰敌方的激光测距设备,使其无法准确测出目标距离,而激光角度欺骗则主要用来干扰敌方的激光制导武器,使其偏离正确的攻击方向。

激光制导武器通常在锁定攻击目标之前要先用一束激光照射目标,导引头接收到目标反射回来的指引激光后就可以锁定进而攻击该目标。激光角度欺骗干扰系统的组成如图4.40所示,其原理就是复制一束完全一样的指示激光,并将其照射在被保护目标安全距离以外的假目标上,对敌方的导引头形成欺骗和干扰,使其锁定并攻击假目标,达到保护真目标的目的。

为了增加抗干扰的能力,激光制导武器通常会对指示激光进行编码,导引

（续）

头在接收到反射的激光后还会对其进行识别判断,确认无误后才会利用它进行制导。因此实现角度欺骗不仅要保证欺骗激光与敌方的指示激光具有相同的波长、重频、编码、脉冲宽度等特性,还要保证两者的时间上同步或相关。

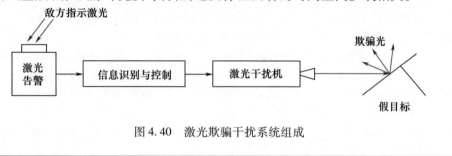

图 4.40　激光欺骗干扰系统组成

参考文献

[1] 艾尔弗雷德·普赖斯. 美国电子战史第三卷:响彻盟军的滚滚雷声[M]. 北京:解放军出版社,2002.

[2] 范晋祥,等. 定向红外对抗系统与技术的发展[J]. 红外与激光工程,2015,44(3):789-794.

[3] 郭汝海,等. 光电对抗技术研究进展[J]. 光机电信息,2011,28(7):21-26.

[4] 刘松涛,等. 光电对抗技术及其发展[J]. 光电技术应用,2012,27(3):1-9.

[5] 李业惠,等. 从伊拉克战争看精确制导武器的发展[J]. 导弹与航天运载技术,2003(5):28-36.

[6] 胡东杰,等. 伊拉克战争中的伪装、遮蔽与欺骗[J]. 工兵装备研究,2003,22(3):46-51.

[7] 杨立峰. 精确制导武器及发展趋势[J]. 现代防御技术,2010,38(4):18-21.

[8] 熊群力,等. 综合电子战——信息化战争的杀手锏[M]. 北京:国防工业出版社,2008.

[9] 李加祥. 北约/南联盟在科索沃战争中的电子对抗及启示[J]. 航天电子对抗,1999,4:17-22.

[10] 易正红. 从北约空袭南联盟分析现代高技术战争中的电子战[J]. 电子对抗技术,1999,14:21-25.

[11] 天波. 科索沃局部战争中的美军机载电子战综述[J]. 航天电子对抗,1999(3):62-65.

[12] 孙静. 科索沃上空的电子战分析[J]. 光电对抗与无源干扰,1999(4):34-40.

[13] 《通信导航与指挥自动化》编辑部. 科索沃战争中的电子战(二)[J]. 通信导航与指挥自动化,2012(1):77-78.

[14] 王华. 阿富汗战争中美军武器装备运用特点[J]. 现代军事,2002(4):41-43.

[15] 费华连. 阿富汗战争中使用的 RF 对抗装备[J]. 外军电子战,2004(1):40-45.

[16] 石荣,阎剑. 通信干扰军事应用的简要历史回顾与分析[J]. 电子对抗,2017(3):42-48.

[17] 梁百川. 从阿富汗战争看新的作战概念[J]. 航天电子对抗,2003(1):35-37.
[18] 庞立. 高功率微波效应及高功率微波武器的发展现状与展望[J]. 国外核技术与高新技术发展,2004,27(2):43-51.
[19] 军事科学院外国军事研究部,中国国防科技信息中心. 海湾战争—美国国防部致国会的最后报告(上)[M]. 北京:军事科学出版社,1992.
[20] 艾尔弗雷德·普赖斯. 美国电子战史[M]. 北京:解放军出版社,2005.823-865.
[21] 王燕. 海湾战争中的电子战. 国际电子战[J]. 2011,9:10-28.
[22] 宗思光,等. 高能激光武器技术与应用进展[J]. 激光与光电子学进展,2013,50,080016.
[23] 淦元柳,等. 国外机载红外对抗技术的发展[J]. 战术导弹技术,2011(1):122-126.
[24] 高智,等. 美国 YAL-1A 机载激光武器系统[J]. 现代兵器,2010(5):24-30.
[25] 钟华,等. 科索沃战争中北约所使用的武器[J]. 1999(20):4-12.
[26] 庄振明. 科索沃战争中光电武器装备使用和光电对抗情况简述[J]. 飞航导弹,2000(8):59-61.
[27] 徐慨,等. 国外航天侦察卫星的现状与发展[J]. 信息通信,2015(3):76-79.
[28] 齐余丹. 太空卫星大战[J]. 大科技(科技之谜),2007(5):8-12.
[29] 徐大伟. 水面舰艇光电干扰系统建模与仿真[J]. 光电技术应用,2014,29(6),68-72.

第 5 章

电子战发展新方向：智能化、网络化、综合一体化

在前面章节中我们以时间为主线，以重大历史事件中电子战的作战应用为着眼点，展现了电子战诞生、成长、成熟、壮大的整个发展历程。在现代战争中电子战与火力摧毁相比，虽然没有火力爆破时视听的直接震撼，但是电子战通过电磁频谱而发挥的四两拨千斤的作用是火力攻击无法达到的。电子战之所以具备这些神奇的力量与电子对抗技术的演进和电子对抗装备的进步密不可分，而且在未来战争中电子对抗技术与装备的发展更加决定了电子对抗在现代战争中的核心地位，同时也进一步加强了电子战向电磁频谱战迈进的坚定步伐。近十几年来，人工智能、互联网+、多功能综合、芯片化集成、隐身作战、协同与联合、高功率武器等新技术的进步为电子对抗的发展注入了新的动力，在这一章中我们将从各种新技术的视角来展现其对电子战的发展所产生的影响，同时也展现电磁频谱战对新技术与新装备发展的牵引。

5.1 人工智能点燃了认知电子战的引擎

5.1.1 从概念提出到走向繁荣

人工智能（AI）发展的璀璨梦想在于：通过类似于人类的智能机器的帮助，延伸和增强人类在改造自然、治理社会方面的能力和效率。为了追求这个宏大的理想，诞生至今的 60 多年的时间里，人工智能的发展历程可谓跌宕起伏，可用 3 次浪潮形容，如图 5.1 所示。

伴随 3 次浪潮的发展，人们对人工智能的认识和理解，也由最初狂热、乐观、大跃进式解决方案，逐渐收敛为现在理性、务实的细分任务解决方案。现今，新闻媒体在谈论人工智能话题时，常提及"人工智能""机器学习"和"深度学习"3 个词语。其实，从"人工智能"到"机器学习"，再到"深度学习"，它们三者间的关系正

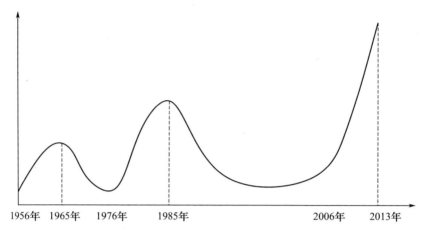

图 5.1　人工智能发展的 3 次浪潮

好反映了人们对人工智能的深化认识过程,各自对应于一次发展浪潮,如图 5.2 所示。

图 5.2　人工智能、机器学习、深度学习三者的关系

5.1.1.1　人工智能的畅想

1956 年夏天,由约翰·麦卡锡(John McCarthy)、纳撒尼尔·罗切斯特(Nathaniel Rochester)最初发起,并联合克劳德·香农和马文·明斯基(Marvin Minsky)提议在达特茅斯学院(图 5.3)召开一个头脑风暴式的研讨会。麦卡锡给这个研讨会起了个别出心裁的名字——"人工智能夏季研讨会"。除了这 4 位提议者外,参加这次会议的还有赫伯特·西蒙(Herbert Simon)、艾伦·纽维尔(Allen Newell)、阿瑟·撒缪尔(Arthur Samuel)、伯恩斯坦、摩尔(Trenchard More)和罗门诺夫(Solomonoff)6 位科学家。

这就是人工智能发展历史上著名的达特茅斯会议,它无疑开启了人工智能的

第 5 章　电子战发展新方向：智能化、网络化、综合一体化

图 5.3　达特茅斯会议会址

新纪元。人工智能作为一个明确的概念便在这次会议上首次提出。在这次研讨会上，人工智能的先驱们就梦想着用当时刚刚出现的计算机来构造复杂的、与人类智慧拥有同样本质特征的智能机器。这就是我们现在所说的"强人工智能"。这种智能机器能够像人一样自主感知、思考、决策和行动。科幻电影《星球大战》中的 C-3PO 机器人就属于强人工智能。

由于这个时期人工智能才刚刚兴起：一方面为了吸引眼球而过度消费；另一方面也是认识上的局限性，大家都过分乐观。1958 年，西蒙和纽维尔两位人工智能先驱提出了非常有名的四大预言：10 年内计算机将成为国际象棋冠军；10 年内计算机将发现和证明有意义的数学定理；10 年内计算机将能谱写优美的乐曲；10 年内计算机将能实现大多数的心理学理论。

然而，当时唯一实现了的是四大预言中最容易的数学定理的机器证明。机器赢得国际象棋冠军却要等到 40 年后的 1997 年，而乐曲的谱写和心理学理论的实现更是遥遥无期，至今都是人工智能努力的方向。由于四大预言的破灭，促使人工智能的发展第一次跌入了低谷。

在低谷中，人们开始反思前期对人工智能的认识。对"强人工智能"的追求，以当时的科技实力来看，似乎是不现实的。至今，"强人工智能"仍然停留在科幻电影和小说中，还是遥不可及的梦想。所以，人们认为必须分阶段发展人工智能，开始转而追求更现实的"弱人工智能"。所谓的弱人工智能就是能够与人一样，甚至比人更好地执行单方面的特定任务。比如，自然语言处理、计算机视觉、机器人控制等都属于弱人工智能的实践应用。

5.1.1.2 机器学习的兴起

数理逻辑表达和推理是第一次浪潮期间研究人工智能的当红流派方法。一个简单的逻辑推理就是古希腊哲学家、逻辑学家亚里士多德(Aristotle)提出的"三段论"。举个三段论的例子,"如果鸡是一种鸟,鸟是一种动物,那鸡就是一种动物"。用逻辑程序语言表达出来,就是"if 所有 a 都是 b, and 所有 b 都是 c, then 所有 a 都是 c"。

逻辑推理的理论体系很完备,但太局限于理论研究,最大成就是前面提及的定理证明。为了解决实际应用需求,以逻辑推理基础开发出了专家系统。后来发现专家系统仍然有很多无法解决的问题,离应用落地还有很大的差距。因此,第一次浪潮退去后,人们除了开始反思对人工智能的认识外,还反思了以逻辑推理为代表的人工智能方法论。这次反思间接促成了以机器学习为代表的人工智能方法论的兴起,并在后续的两次浪潮中一直处于统治地位。

机器学习技术研究的初衷就是想通过机器模拟人类的超强学习活动能力。人们通过对成长过程中积累的各种经历进行归纳学习,就可以对客观世界存在的规律做出带有主观性的经验认识。根据这些经验认识,人们就能够对新的未知事物的发展趋势做出预测性判断。对未知事物预判的准确性既取决于我们的经历,也取决于我们学习后形成的经验认识。

拿国民话题的房子来说,简单举个房价估值的例子。假如现在我手里有一栋房子需要售卖,我应该给它标上多高的价格? 房子的面积是 $100m^2$,价格应该是 100 万,120 万,还是 140 万? 很显然,我希望获得房价与面积的某种规律。于是我调查了周边与我户型类似的一些房子,获得一组数据。这组数据中包含了大大小小房子的面积与价格,如果我能从这组数据中找出面积与价格的规律,那么我就可以得出房子的价格。

对规律的寻找很简单,拟合出一条直线,让它"穿过"所有的点,并且与各个点的距离尽可能的小。那么,这条直线就表征了一个合理的,且能够最大程度上反映房价与面积的规律。这条对应的直线也可以用一个一元线性函数来描述,即

$$y = a \cdot x + b \tag{5.1}$$

式中:x、y 分别表示面积和房价;a、b 为直线的参数。

有了直线的参数 a、b 之后,我就可以计算出房子的价格。假设参数 $a = 0.75$,$b = 50$,则房价 $y = 100 \times 0.75 + 50 = 125$ 万元。这个结果与我前面所列的 100 万元、120 万元、140 万元都不一样。由于这条直线综合考虑了大部分的情况,因此从"统计"意义上来说,这是一个最合理的预测。

可以说,这个例子包含了机器学习的"训练"和"预测"两个典型过程。利用大

第5章 电子战发展新方向：智能化、网络化、综合一体化

量包含面积和对应房价的数据，借助算法拟合出一条能够最佳反映房价和面积的规律的直线（其实是估计直线参数）。我们称这个过程为"训练"。依托这条拟合的直线，将我的房子的面积作为输入，就可得出最合理的价格预估。这个过程称为"预测"。所以通俗地讲，机器学习是一种通过利用数据训练出模型，再使用模型进行预测的方法。

这个例子其实就是机器学习中的一元线性回归问题。以面积为输入，房价为输出，采用一元线性函数构建房价预估模型，借助最小二乘法训练模型参数。要知道，在现实生活中，影响房价的因素往往是多方面的。除房子的面积外，房子的楼层、朝向、所处地段、配套设施等都是影响因素。而且，这些因素对房价的影响也不会仅仅是简单的线性组合关系。因此，要想解决现实中大量存在的类似实际问题，就需要研究如何构建多元非线性模型及相应的学习方法。

在第二次浪潮（1976—2006 年）的 30 多年间，针对多元非线性模型的学习，提出了很多机器学习方法，如人工神经网络（ANN）、决策树、支持向量机（SVM）等。在"三个臭皮匠顶个诸葛亮"思想的启发下，又将多个性能一般的决策树组合在一起实现"联合投票"，提出了集成学习方法，如 Boosting 算法、AdaBoost 算法和随机森林等。

若将机器学习领域比作一个湖面，绝大部分学习方法的出现，就像投入湖面的石子，注定在湖面上激起的只是一个个大小不一的涟漪。涟漪散开后，湖面又重新归为平静。但有的方法的出现，却在经过漫长的孕育和发展后，最终必将在湖面上掀起惊天骇浪。前面提到的人工神经网络及其学习方法就属此类。

5.1.1.3 深度学习的爆发

现如今的第三次浪潮（2006 年至今）爆发的深度学习，同以往两次浪潮期间产生的感知机和多层感知机一脉相承，代表着人工神经网络新的发展历史阶段。

机器学习的本意是模拟人类的学习活动。人类的学习活动都是由人类的大脑完成的。人的大脑是如何做到这一点的呢？神经脑科学的研究表明，人的大脑是一个组织结构非常复杂的神经网络，由数以亿计的神经元相互连接而成，如图 5.4 所示。在人脑神经网络的启发下，计算机科学家们最终提出了人工神经网络模型及其学习算法，如图 5.5 所示。

考虑到数学计算的方便性，与人脑的神经网络相比，人工神经网络的拓扑结构要简单得多，很像一个按照特殊要求组织的有向无环图。整个网络的拓扑结构按照分层关系组织图中的所有节点，同一层内各节点之间无连接，只有相邻层节点之间才用有向边连接，并给每条有向边赋予一个权值。有向边的箭头始终由下边的下一层节点指向上边的高一层节点。我们通常称最下面一层为输入层，最上面一层为输出层，其余的中间层统称为隐藏层。输入层只是接收特征数据，而隐藏层和

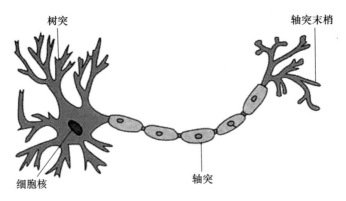

图 5.4 神经细胞的结构图

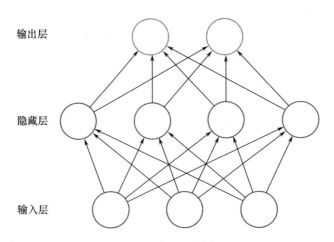

图 5.5 神经网络模型

输出层则负责计算,所以这两层又统称为计算层。

正是这样一个普通拓扑结构,却解决了现实世界中的许多非线性建模问题。人工神经网络已经成功应用于语音识别、图像识别、自然语言处理等领域。这其中的奥秘就隐藏在构成计算层,尤其是隐藏层的各个神经元当中。从图 5.6 所示的神经元函数模型可以看出,首先对神经元接收的所有输入,按照对应有向边的权值进行加权求和,再经激活函数运算后作为神经元的输出。若用一个数学公式来描述,神经元的所有输入 $x_i(i=1,2,\cdots,n)$ 与输出 y 的关系为

$$z = \sum_{i=1}^{n} W_i x_i + b \qquad (5.2)$$

$$y = f(z) \qquad (5.3)$$

式中:$W_i(i=1,2,\cdots,n)$为第i个有向边的权值;b为附加的偏置;$f(z)$为激活函数。

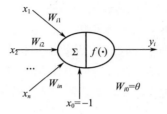

图5.6 神经元函数模型

神经元模型中所有输入的线性组合z就是前面讲述的线性回归模型。θ我们都知道线性回归模型只能解决线性问题,无法满足现实生活中大量存在的非线性问题。要想用人工神经网络解决复杂的非线性问题,就需要将激活函数$f(z)$设计为非线性函数,从而在模型中引入非线性因素。sigmoid函数就是一种常用的激活函数,其数学表达式为

$$f(z)=\frac{1}{1+e^{-z}} \tag{5.4}$$

式(5.4)对应的曲线如图5.7所示。

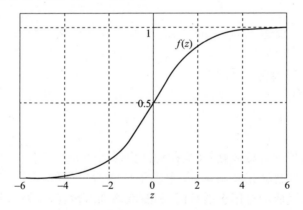

图5.7 神经元的sigmoid激活函数

将sigmoid函数作为激活函数后,此时的神经元模型就是一个逻辑回归模型。另外,还需要在两层感知机的基础上增加更多的计算层,从而增强模型的空间变换能力。基于这两点考虑,20世纪80年代初,伟博斯(Werbos)提出了由输入、隐藏和输出三层结构组成的人工神经网络——多层感知机。而且,理论证明多层感知机可以无限逼近任意非线性函数。1986年,Rumelhart、Hinton和Williams将多层感知机和反向传播(BP)算法相结合,解决了多层神经网络(图5.8)的学习问题,

更是引发人工智能的第二次浪潮。

然而,受制于当时计算机存储容量和处理速度的限制,训练一次多层感知机的耗时是一个比较突出的问题。多层感知机中需要训练的模型参数(权值和偏置)较多,而问题建模本身往往又是非凸的,因此训练优化时极易陷入局部最优的困境。同期出现的 SVM 方法与其相比,在分类识别效果相当的情况下,具备模型高效、无须调参和全局最优的优势。20 世纪 90 年代,SVM 方法逐渐取代了人工神经网络,成为机器学习领域的宠儿。

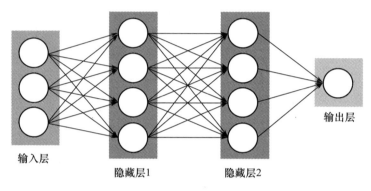

图 5.8　多层神经网络模型

2006 年,经过长达 10 多年的沉寂后,人工神经网络的坚守者杰弗里·辛顿(Geoffrey Hinton)和他的学生 Salakhutdinov 在世界顶级学术期刊《科学》上发表了一篇论文,指出:多个隐藏层的人工神经网络具有优异的特征学习能力,学习得到的特征对数据有更本质的刻画;深度神经网络在训练上的难度,可以通过逐层初始化来克服。辛顿给深度神经网络的相关学习方法赋予了一个新名词——"深度学习"。

增加更多的层次有什么好处?答案是:更深入的表示特征,以及更强的函数模拟能力。

更深入的表示特征可以这样理解,随着网络的层数增加,每一层对于前一层次的抽象表示更深入。在神经网络中,每一层神经元学习到的是前一层神经元值的更抽象的表示。例如,第一个隐藏层学习到的是"边缘"的特征,第二个隐藏层学习到的是由"边缘"组成的"形状"的特征,第三个隐藏层学习到的是由"形状"组成的"图案"的特征,最后的隐藏层学习到的是由"图案"组成的"目标"的特征。通过抽取更抽象的特征来对事物进行区分,从而获得更好的区分与分类能力。

更强的函数模拟能力是由于随着层数的增加,整个网络的参数就越多。而神经网络其实本质就是模拟特征与目标之间的真实关系函数的方法,更多的参数意味着其模拟的函数可以更加复杂,可以有更多的容量(capacity)去拟合真正的

第5章　电子战发展新方向：智能化、网络化、综合一体化

关系。

通过研究发现,在参数数量一样的情况下,更深的网络往往具有比浅层的网络更好的识别效率。这点也在 ImageNet 的多次大赛中得到了证实。从 2012 年起,每年获得 ImageNet 冠军的深度神经网络的层数逐年增加,2015 年最好的方法 GoogleNet 是一个多达 22 层的神经网络。在最新一届的 ImageNet 大赛上,目前拿到最好成绩的 MSRA 团队的方法使用的更是一个深达 152 层的网络!

5.1.2　人机大战的巅峰对决

棋类游戏自古以来一直都被视为顶级人类智力的象征,也是人工智能的试金石。2016 年 3 月 9 日—15 日,在韩国首尔举行了一场世纪之初的围棋人机大战,由 Google 下属 DeepMind 公司研发的围棋程序"阿尔法狗(AlphaGo)"对决世界排名第二的专业围棋手李世石,如图 5.9 所示。Google 更是为这场比赛提供了一百万美元的奖金。最终,AlphaGo 以 4∶1 的大比分大胜李世石。比赛的结果被新闻媒体纷纷转载,在世界范围内引起了轰动。

图 5.9　围棋人机大战的巅峰对决

5.1.2.1　围棋人工智能(AI)的挑战

围棋英文称为"Go",是一种策略性两人棋类游戏。围棋使用方形格状棋盘及黑白二色圆形棋子进行对弈,棋盘上有纵横各 19 条直线将棋盘分为 361 个交叉点,棋子在交叉点上,双方交替走棋,落子后不能移动,以围地多者为胜。

在下棋的过程中,针对当前盘面态势,若每个回合都能按照己方最有利、对方最不利的最优策略走棋,直至对弈结束,己方就肯定能获胜。经统计,平均每个盘面态势下期望的走棋选择大约有 250 种。一局对弈下来,围棋通常要持续 150 个

走棋回合。照这样计算,围棋的所有可能的盘面态势总数量估计将达到 10^{761} 种,这可是一个天文数字。要知道,整个宇宙才拥有约 10^{80} 个原子。这也是围棋"千古不同局"谚语的由来。所以,要在这么庞大的期望走棋空间中,搜索并选出对当前盘面态势的最优走棋几乎不可能。围棋因此已被世界公认为人类发明的最为复杂的棋盘游戏。

要想理解 AI 是如何玩棋类游戏的,首先得从博弈树说起。博弈树是用来构建棋类游戏的盘面态势空间,其组织结构是一颗多叉树,树中的节点表示可能的盘面态势,连接节点的边表示引起局面变化的走棋动作。所有节点按层组织,根节点表示初始开局态势,下一层的子节点表示上一层父节点所指定的盘面态势下,执行特定走棋动作后所呈现的盘面态势。

有了这棵完整的博弈树,计算机程序就能在每个回合中,针对当前指定的盘面态势从中选择最优走棋动作。为了做到这点,首先需要在博弈树中找到与当前盘面态势相匹配的节点,然后利用极大极小算法选择能够最小化最坏损失的走棋动作。极大极小算法只有遍历搜索这颗博弈树(包括表示终局盘面态势的节点),才能计算出最小化的最坏损失。也就是说,极大极小算法需要知道这颗完整的博弈树。

对于简单的一字棋,因其盘面态势空间不大,可以完整地构建出其对应的博弈树,再利用极大极小算法选择最优走棋动作,这是非常有效的。然而,这似乎不适用于盘面态势空间大小比宇宙的原子数目还多的围棋。在有限的计算机资源上,穷举所有可能的围棋盘面态势以寻找最优走棋动作,似乎不现实,如图 5.10 所示。

在有限的存储和计算资源约束下,要想快速选择到最优或近似最优的走棋动作,唯有压缩用于搜索的围棋的局面态势空间。对于人类棋手来说,就是通过经验直觉和有限的自我对弈推演来削减局面态势的搜索空间。首先会依赖长期对弈积累的经验直觉选择可能的候选走棋动作;然后针对每种候选走棋动作,借助大脑模拟有限深度的自我对弈推演;最后给出最优的落子动作。

对于计算机 AI 程序,盘面态势空间的压缩操作就对应博弈树广度和深度的"剪枝"操作。广度剪枝就是依照棋手的经验知识,针对指定的盘面态势节点,剪除那些不可能或者概率过低的走棋动作对应的子树支路。深度剪枝就是搜索博弈树达一定深度的节点(经多步走棋动作)后,利用人工设计的评价函数判断该节点对应的盘面态势的胜败形势,以替代该节点以下各支路子树的搜索。搜索的深度取决于计算能力的约束。会发现,广度剪枝和深度剪枝正好分别对应人类棋手的经验直觉判断和有限深度的自我对弈推演。这也说明了计算机 AI 程序本身就是模拟人类下棋的思维过程。

对盘面态势做出正确的形势判断是很困难的。在开局阶段,即使是职业棋手

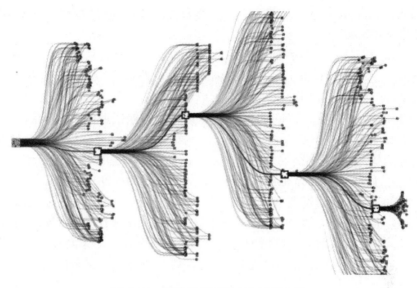

图 5.10　围棋博弈树的庞大搜索空间

也很难肯定地说出谁会最终胜出,但随着对弈的推进,对形势的判断将变得越来越明了。当能够做出准确形势判断的时候,对弈过程基本已接近终局阶段。而且,人类很多时候只能对盘面态势的形势做出定性判断。因此,要人工设计一个能够评估盘面态势的完美定量评价函数几乎不可能,但设计一个较好质量的评价函数却能有助于提高程序的棋力。

早在 1997 年,IBM 公司开发的象棋 AI 程序"深蓝"正是凭借超级计算机的强大计算能力和精心设计的高质量评价函数,最终击败了国际象棋世界级冠军加里·卡斯帕罗夫。强大的计算能力意味着"深蓝"能够在博弈树中搜索到更深的节点,从而更有利于评价函数的态势判断。另外,投入巨大努力设计的高质量评价函数又能够进一步提高棋力。据维基百科披露,"深蓝"的评价函数由 8000 个部分组成,它们当中的许多是针对特殊盘面态势而设计的。

"深蓝"的相关方法不足于有效应用到围棋 AI 程序中。在每个盘面态势下,相较象棋的 35 种走棋动作选择,围棋有着多达 250 多种选择。并且,通常一场对弈下来,围棋要持续 150 个走棋回合,而象棋只需 80 个走棋回合。因此,围棋 AI 程序搜索博弈树达到一个足够的深度将更加困难。另外,围棋的残局有时特别复杂,人工设计针对围棋的评价函数要比象棋困难很多!

5.1.2.2　AlphaGo 的解决方案

人类仅仅依靠直觉棋感和自我推演能力,便可应对复杂的围棋。因此,只有模拟实现人类棋手的自我推演和直觉棋感能力,围棋 AI 程序才能够解决围棋庞大的搜索空间带来的问题。然后,借助比人类更强大的计算和存储资源,围棋 AI 程序才有可能战胜人类。

围棋 AI 中,对人类棋手自我推演能力的模拟,主要是利用蒙特卡洛树搜索(MCTS)算法来实现,如图 5.11 所示。蒙特卡罗树搜索作为搜索博弈树的一种替代方法,结合了随机模拟的一般性和搜索的准确性。它的基本思想是通过模拟足够多次的自我对弈仿真,最终选择获胜频次数最多的候选走棋动作作为落子方案。

具体来讲:首先从开局开始,面对每个局面态势,假设对弈双方都交替地随机"瞎"选择走棋动作,直到终局分出一个胜负;然后根据胜负情况,沿着整个模拟走棋动作序列,回溯更新存储在各途径局面态势节点上的启发信息,包括被访问频次和获胜频次等。这些启发信息将会在后续的模拟仿真中,被当作选择走棋动作的参考依据。也就是说,后续模拟仿真中走棋动作选择的倾向性增强,而随机性减弱。随着模拟仿真次数的不断增加,那些"有前途"的走棋动作的获胜频次将会越来越大。当模拟仿真的次数足够多时,该方法必将收敛到最优走棋动作上。

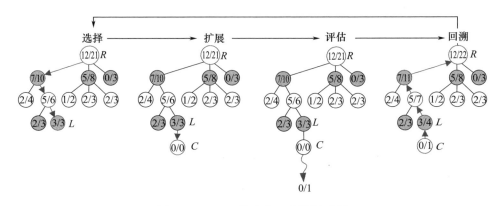

图 5.11　MCTS 算法的一次模拟过程

从本质上讲,MCTS 算法不用依赖任何与特征相关的领域知识,仅依靠自身规则,通过不断地模拟自我对弈就可以提高能力。这点非常不同于"深蓝","深蓝"在设计评价函数时采用了大量的手工设计的规则。这是一种类似于遗传算法的自我进化,让"靠谱"的走棋动作自我涌现。当然,在模拟自我对弈的过程中,走棋动作的选择策略除了考虑自身积累的启发信号外,还可以将基于领域知识设计的启发式规则计算在内,从而加快收敛速度。

直觉棋感是人类在常年对弈实践的基础上,归纳总结大量的局面态势后形成的经验认识。对弈时,直觉棋感可以帮助棋手缩小下一步走棋的范围,另外就是对局面态势做出胜负的估计。它代表了人类大脑针对棋类游戏的学习活动。按照 5.1.1 节的相关说法,围棋 AI 程序对人类的直觉棋感的模拟就是机器学习。

以深度卷积神经网络(DCNN)为代表的深度学习方法,近年来,在图像识别领域有着非常惊人的表现。很巧的是,可将围棋的棋盘比作一张像素矩阵大小为 19×19 的图像。棋盘上的纵横交叉点对应图像的组成像素点。按照对应交叉点上落子情况,分别用代表黑子、空白和白子的 1、0、-1 作为像素点的取值,如图 5.12 所示。这样,将围棋的局面态势图像化后,就可将依靠直觉棋感选点和判断形势的问题转化为类似于图像识别的问题进行求解。

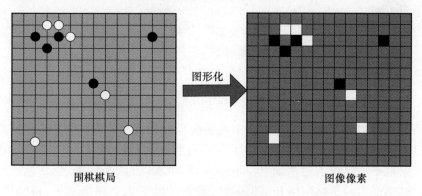

图 5.12　局面态势的图像化

围棋 AI 程序采用一个名为策略网络模型来模拟人类依靠直觉棋感选点的能力如图 5.13 所示。策略网络 p 是一个 13 层的卷积神经网络模型,以局面态势 s 作为输入,输出则是下一步走棋动作 a 的选择概率 $P(a|s)$。要想策略网络具备依靠直觉选点能力,就必须拜千年来所有的人类职业棋手为师,学习人类对弈积累下来的丰富经验。从网络围棋对战平台 KGS 围棋服务器上,可以获取大量的人类职业棋手的对局。利用其中的 3000 万个局面 s 及其下一步走棋 a 组成的偶对 (s,a),以监督学习方式训练策略网络。在另外的测试集上,训练之后的策略网络在模拟人类职业棋手走棋时,其准确率可达 57%。

为模拟人类依靠直觉棋感判断形势,围棋 AI 程序采用另外一个称为估值网络的模型。估值网络与策略网络的拓扑结构大致类似,仍以局面态势 s 为输入。但在策略网络的基础上,新增了一个单神经元(激活函数为 sigmoid 函数)的输出层,从而输出不再是各种走棋动作的选择概率,而是一个赢棋概率。这时,训练估值网络的数据就必须是局面态势 s 和最终的胜负值 z 组成的偶对 (s,z)。用于训练策略网络的那 3000 万个局面态势,不适合用于训练估值网络。这是因为,很多局面态势往往取自同一个对局,相互之间的关联性很强(仅差几个棋子),容易引起过拟合的问题。为了增加多样性,利用不同版本的强化策略网络进行自博弈,产生 3000 万个取自不同对局的局面态势,用于构建估值网络的训练样本集。

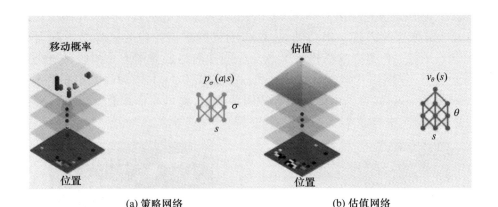

(a) 策略网络　　　　　　　　　　(b) 估值网络

图 5.13　AlphaGo 的策略网络与估值网络(见彩图)

至此,我们介绍了围棋 AI 程序中能够模拟自我推演能力的蒙特卡罗树搜索方法。目前,最强围棋 AI 程序仅采用了基于启发式规则的 MCTS 方法,就已达到了业余玩家水平。在前人的基础上,AlphaGo 以 MCTS 方法为框架,创新性地融入模拟直觉棋感能力的策略网络和估值网络,最终战胜了人类顶级高手,将围棋 AI 程序推向了历史的新高度。

5.1.3　与电子战的不期而遇

电子战是一种军事斗争手段,其目的是争夺电磁频谱使用和控制权。可以说,电子战应对抗而生,自诞生起就和威胁对象是"死对头"的冤家。它们之间的对抗是一个激烈的动态博弈过程。那就是说,电子战更需要智慧,而这正是认知电子战要解决的问题。2015 年 12 月,美国国防部副部长沃克(York)在新美国安全中心召开的会议上,以第三次"抵消战略"为主题的讲话中也提及认知电子战这一问题。这些都足以说明,在未来的高技术战争中认知电子战对取得制电磁权的重要性。

5.1.3.1　传统电子战面临的挑战

传统电子战的工作流程大致为:首先截获并测量环境中辐射的电磁信号,形成交织的信号参数描述信息(包括到达角、幅度、载频等)流,然后对参数描述信息流进行分离和识别处理,形成关于辐射源的描述信息,再评估辐射源的威胁程度,并针对威胁排序靠前的辐射源采取预先部署的对抗措施,最后控制并产生相应的干扰信号对其实施干扰,如图 5.14 所示。

电子战的发展史与无线电技术的发展基本同步。与以往相比,现在战场环境中军、民用频设备呈级数增长,电子战面临着更加复杂的战场电磁环境。构成电

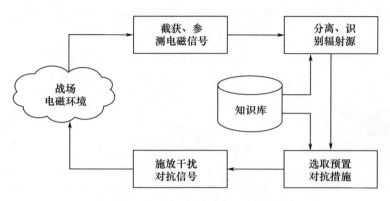

图5.14 传统电子战系统的结构示意图

磁环境的电磁波虽然摸不着、看不见,但是人们能够利用仪器设备,从时、空、频和能量域等维度来感知它的存在。当然,也可以从这些维度来衡量电磁环境的复杂性。

在战场空域中,来自陆、海、空、天不同作战平台的大量电磁辐射会形成交叉重叠的电磁态势。某一点可能接收到的电磁信号,既会有军用的电磁辐射,又会有民用和自然的辐射信号,也可能存在敌我双方的干扰信号。不同辐射源发射信号的时间序列是不一样的,有的是连续被,有的是脉冲,而且脉冲信号的脉宽、重复频率等信息也不一样。这些信号在时间上重叠在一起,形成更复杂的、动态变化的环境,时而密集,时而静默。用频的民、军用设备的逐渐增多,尤其是民用通信频段由原来的几十兆赫扩展到现在的几吉赫,有限的频谱资源变得拥挤不堪。人们还可以通过天线和控制技术控制电磁能量的发射,在局部区域内的特定时间内形成强大的电磁辐射,达到对对方的电子设备形成损伤、压制、干扰,或者欺骗的作用。这种人为的电磁能量的发射控制,便在电磁空间中呈现出变化丰富的功率特征。

另外,随着器件工艺水平的提高和数字处理技术的发展,数字化、可编程发展趋势的雷达成了电子战的劲敌。过去基于模拟器件的雷达,因受到处理资源和能力的限制,作战功能单一,使用的载频、脉宽、重复频率等波形参数也比较固定。在雷达的设计和部署时就将这些波形参数固化,后期若要重新对其改动,所耗费的周期会很长且代价会很高。为对付这样功能单一、波形固定的雷达,先将其信号截获并带回实验室,然后进行数月的干扰样式策略研究,再将研究结果部署到电子战系统上执行对抗的现有方法足以应对这样的威胁。

但是,现代雷达的数字化程度越来越高,拥有更丰富的处理资源和更强大的处理能力,集多功能于一体(图5.15),以前看似不可能的反侦察、抗干扰能力成为可能。数字化雷达表现出来的首要特点就是,不仅波形样式丰富且复杂,而且能够根据是否被干扰灵活切换波形样式和参数。以前的那种将截获信号带回实验室研究,再将研究结果部署回电子战系统的方法,面对现如今变化复杂的威胁信号不再有效!

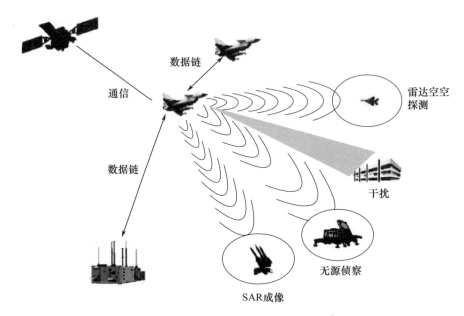

图 5.15　机载多功能雷达的各个子功能展示

面对这些问题,若沿着传统电子战的思路继续以"修改方式"挖掘现有方法的潜力,虽能在一定程度上提升性能,但无法实现质的飞跃。有一种感觉:传统电子战的发展依然面临"天花板"问题。这时就迫切需要突破传统思维模式,将新的思路和方法引入电子战,才有可能打破"天花板",迎来电子战发展的新"春天"。

5.1.3.2　认知电子战的发展情况

我们说,战场电磁环境将变得更加复杂,其实这所谓的"复杂"也不是绝对的,更像是相对的。这就看站在什么角度看待这个问题。若站在信号的微观层面,会发现这个电磁环境变得越来越纷繁复杂,充满了不确定性。成语中的"一叶障目,不见泰山",或者"见树不见林"讲的就是这个道理(图 5.16)。传统电子战采用的大多数方法正是从这个角度感知整个电磁环境。

然而,若跳出这个电磁环境,站到上帝视角来审视,会发现又是另外一番全新的图景,似乎变得有迹可循。信号呈现出的局部扰动,无论是有意动作还是无意所为,看似没有规律可言,但与作战相关的整体变化趋势却是无法掩藏的。要想对这种宏观趋势做出正确的判断认识,就非常依赖于我们长期积累的经验直觉。

图 5.16 "树"与"林"的关系

仔细分析会发现,电子战对抗目标威胁的过程非常符合著名的 OODA(观察、判断、决策和执行)环理论。OODA 循环是对人类思维过程的建模,包括观察、判断、决策和行动四个阶段。整个环路起始于对环境的观察,在此基础上结合已有的经验直觉做出推理和判断,依据判断做出理性的决策以指导行动的实施,执行行动对环境产生影响又被感知,如此往复循环。该模型最初由美军上校约翰·伯伊德(John Boyd)提出,用于理解空战中战斗飞行员的决策过程,现泛指任何领域的循环决策模型,如图 5.17 所示。

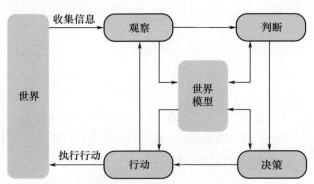

图 5.17 伯伊德的 OODA 环模型

伯伊德认为,敌我双方在对抗过程中都在执行 OODA 循环。要想克敌制胜,关键就看谁能够率先完成一个 OODA 循环,然后迅速采取行动,干扰、延长和打断对方的 OODA 循环。传统电子战的那种过长决策周期必然导致 OODA 循环速度变慢,这将难以匹敌雷达因数字化带来的快速 OODA 循环。因此,电子战若能在对抗过程中,依据经验准确识别出被观察威胁对象的变化,就能实时做出决策实现快速响应,从而加快电子战的 OODA 循环。在组成 OODA 循环的 4 个阶段中,决策虽然是核心阶段,但作为决策前提的判断是需要经验和思考的最具智慧的阶段。

电子战作为军事斗争手段,与日常生活中常见的飞机、火车、汽车等行业一样,只是对应着一个非常特殊的小众行业。电子战更像是天线、微波、通信、材料、计算机、自动控制等多学科交叉融合的工程化产物。可以说,电子战的发展进步有赖于这些相关学科的理论和技术发展。随着近些年计算能力的大幅提升和互联网发展提供的充足数据,作为计算机科学分支之一的人工智能,尤其是以深度学习为代表的机器学习方法,在模拟人类经验直觉的建模上表现出令人惊叹的效果,更是将其发展推向了新的更高巅峰。这在冥冥之中似乎为电子战的发展指明了前进的方向,那就是认知电子战。

认知电子战作为一个先进、新颖的概念才提出没几年,关于它的术语和内涵还在发展之中。现在,电子战界的一个普遍认识是:认知电子战首先能够自适应地观测战场电磁环境,然后利用学习的经验准确判断威胁对象的行为意图,进而智能地选择或合成最佳的攻击措施,最后通过进一步感知实时评估攻击效能,以评估的优劣进一步优化攻击措施。对应地,大致可将认知电子战系统划分为环境感知、决策行动、效能评估三个主要功能模块,如图5.18所示。

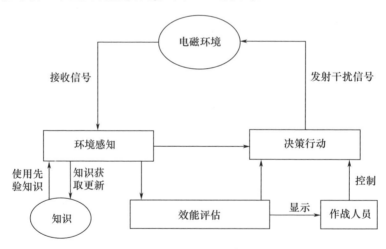

图5.18 认知电子战系统的组成示意图

在认知电子战的研究方面,以美国为首的西方国家走在了世界前列。早在2010年,美国国防高级研究计划局(DARPA)就发布了"自适应电子战行为学习"(BLADE)项目,意在开发机器学习算法和技术,快速探测并表征新型的无线电通信威胁,实时动态生成新的对抗措施并精确评估电子攻击效果。紧接着,DARPA又在2012年发布了"自适应雷达对抗"(ARC)项目,目的在于通过引入机器学习相关的人工智能技术，研究对抗敌方新型未知的自适应雷达威胁的能力。后来，美国的各军兵种相关机构又陆续发起了一系列与认知电子战相关的研究项目。

5.1.3.3 AlphaGo 带给我们的启示

如前所述，目前关于认知电子战的研究仍然还处于探索阶段，相关概念的外延和内涵还不够成熟，一直处于发展完整之中。另外，对认知电子战的研究具有很强的军事目的性。我们能看到的关于美国对认知电子战研究的公开报道，大都是描述与项目相关的发布和进展情况，属于新闻宣传。比如，洛克希德·马丁公司全程参与了 BLADE 项目的 3 个阶段的研究工作，并于 2016 年 6 月 20 日成功演示了原型机对抗自适应无线电威胁的能力。BAE 公司拿到了 ARC 项目 3 个阶段的参研合同，现已完成相关算法设计、组件测试、系统集成和硬件回路测试，2018 年完成原理样机的演示验证。以公开渠道方式，几乎查询不到任何有关美国研究认知电子战的技术文献资料，与之相关的研究人员、交流会议都是涉密的。

"哲学乃科学之母"，剥去与行业或领域相关的外在表象，背后支撑着不同事物发展的内在规律总是相似或者相通的。我们说过，电子对抗是敌我双方的一个博弈过程，认知电子战更是预示着电子对抗的未来演化方向。前面提到的，围棋类人机大战也是围棋 AI 程序与人类棋手间的一个博弈过程，AlphaGo 更是代表了围棋 AI 程序的最高水平。可以看出，这二者的本质都是博弈，只是各自的用途有所不同而已。前者主要用于军事行动，后者更多的是为了推动人工智能的发展。既然这二者同属于博弈，那么支撑它们发展的内在规律按理说，应该是相似或者相通的。

电子战的工作过程可以用一个 OODA 循环来描述。其实，我们也可将人机围棋对弈中的 AlphaGo 描述为一个 OODA 循环。对应 OODA 循环，AlphaGo 面对的"外部环境"就是双方落子的棋盘。首先通过对棋盘上局面态势的观察，再依据学习得到的直觉棋感，并结合自我推演方法判断下一步走棋动作的各种可能性；然后从中选择最优的走棋动作作为落子方案；最后按照决策执行落子，完成本回合走棋。下一回合 AlphaGo 继续循环重复这个过程。这样，通过对比电子战和 AlphaGo 的 OODA 循环的观察、判断、决策和行动四个阶段，在 AlphaGo 的启发下，也许就可以大致明了认知电子战的发展趋势。

AlphaGo 巧妙地通过将局面态势图像化的方式，实现机器对围棋局面的观察。可以说，围棋局面态势的图像化是 AlphaGo 的一大创新点。正是以图像化的局面态势为输入，AlphaGo 首度采用深度学习方法模拟了人类棋手的直觉棋感作用，大大提升了棋力。对比电子战，这就带给我们一个启示：是否存在将电子战观察到的电磁态势也进行图像化的可能？如果能够将电磁态势图像化，那就可将图像处理的相关方法以另辟蹊径的方式引入电子战领域,解决传统方法面临的困境,如图5.19所示。

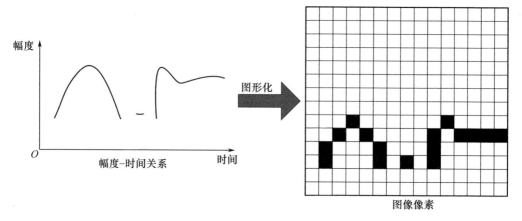

图5.19 电磁态势的图像化

图像具有与生俱来的直觉和宏观描述能力。图像描述的宏观性有利于基于图像的判断方法把握信号的整体规律,起到"见林"的效果,以新视角化解复杂电磁环境给电子战带来的挑战。另外,机器学习方法本身是为了模拟直觉经验,那么正好有利于借助基于图像的机器学习方法建模信号规律的直觉认识。

AlphaGo在面对浩如烟海的局面搜索空间时,通过对直觉棋感和自我推演相结合的决策方式的模拟,缩小搜索范围,实现最终的最优走棋选择。其实,电子战在选择对抗策略时,所面临的策略搜索空间同样很庞大,甚至有过之而无不及。对抗策略的选择落实到具体,就涉及干扰信号在时、空、频、能量和极化域等多个维度的调制参数的选择。在这些维度构成的高维空间中,大多数维度又是连续变量,干扰信号的调制参数选择有着无穷无尽种可能的组合。如何在这种"组合爆炸"式的策略空间中,快速找到最优的对抗策略确实是一个难题!这引出了另一个启示:可否像AlphaGo一样,通过模拟直觉认识并结合某种推理方法,实现最优对抗策略的选择? AlphaGo依赖直觉棋感的落子选点和胜负评估能力对应到电子战中,就应该是依赖直觉认识的对抗策略选择和干扰效果评估能力。

通过对雷达信号的观察,长年积累的关于对抗策略的直觉认识,往往可以帮助我们缩小对抗策略的选择范围。雷达信号不是无目的随意辐射的,它总是承载着雷达的某种探测意图。雷达信号的变化通常意味着其探测意图的变化。这样,将对抗情况下观察到的雷达信号与对抗成功与否的结论关联在一起,构建关于干扰效果的经验认识。采取对抗策略实施干扰后,通过观察雷达信号是否存在"异常"变化,依靠形成的经验认识就能在一定程度上评估干扰效果。

5.2 网络化协同促进了分布式电子战的发展

5.2.1 网络化协同技术为分布式电子战提供了可能

现代化作战中仅仅依靠单平台的综合电子战系统已经很难满足系统对抗、体系对抗的作战需求,必须使多平台的电子战装备协同工作、联合工作,才能取得以智能化、网络化、精确打击为主的现代化战争的胜利。信息时代的发展给现代作战带来了前所未有的机遇,引起了作战模式的深刻变革,分布式网络化作战给现代战争带来了极大的灵活性,实现了各种作战力量之间信息的高度共享,解决了单个装备在地域上分散而在作战上需要整体合力的问题,并且具有网络同步性,能够实现高效的自同步作战。

随着网络技术在军事领域的快速发展,计算机网络将战场的各个单一作战单元联系成一个有机整体,提供了联合作战的能力,军队对计算机网络的依赖越来越大,网络与作战的联系也越来越紧密,战场的各种信息在网络里获取、传递和处理,网络成为信息化战争的支撑,如图 5.20 所示。在高速信息网络的支持下,网络化协同技术也得到了快速发展,现代电子对抗的作战模式已经从传统的点对点对抗发展成为体系和体系之间的对抗。

图 5.20 网络化协同技术作战示意图(见彩图)

在信息化战争中体系作战背景下,最重要的作战协同就是基于信息网络的分布式协同。这种协同方式,与机械化战争分层次组织协同有着根本区别。它是以指挥信息系统为支撑,组织分布于广域多维战场空间内多种参战平台的作战协同,参战人员不必像机械化战争时代那样耗费时间集中在一起,就可在各自作战单元内通过交互协同信息,统一协同认识。这种协同方式要求建立畅通的信息网络系统,确保广域分布在多维战场空间的诸类别、多层次作战单元和作战要素能够在网络支撑下,共享作战通用态势图等综合信息。善于借助分布式协同实现作战突然性,加强不同维度空间武器平台的重点协同,从而强化行动的突然性与全局态势的衔接融合。善于借助广域分散的协同信息交互,使体系要素平台更集中,对整体态势变化的把握更清楚,协同作战行动更安全。

5.2.2 分布式协同电子战带来的作战效能提升

分布式系统的通常描述是将不同空间位置,或不同功能的设施通过通信网络连接起来,共同组成一个系统或者体系,相互间协同工作,完成相应的功能任务。《美空军科学技术展望(2010—2030 年)》中提到:分布式系统将过去基于平台的子系统物理集成,分离成相对较小的功能子系统集,并跨空间集成。多平台电子对抗协同作战主要包括两个方面的内容:一是各个电子对抗平台之间的相互协同;二是电子对抗平台与各个兵种作战平台之间的相互协同,如图 5.21 所示。

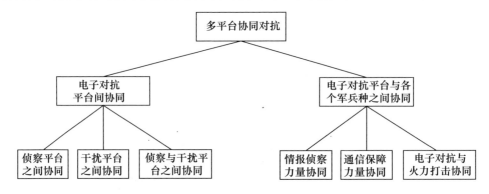

图 5.21 分布式多平台协同对抗组成框图

电子对抗平台之间的协同主要包括电子对抗侦察平台协同、电子对抗干扰平台协同以及侦察与干扰平台协同。

(1)电子对抗侦察平台协同主要指情报侦察及共享在侦察范围、侦察手段和侦察任务等方面的协同。依据侦察的任务性质,明确行动顺序、主从关系以及协同的方法,使各种电子对抗侦察分群按照任务协调一致地行动;依据敌方电子设备工作的主要频段范围和目标的性质类型,明确电子对抗侦察各分群的作战目标,使分布在战场不同位置的电子对抗侦察分群能够围绕其任务目标,协调一致地行动。通过划分电子对抗侦察分群的具体侦察区域,使各侦察平台在空间上协调一致地行动,从而保证对重点方向、重点区域实施重点侦察。

第5章 电子战发展新方向：智能化、网络化、综合一体化

（2）电子对抗干扰平台协同是为保证作战任务的顺利完成在干扰方向、干扰区域、干扰目标以及干扰时机等方面进行的协同。立足于海上联合作战干扰任务，各电子对抗干扰要素按照作战流程进行合理排序，正确区分各自的任务，在干扰目标、干扰时机、干扰方式等方面密切协同，根据联合作战需要，控制对敌方电子设备实施干扰的节奏，使前后干扰阶段相衔接，确保干扰效果的最大化。

（3）电子对抗侦察平台与电子对抗干扰平台协同是为保证电子对抗干扰有效实施，电子对抗侦察平台在提供情报支援的方式、时机、内容等方面与干扰平台进行协同，为干扰起到引导作用。

兰彻斯特方程可以用来描述分布式协同作战系统的作战效能，该方程是一种定量研究作战过程的经典方法，它用数学方法描述战场的态势，分析了近代战争中集中兵力原则的重要性，描述了交战双方兵力变化的数量关系，并找出对抗过程中可以支配的一些因素。兰彻斯特方程已经成为广泛运用于研究战争和分析战争的定量工具，在不同领域均出现了诸多改进的兰彻斯特模型，用于特定分析研究。

设 $r(t)$ 和 $b(t)$ 分别为在战斗开始后 t 时刻的红、蓝双方参战的兵力或战斗单位数，α 和 β 分别为红、蓝每一战斗单位对双方的平均毁伤率，与武器效能等因数有关。兰彻斯特方程描述如下：

$$\begin{cases} \dfrac{\mathrm{d}r(t)}{\mathrm{d}t} = -\beta b(t) \\ \dfrac{\mathrm{d}b(t)}{\mathrm{d}t} = -\alpha r(t) \end{cases} \tag{5.5}$$

用 r_0 和 b_0 表示红、蓝双方参战前的初始兵力，得红、蓝双方兵力变化函数的关系式为

$$\alpha(r_0^2 - r^2) = \beta(b_0^2 - b^2) \tag{5.6}$$

该式即兰彻斯特平方律，它表示战斗力与作战单元数量平方成正比的关系，揭示了集中使用兵力作战的重要性，所以又被称为集中律。

按照这一定律，如果蓝方武器系统的单个战斗单位的平均效能为红方的4倍，则红方在数量上2倍于蓝方的兵力就可抵消蓝方武器在单个战斗单位平均效能上带来的优势。换而言之，若要实现1:2对抗，则前者能力需要是后者的4倍；若要实现1:10对抗，则前者能力需要是后者的100倍。而10架普通能力飞机很可能比1架集成100倍能力的飞机更具可行性与可用性，由此可见分布式作战系统可以明显提升作战效能。

5.2.3 典型的网络化分布式协同电子战项目

分布式作战是美军着眼未来强对抗环境而提出的新型作战理念，其核心思想

是将昂贵的大型装备的功能分解到大量小型平台上,通过自主、协同等技术达到相同或更高的作战能力,其具有成本低、灵活性强、对抗性强等优势。近年来,美军积极探索分布式作战相关概念与技术,在海上、空中与空间领域均开展了相关研究与实践,取得了诸多开创性成果。

为实现分布式作战,美国国防部高级研究计划局(DARPA)已启动多个研究项目作为支撑,其中包括"系统之系统集成技术与试验"(SoSITE)项目、"分布式作战管理"项目、"对抗环境中的通信"项目等,如图5.22所示。2014年,美DARPA开发SoSITE项目的背景因素主要包括以下内容。

(1)当前多功能大型平台成本日益高昂,多功能的持续集成已近极限,而且高集成度大型平台难以快速升级。

(2)高价值平台具有易损性,而分布式、低成本平台却具有更好的能力鲁棒性。

(3)先进技术更容易获取与应用,对能力相对固化的大型平台提出了挑战,而快速响应新威胁、部署应对新能力对未来作战优势至关重要。

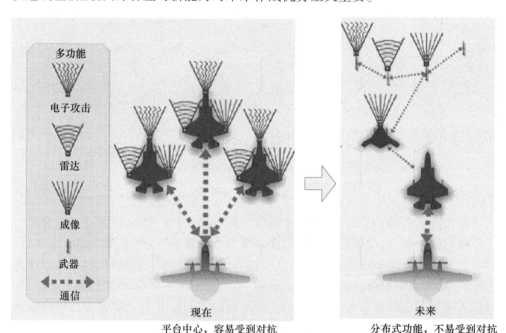

图 5.22 美 DARPA(SoSITE)"项目(见彩图)

2015年,美战略预算与评估中心(CSBA)发布《决胜电磁波》,提出具有综合感知与对抗能力的分布式电子战设想。将平台、传感器、诱饵、干扰机进行联网,将有助于共享战场态势感知,综合调度战场资源,提高突防平台的生存能力。

网络化电磁频谱战行动依赖两个关键的技术要素:控制系统以及保密的低截获概率/低探测概率数据链。前者对分布式参与方的行动进行管理和协调,后者对在对抗区域作战的己方部队和能力进行互联。在整个分布式电磁频谱作战行动中,网络化协同发挥了至关重要的作用,如图5.23所示。

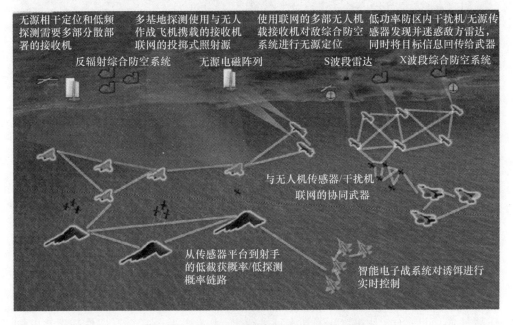

图5.23 网络化的电磁频谱作战(见彩图)

美国海军的"分布式杀伤"是指"使更多的水面舰艇,具备更强的中远程火力打击能力,并让它们以分散部署的形式更为独立地作战,以增强敌方的应对难度,并提高己方的战场生存性",如图5.24所示。其核心思想包括两个方面:一是将海上反舰、防空能力分散到更多的水面舰艇上;二是提高单舰作战能力,在"宙斯盾"驱逐舰上加装反舰导弹等进攻性武器,在两栖舰上加装"宙斯盾"系统。美国海军"分布式杀伤"概念目前处于方案论证阶段,仍在不断变化完善。在美国海军太平洋舰队《水面舰队愿景》、海军研究署《海军科技战略》、海军陆战队作战实验室《2016年创新计划》等文件中已提出要探索或研究分布式作战相关概念及应用前景。

为了支撑分布式海上作战概念研究,DARPA近期还开展了"跨域海上监视与

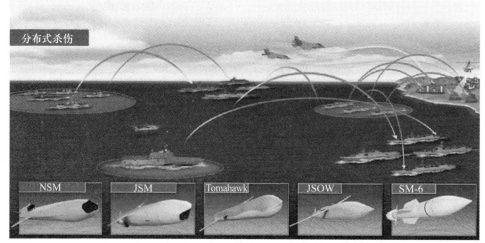

NSM—反舰导弹；JSM—联合攻击导弹；JSOW—联合防区外武器。

图 5.24　美军"分布式杀伤"作战概念（见彩图）

目标定位"项目。该项目将进行创新性研究，发展并演示验证新型跨越分布式海上作战概念，以"系统集成"方式提升美军在海上的能力优势。该项目设想构建海上分布式体系结构，开发并演示验证一种可广域覆盖、端到端的反水面战与反潜战杀伤链，这种体系将融入无人和有人系统，确保美军拥有快速的分布式攻击能力。

5.2.4　无人"蜂群"技术催生新的分布式电子战作战方式

分布式空中作战概念的核心思想是不再由当前的高价值多用途平台独立完成作战任务，而是将能力分散部署到多种平台上，由多个平台联合形成作战体系共同完成任务。这一作战体系将包括少量有人平台和大量无人平台，如图5.25所示。其中：有人平台的驾驶员作为战斗管理员和决策者，负责任务的分配和实施；无人平台则用于执行相对危险或相对简单的单项任务（如投送武器、电子战或侦察等）。

在新的作战理念中，无人技术为开展"蜂群"作战提供了物质基础，主要体现在作战装备的高度密集性、协同性、智能性和灵活反应。采取"蜂群"技术的基本原则是分散使用大量低成本的无人武器，因此，这一作战理念能够实现对敌方区域的广泛占领。人在操纵无人武器时所使用的算法将确保侦察信息的准确性和攻击过程中的精确性，不仅使侦察与攻击具有更高的可靠性，而且也降低了原有的牺牲成本。

根据分布式空战作战要求，需要部署大量具备协同、分布式作战能力的小型无人机，且这些无人机还可回收和重复使用，这样美军就能以较低成本实现更高的作

第5章 电子战发展新方向：智能化、网络化、综合一体化

图 5.25 大批无人作战飞机与有人驾驶战机协同作战模拟图

战灵活性。但截至目前，远距离投放大量低成本、可重复使用系统并在空中回收的技术一直未能实现。为突破该技术，DARPA 启动了"小精灵"项目。DARPA 计划研发的"小精灵"无人机，可执行更加高效、成本低廉的分布式空中作战任务。该无人机可从较大型飞机上投放，执行任务后实现空中回收，是一种可重复使用的无人机，每架无人机预期可执行约 20 次任务，如图 5.26 所示。

图 5.26 DARPA 开发的"小精灵"项目

"小精灵"项目设想从敌防御范围以外的大型飞机上投放成群的小型无人机，这些大型平台可以是轰炸机、运输机，也可以是战斗机及其固定翼平台，之后 C-130 军用运输机将在空中回收这些无人机，并搭载它们回到地面，并为其 24h 内执行下一次任务做好准备，如图 5.27 所示。可见"小精灵"无人机与 C-130 军

用运输机、防区外的 F-35 战斗机和后方的"小精灵"无人机之间都有通信连接。"小精灵"无人机是 DARPA 探索分布式空中作战技术的重要项目。这些项目分别从体系、作战管理、机群管理与协同、空中群射/回收无人机等方面着手开展研究，是 DARPA 对突破以低成本小型无人机集群为新增装备的分布式空中作战技术做出的系统性安排。

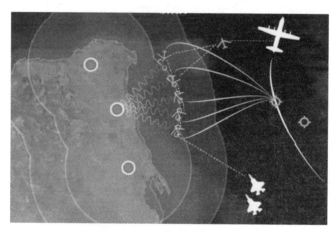

图 5.27　多架"小精灵"在防区内对付威胁示意图（DARPA 图片）（见彩图）

日前，美军成功使用 3 架 F-18"大黄蜂"战斗机在空中释放了多达 103 架"山鹑"无人机。这些无人机个体小巧灵活，都具备了较高的人工智能，可实现集体任务呼应、自适应飞行，甚至是自愈能力。出于"集群控制"的协同作战理念，"蜂群"无人机可以没有自己的"蜂王"，只依靠一个共享的分布式大脑进行决策，并像大自然中的蜂群一样可以适应彼此。随着"蜂群"无人机空射试验的成功，预计未来的"蜂群"无人机体积将更小，续航能力和飞行稳定性更强，单次投放的目标将超过 1000 架。

以"蜂群"无人机为代表的集群化武器就是通过数量优势对敌方目标形成非对称式的突然袭击，这种分布式集群攻击模式一方面可以大幅度降低作战成本，同时也可减少大型作战平台和战斗人员的伤亡，因而也被美军视为可改变未来战争规则的"颠覆性技术"。

5.3　综合一体化给电子战增添了多功能的特点

人类在战胜大自然的历史进程中，往往感觉自身是渺小的，因此我们总梦想超人的出现。比如神是无处不在和无所不能的，孙悟空可以有 72 种变身，变形金刚

第5章　电子战发展新方向：智能化、网络化、综合一体化

能够在"大黄蜂汽车"和"钢铁侠"之间自由切换……这是人类在虚拟世界对多功能和超能力的向往。在现实生活中，具有多功能的例子也非常多。如图5.28所示：瑞士军刀集成了10多种类型的刀具，可以满足多种不同使用下的需求；智能手机将传统的电话、收音机、MP3、计算机、GPS导航仪、照相机等多种电子产品融为一体，往往还具有手电筒、计算器和闹钟等多种功能；而人体本身也是一个最典型的多功能系统，我们拥有口、鼻、耳、眼、手等器官接收外界信息，可以通过说话、写字与外界交流，还能够吃饭、走路和干各种各样的工作。

(a) 变形金刚

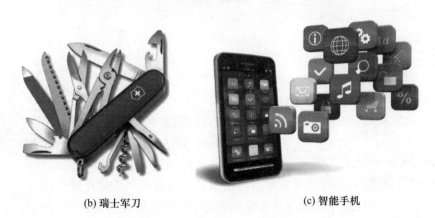

(b) 瑞士军刀　　　　　　　　(c) 智能手机

图5.28　生活中多功能的典型例子

同样，电子战系统在不断演化的过程中也有类似的多功能应用需求和技术发展趋势。传统的电子战装备往往按照不同的专业独立发展，首先解决了装备有无的问题，在作战中作为一个个的传感器或对抗节点出现；而在当前的信息化时代，包括电子战系统在内的不同电子信息设备种类繁杂，数量急剧增加，现代战争对电子战系统的功能、性能等要求也越来越高，加剧了对电子战系统综合一体化多功能

的需求,而小型化、高集成度等电子技术工程能力的提升也在一定程度上逐步满足了这种发展要求。

5.3.1 综合一体化的概念和起源

从基本概念上讲,电子战的综合一体化包括综合化和一体化两个方面的内容,在层次上有所递进。其中:综合化是将不同功能、不同频段等多种电子战系统联合起来,构成一个同时具备多种功能的作战单元;而一体化则更加强调这些不同系统在单个平台或单个作战单元内部的集成,从设计开始就瞄准的是一个综合一体的多功能电子战系统,通常具备一定的资源共享能力、更高的信息综合能力、同时应对多种威胁的对抗能力以及作战快速反应能力等。以机载电子战为例,图5.29说明了早期的雷达对抗系统与通信对抗系统、光电对抗系统等主要是平台分离、技术上独自发展的关系,而专用电子战飞机通常会在一个平台上集成多种不同的电子战系统,实现功能联合,最后当发展为综合一体化阶段时,雷达对抗、通信对抗、光电对抗、导航对抗、敌我识别对抗、反辐射攻击等都是一体化电子战系统的其中一个功能单元或者子系统。

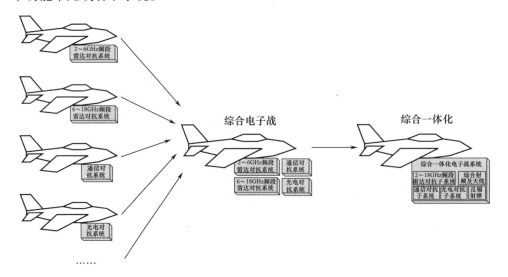

图 5.29 电子战的综合一体化概念示意图

电子战的综合一体化主要是相对于单项电子战装备而言的,其起源和发展与作战方式的变化紧密相关。在电子战装备近百年的发展历史中,电子战的作战对象发生了很大变化,即军事电子信息装备不断从单项设备向综合系统发展。在电子战诞生初期,主要是针对当时的军事通信系统;后来有了雷达,便出现了雷达对抗装备,并且随着雷达工作频率的不断扩展,可在红外、激光、可见光、紫外等频谱范围内工作的电子战设备也随之诞生;在20世纪50年代,美国建立起了指挥、控制的 C^2 系统,随后不断加入通信、情报、计算机、监视等综合信息系统;进入21世纪后,雷达网、通信网、武器制导网等现代化的武器装备大量涌现,传统的单装电子战设备往往难以胜任。特别是海湾战争以来的几次局部战争表明,电子战作战已经由传统的攻击单个平台、单个设备转变为了需要攻击敌方的指挥、控制、通信、计算机与情报(C^4I)系统以及精确制导武器系统,作战区域拓展为陆、海、空、天,电子对抗的频域包括从几十兆赫兹的射频一直到红外、紫外等多频谱,作战功能更加丰富,要考虑对雷达、通信、导航、敌我识别、遥测遥控、制导武器的告警、侦察、干扰和打击等。因此,以往那种彼此分离、功能单一的电子战装备难以适应现代战争的作战需要,战场环境的变化要求电子战装备向综合化、多功能化的方向发展,如图5.30所示。

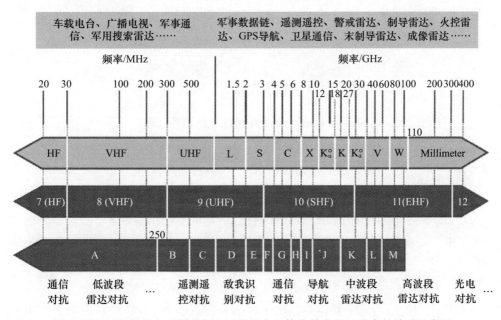

图 5.30　人类利用电磁频谱与电子战综合一体化技术发展需求的关系示意图

现代战争是系统对系统的斗争,体系对抗体系的作战理念在不断强化。简单综合化即单一的电子战装备或多种电子战装备的简单组合,往往难以保障对敌方综合性电子信息装备的有效对抗;并且,当多种不同的电子战装备被装载于同一个平台,尤其是星载、机载和舰载等较小平台上时,不同装备之间将在安装空间、设备重量、功耗等方面存在较大竞争,信号层面还可能相互干扰而降低作战效能,最终使平台空间拥挤、结构复杂、难以隐身等。因此,只有按照综合电子战的系统理论,对多种不同功能、不同频段的电子战装备进行综合化、一体化的设计和管理,才能真正发挥出电子战的功效,形成强大的电子防卫、电子战进攻或电磁毁伤与打击等作战能力,如图 5.31 所示。

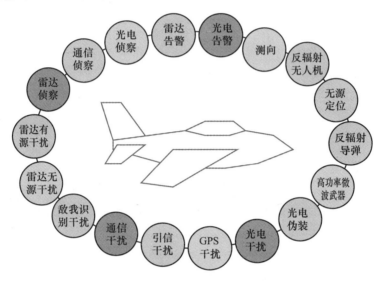

图 5.31　综合一体化电子战的多功能示意图

5.3.2　电子战装备综合一体化

电子战装备的综合一体化可以分为对抗能力的综合化和作战功能的一体化两个方面,前者强调通过电子战性能指标的拓展,实现不同频段等电子战装备的能力集成,后者强调通过电子战功能要素的组合,在告警、侦察、干扰、打击等电子战主要环节上构成一体化的作战能力。

5.3.2.1　对抗能力综合化

对抗能力的综合化主要体现在电子战工作频段扩展、作战对象类型不断丰富等方面,以增强电子战装备的通用性。以雷达对抗为例,根据警戒雷达、火控雷达、成像雷达、制导雷达等不同种类雷达的工作频率和特点,雷达对抗设备可以根据不同的需要独立工作于 S、X、Ku 或 Ka 等频段,传统雷达对抗设备由于天线、射频、数字化等能力的限制,往往就是按照某个或某几个频段进行设计的,如 2～6GHz、8～12GHz、6～18GHz 等。而在现代战争中,雷达种类骤增,工作频率范围越来越宽,在电子战平台的一次作战过程中,可能面临 0.3～40GHz 频率范围内的多种不同类型雷达,这就需要电子战设备的工作频率进行扩展,如美国海军的下一代干扰机

(NGJ)ALQ-249 就是按照 0.01~2GHz、2~18GHz 和 18~40GHz 3 个频段来设计的三型吊舱。在干扰方法方面,对于搜索警戒雷达,常常使用噪声等压制式干扰,而对于跟踪火控雷达,则常常使用假目标或拖引式干扰。因此,为了能够实现对不同雷达对象的作战,电子战装备还需要集成噪声干扰源、数字射频存储器(DRFM)等多种干扰源模块。另外,箔条、诱饵、角反射器等无源干扰方法在雷达和光电对抗方面也通常能够发挥重要作用,因此,有源干扰与无源干扰的综合往往也显得十分重要。

类似的,在现代的通信对抗电子战装备中,一般需要考虑到与战术数据链等不同通信链路的对抗,在反辐射攻击方面,也要考虑利用雷达信号、通信信号或激光信号的反辐射等。

更上一个层面,平台在遂行一次电子战作战任务的过程中,面临的将是敌方的雷达、通信、光电、导航、敌我识别等综合电子信息系统。因此,电子战的对抗能力综合化中的一个非常重要的需求就是将雷达对抗、通信对抗、光电对抗、导航对抗、敌我识别对抗等多种电子战装备在一个平台或作战单元内进行综合与集成,其对抗能力体系结构如图 5.32 所示。

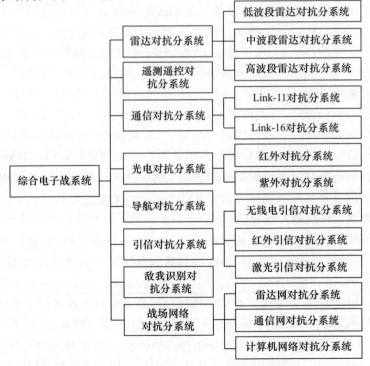

图 5.32 综合电子战系统的对抗能力体系结构

电子战的对抗能力综合化主要是指将平台上的多种电子战装备进行一体化的设计,发展性能最佳化的一体化电子战系统。例如美国的集雷达对抗、光电对抗于一体的机载一体化电子战系统(INEWS),车载移动式"伙伴"雷达/通信对抗系统,"护轨"雷达/通信对抗系统,APR-39A 微波/毫米波/激光综合告警系统,"首领"(Chief)综合通信对抗车,英国的 RACEWS 系统等。在这些一体化系统中,各种功能的电子战设备实现天线孔径共享、通用模块共享、信号处理共用、显示控制共用,从而使综合电子战系统的设备最省,效率最高。

5.3.2.2 作战功能一体化

电子战的目的不仅包括降低或破坏敌方电子信息装备的作战效能,还包括削弱或摧毁敌方的战斗力,因此,作战目标还应该包括设备的操作人员和作战指挥人员,电子战的最终效能是实现信息制胜的作战。

电子战系统的多种功能主要包括威胁告警、电子侦察、电子干扰、反辐射攻击、电磁毁伤功能、干扰评估等。其中:威胁告警主要是对战场中的制导、火控雷达等具有较高威胁的辐射源进行侦察识别,并以警报的方式告知操作手;电子侦察包括电子情报(ELINT)侦察和电子支援措施(ESM),用以获取战场电磁斗争态势情报和作战对象的电磁性能参数,支援战场电子战的指挥决策和具体的电子战作战行动;电子干扰包括自卫干扰、随队支援干扰和远距离支援干扰,在进攻作战中通过干扰敌方防空探测传感器、指挥通信、传输网络,实现用以削弱或降低敌防空探测、通信、传输网络、作战指挥系统和敌防御武器系统的作战效能,在防御作战中通过干扰敌方探测传感器、指挥通信、传输网络,实现削弱或降低敌进攻性武器系统的作战效能,同时有效地发挥我防御武器系统的作战效能;反辐射是利用电子侦察定位技术导引火力将敌辐射源摧毁的作战方式,是传统电子侦察定位装备功能的延伸和发展,在进攻作战中用以摧毁敌方重要的防空探测装置和通信中枢,达到削弱或降低敌作战指挥系统和敌防御武器系统的作战效能;电磁毁伤是利用高功率电磁能对电子信息装备实施高效毁伤的作战方式;干扰评估是对敌我双方之间的电子对抗活动情况的监视和评估,评估结果用于调整下一阶段的电子战行动。

电子战的作战功能一体化就是在设计综合一体化电子战系统时,尽可能地注意应用通用化、系列化的电子战装备,加强软硬杀伤一体化电子战配系,以便在进攻作战与防御作战中使用。

常见的用语包括"侦察干扰打击一体化"和"察扰打评一体化"等,其意思也是利用电子战的单个平台或单个作战单元来实现电子侦察、电子干扰、反辐射或电磁毁伤攻击、干扰效果评估等作战流程的一体化和闭环环路,生成快速响应能力和高效作战能力,如图 5.33 所示。例如,美军的 F-4G"野鼬鼠"电子战飞机,将雷达告警系统、双模干扰吊舱、箔条和闪光弹投放系统、反辐射导弹发射系统与机上的雷达、导航、显示等电子系统组合成一个有机整体,对敌方雷达告警、识别和精确定位,然后酌情施放电子干扰软杀伤或发射反辐射导弹硬摧毁。

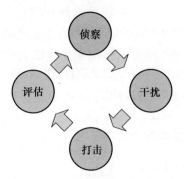

图5.33 一体化电子战系统的作战流程

5.3.2.3 综合一体化的关键技术

综合一体化的电子战系统不是简单地由各单项装备拼凑而成,而应是根据未来作战需求进行的科学设计,对多种电子战系统进行综合设计、综合集成、综合运用而形成的一体化的综合系统,是把各子系统和相关技术及要素进行有机连接与组合,从而构成一个效能更高、彼此协调、整体优化、功能多样的综合性系统,达到减少设备数量、加快响应速度、提升一体化作战能力的目的。

1)电磁兼容技术

各种电子战设备集中应用于一个作战平台或一个局部地域,各种电子设备的电磁辐射必然形成复杂的电磁环境,限制了设备的正常工作,甚至使系统完全失效。使各分系统之间能够兼容工作的电磁兼容技术就成为综合一体化电子战系统的关键技术之一。其主要技术途径包括:①降低各分系统的电磁辐射;②合理配置各分系统的物理位置,特别是各分系统天线的位置要经过电磁兼容模拟试验后确定安装位置,确保彼此能够兼容工作;③合理安排各分系统设备的工作时间,使那些实在无法同时工作的设备分时工作;④通过电磁环境建模,并消除其影响。

2)数据融合与智能管理技术

综合一体化电子战系统是多平台、多专业、多功能、多频段的大型综合系统,只有将各个分系统的信息数据、资源数据进行融合处理,并对不同侦察和干扰资源进行智能管理,才能够真正实现不同电子战的信息互通、功能互补、效能倍增、行动互联等。

综合一体化电子战系统利用数据融合子系统将从不同传感器获得的数据进行状态及属性融合,然后在决策支持子系统进行态势及威胁评估,并对数据融合的最后结果做出决策,最后由资源管理子系统进行侦察、干扰、打击、评估等战术行动的资源分配和动作监督执行。

3）模块化和通用化

该技术是指电子对抗系统的设备普遍采用标准化的模块结构,通过组建多种作战平台通用的弹性系统骨架,使不同的系统、设备之间尽可能拥有相同的电子模块,相互之间可以通用,根据不同的对抗对象快速组装成功能不尽相同的电子战装备。美军 F-15 战斗机上所使用的 AN/ALQ-135 电子干扰系统以及新研制的 AN/ALQ-165 电子干扰系统,则都遵循了新的模块化设计原则。

5.3.3 战场态势显示综合一体化

5.3.3.1 战场电磁态势及其要素组成

战场态势是在特定的地理、气象、水文等战场环境条件下,交战双方作战要素部署和作战行动所形成的状态与形势。战场电磁态势是指在特定的时空范围内,交战双方的用频装备、设备配置和电磁活动及其变化所形成的状态和形势,是在一定的时空频范围内对作战有影响的电磁要素的总和,是战场态势的重要组成部分。在现代战争中对战场电磁优势的争夺已经成为交战双方的重点,所以对战场电磁态势进行全面有效的呈现,将有助于各级军事指挥员及时、全面、准确地判断战场形势、合理部署调配己方的各型电子装备与各种电子对抗作战力量,形成正确有效的指挥决策。

通常情况下,战场电磁装备主要包括:通信、雷达、测控、制导、导航、敌我识别、电子对抗等各类无线电设备。这些设备及其所辐射的电磁信号构成了战场电磁要素的主体,从这个角度上讲,战场电磁态势所包含的主要要素如下:

（1）电磁装备的类型,主要分为通信、雷达、测控、制导、导航、敌我识别、电子对抗等。

（2）部署平台、所在位置与运动特性。包括地面固定、车载、舰载、机载、弹载、星载等不同平台,当然也对应了不同的部署位置与运动特性。

（3）工作状态与交联关系。主要包括电子设备当前所处的工作状态,与其他设备之间的交互作用关系与组网协同关系等。

（4）作用范围。例如雷达的探测距离、通信的可靠传输距离、侦察作用距离、干扰有效距离等。

（5）信号参数、性能与用频特性。针对不同的辐射源有不同的信号参数和性能描述,其用频特性通常包括了工作频段、频率变化特性等。

上述战场电磁态势要素需要通过各种可视化手段,利用图标、文字、曲线、图

第 5 章 电子战发展新方向：智能化、网络化、综合一体化

形、图像等来综合表示，并采用不同的形状（如球状、柱状、锥状、扇面、线束等）、尺寸、亮度、颜色、纹理等静态视觉变量来区分不同类型的电磁态势要素。由于战场电磁态势是整个战场态势的一个重要组成部分，所以在作战指挥控制中需要与战场态势的其他要素有机地融合在一起进行综合呈现，这样才能为作战指挥员提供完整、准确、有效的信息，指挥员在此基础上才能进行准确的判断与推理，形成有效的决策和行动命令。

5.3.3.2 虚拟现实技术在态势显示中的应用

1）虚拟现实技术的发展历程

在整个作战指挥发展历程中，战场态势的呈现最早是采用纸质地图标绘法，然后逐渐在 20 世纪中期发展到采用实物沙盘来展示。实物沙盘主要是根据地形图、航空摄像材料或实地地形，按照一定的比例关系，用泥沙、兵棋和其他材料堆制而成的战场空间模型。该模型能够直观形象地显示作战地域的地形地貌，表示敌我阵地的组成、兵力部署和兵器配置等情况，指挥员可以通过该沙盘研究地形、判断敌情、拟制作战方案等，于是这一态势呈现方式在军事指挥中获得了比较广泛的应用。但是实物沙盘对电磁态势的展示能力是极其有限的，因为它只能显示出某一电子装备的类型与部署位置，而其他电磁态势要素信息的表达比较困难。

到了 20 世纪后期，随着计算机图形图像技术的发展，上述实物沙盘逐渐被电子沙盘所取代。电子沙盘实际上是基于电子地图和地理信息系统，利用计算机图形学对战场的地形地貌进行建模，在计算机屏幕上对战场空间进行模型化显示。早期的电子沙盘采用的是简易的平面二维电子地图，代表敌我双方人员、装备的部署采用不同色彩、形状各异的图标符号来表示，指挥员通过观察计算机屏幕上显示在二维地图上的人员、装备等信息来获得整个战场的态势信息。在这一过程中，战场电磁态势的显示也是采用简单的符号和各式曲线来将电磁态势要素标绘在二维平面电子地图上，例如：地面大型雷达站采用三角形图标表示，空中平台的监视雷达采用方形图标表示，通信中继站采用菱形图标表示，干扰装备则采用所属平台的图标表示等。对于雷达的探测区域范围，则以雷达部署位置为圆心，以其最大作用距离为半径，绘制一个圆形曲线，在该圆圈范围之内则表示雷达能够发现目标，在这之外则表示雷达无法发现目标。而干扰机则采用其干扰天线的瞬时覆盖角度与距离所形成的扇形区域来表示其有效作用范围。上述在二维平面电子地图上显示的典型战场电磁态势如图 5.34 所示，图中显示的是 3 架远距离支援干扰飞机对 3 部地基雷达和 1 部预警机雷达实施压制干扰的作战训练场景。实际上，这一简易的战场电磁态势呈现方式至今仍在使用。

随着技术的进步，二维平面电子地图现在也逐渐发展为三维电子地图，现在的

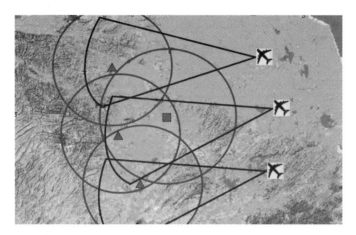

图 5.34　平面电子地图上的典型战场电磁态势呈现

三维电子沙盘就是通过使用相关的基础地理信息数据构造出与实际战场地形基本一致的虚拟场景,再加上实际的三维地物模型,从而构成具有一定真实感的三维模型。在三维电子沙盘中将各种装备模型进行叠加部署显示,则能以更加真实的立体感来展现战场态势,如图 5.35 所示。

图 5.35　典型的三维电子沙盘及装备部署显示

由上可见,在三维电子沙盘条件下战场态势呈现的立体感更强,细节更加丰富。在二维平面电子地图中由于缺乏高度维数据,使得态势信息的显示在高度维上实施了压缩,造成部分信息的丢失。以图 5.34 中的电磁态势显示为例,地基雷达与预警机上雷达的作用范围有很多交叠,并且随着战场上电磁辐射源数量与种类的增加,这种交叠会越来越严重,造成电磁态势显示模糊而繁杂。如果在三维电子沙盘上来展示这一电磁态势信息则可在一定程度上缓解上述问题。在此条件下,雷达的天线波束覆盖范围与干扰机天线波束覆盖范围都会以立体的方式展现出来,同时还会受到战场地形环境的影响,如遮挡效应等。所以在三维电子沙盘上进行电磁态势的立体显示将能够为战场指挥员提供更加准确有效的信息。

在部分文献中,也将三维电子地图中的显示交互系统称为桌面式简易虚拟现实系统,但是该系统是以桌面计算机屏幕作为用户观察虚拟世界的一个窗口。虽然在上述三维电子沙盘中已经能够初步处理和展现战场态势中实物部分所对应的相关态势信息,但是三维电磁态势的显示效率并不高。因为在此方式下整个三维信息是通过平面式的计算机屏幕来呈现的,即将计算机屏幕作为用户观察战场空间的一个窗口,虽然用户也可以通过通用的输入设备,如键盘、鼠标等进行参数调整,通过点击操作来切换观察视角,缩放观察区域的大小,但用户缺乏真实的现实体验,这种体验即是在用户观察三维实物沙盘时所具有的真实感体验。另一方面,一旦战场空间的呈现范围过大,还会涉及观察视点的频繁切换,观察粒度的快速缩放等操作,这些操作始终受到一个平面观察窗口的限制,给用户带来了极大的不便。在部分紧要性任务中,用户会不时萌发出一种将想钻进计算机屏幕去看个究竟的冲动,或者是在十分投入的情形下,有一种情不自禁地将自己的双手伸进计算机屏幕中去搬动沙盘的欲念。这种冲动与欲念实际上是用户在人机交互过程中部分需求并没有得到充分满足的一种外在表现。

2)战场电磁态势的沉浸式虚拟现实

实际上用户的上述需求是可以通过沉浸式虚拟现实技术,在配备了头盔显示器等虚拟现实输出设备,以及数据手套等虚拟现实输入设备的条件下来得以满足的。这样的沉浸式虚拟现实设备如图 5.36 所示。在此情况下,不仅可实现三维沙盘的虚拟化,而且还可以实现战场电磁态势各要素的虚拟化呈现。

(a) 头盔显示器　　　　　　　　　(b) 数据手套

图 5.36　沉浸式虚拟现实交互设备

(1) 电子沙盘与电磁态势的沉浸式虚拟现实。

通过沉浸式虚拟现实交互设备可以在计算机生成的虚拟空间中构建一个虚拟的沙盘模型,我们称之为虚拟沙盘。该虚拟沙盘按照一定比例反映真实三维战场空间的地形地貌、气象、水文等情况,同时交战双方的作战要素的部署,包括电子装备的部署与应用情况在这一虚拟沙盘上也同时得以准确展现。而用户需要戴上头盔显示器等设备才能观看到这一虚拟空间中的三维虚拟沙盘。头盔显示器通常由两个 LCD 或 CRT 显示装置分别显示与用户左右眼对应的图像,这两幅图像存在微小差别,人眼在获取这种带有差异的信息之后在脑海中产生立体感。头盔显示器还可以捕捉到用户头部和眼部的各种运动,并提取其中相关的各种信息,获得用户观察这一虚拟沙盘的视角变化,从而为该用户实时展现其对应视角条件下虚拟沙盘的各种三维状态,有效实现用户观察视角与关注视点的快速流畅地切换。如此一来,用户所体会到的这一虚拟沙盘就犹如摆放在自己面前的一个真实的实物沙盘一样,从而获得一种身临其境的沉浸感。

另一方面,用户通过数据手套等设备来实现对虚拟空间中这一虚拟沙盘的各种操作,如搬移、旋转、拉伸与压缩等,而且还可以对沙盘上的其他战场态势要素进行选取、平移和放置。该数据手套中嵌入了大量的各类传感器,能够测量用户的每个手指相对于手掌的位置,实时获取人手的动作姿态,如进行物体抓取、移动、操作、控制等动作,从而在虚拟空间中再现人手动作,达到人机自然交互的效果。如此一来,用户戴上头盔显示器和数据手套就可以对虚拟空间中的这一虚拟沙盘进行有效操作,而这一点在用户看来,就如同在操作自己面前的一个实物沙盘一样,几乎没有太大的区别,反而感觉更方便与快捷。用户在真实三维空间中操作实物沙盘时,还面临着手臂长度限制,手部力量限制,移动速度限制,观察尺度固定等一系列问题;而在这一虚拟空间中通过数据手套来操作虚拟沙盘、并戴上头盔显示器来观察虚拟沙盘时,这一切均是计算机通过计算建模虚拟构造出来的,用户的上述限制将完全消失,用户对这一虚拟沙盘操作的灵活性与有效性得到了极大的提高。

实际上,上述沉浸式虚拟现实系统为各种战场电磁态势要素的有效显示也带来了极大的方便。对于各类电子装备所在平台与装备类型,可以通过各种与实体近似的微缩三维模型来代表,该三维模型的位置及运动状态与真实战场空间中的实体成比例对应。另外该微缩三维模型同时还附着有与之联系在一起的三维文字、数字及字母等,文字可以描述该电子装备的工作状态、重要参数与性能等关键性要素,而且该文字可以随用户视角的改变而自适应地调整大小与方向,如图 5.37 所示。

实际上这种文字叠加显示方式与当前的增强现实(AR, Augmented Reality)技术有类似之处,增强现实利用计算机产生的附加信息来对使用者看到的现实世界场景进行增强,将计算机生成的附加信息的虚拟物叠加到真实场景中,用户看到是虚拟物与真实世界的共存。而上述三维文字实际上也是一种附加信息的虚拟物,只不过这一虚拟物不是叠加显示于用户看到的真实场景之中,而是叠加显示于用户看到的虚拟沙盘之上,这样的电磁态势呈现方式使得用户在任何条件下都可以获得清晰而准确的信息。

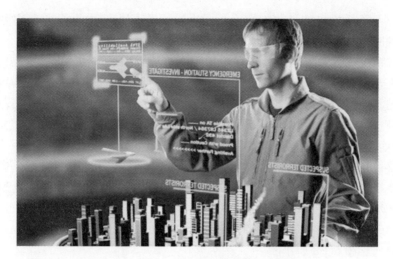

图 5.37　沉浸式虚拟现实中的三维文字显示

在这一虚拟空间中,各个电子装备的作用范围,可以依据其天线波束形状、扫描方式、发射功率大小等,通过三维半透明的区域填充模式来表达。如此一来,指挥员不仅能够非常清晰地观察到各型重要电子装备,如雷达、通信站、干扰机等的位置、运动轨迹、工作状态、作用区域等信息,而且还能观察到战场地形地貌对各型电子装备天线波束的遮挡,以及由此而带来的影响。通过上述战场电磁态势的有效展示,指挥员能够掌握战场电磁信息的总体概况,以及战场用频的冲突程度,从而为各型用频装备的有效部署提供重要参考。

如前所述,在此系统中采用了数据手套等虚拟现实输入设备,所以用户对该虚拟沙盘的可操作性得到了极大的增强。用户能够直接通过手势操作对虚拟沙盘上的各种电子装备的部署位置、部署数量、开关机时间、工作状态进行调整,并通过头盔显示器实时观察调整之后的整个战场电磁态势的变化情况。这一人机交互方式为指挥员制定作战方案,优化作战部署等带来了极大的方便,特别对于电子对抗作战指挥控制具有极其重要的意义。总的来讲,上述沉浸式虚拟现实技术很好地解决了战场电磁态势呈现系统与用户之间的信息传递及高效交互的问题,使得用户获得了身临其境的体验,更重要的是用户对整个战场电磁态势的把控也更加准确而有效。

(2)通过分布式处理满足多人同时交互。

前面是从单用户的视角来进行的阐述,实际应用中无论是电子对抗作战指挥中心的指挥控制,还是平时的训练仿真,都面临着多用户同时交互的要求。以作战指挥中心为例,该中心内有多名高级指挥员,以相互配合的方式从总体上协同指挥;另一方面还有众多的下级指挥人员,按照上级指挥员下达的总体作战指令,专门对某一项子任务实施具体指挥。于是在这一作战指挥中心内的众多各级指挥员,大家都有观察这一虚拟作战沙盘,并与之进行交互的需求。

在此情况下就需要采用分布式虚拟现实系统来满足这一要求。分布式虚拟现实系统主要基于网络通信技术,可供异地多用户同时参与到同一个虚拟环境中,即将异地的不同用户连接起来,他们通过网络对同一虚拟空间进行观察与操作,达到共享信息、协同工作的目的。在该系统中,每一个用户都配置了一套沉浸式虚拟现实设备,他们所看到虚拟空间中虚拟沙盘的状态是完全一样的,但是每一个用户自己的观察视角与观察方式是独立控制的,每一个用户通过自己的数据手套对该虚拟沙盘的操作会改变沙盘的状态,而这一状态将对所有用户产生影响。所以上述分布式战场电磁态势虚拟现实系统需要一个共同的中心服务器来统一管理与处理不同用户的交互响应,以确保该虚拟沙盘状态的统一性和完整性,该分布式虚拟现实系统组成如图 5.38 所示。

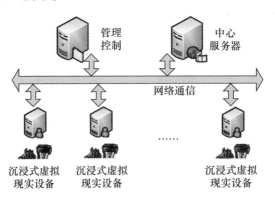

图 5.38　分布式战场态势虚拟现实系统

在上述分布式虚拟现实系统中各个用户之间还可以进行语音、数据与图像的实时交互,这就如同大家在真实的指挥大厅中一起同时指挥一场战役一样。这所带来的一个好处就是:即使各个指挥员在真实世界中相隔千里,只要有相关的组网通信能力保障,他们就能在同一个虚拟空间中聚在一起,观看到同一个虚拟沙盘,指挥同一场战役。由此可见,具有分布特性的沉浸式虚拟现实极大地拉近了人类个体的精神与意识的距离,也给大家带了无尽的应用想象空间。下面就结合电子战应用对此进行扩展探讨。

3) 具有分布特性的沉浸式虚拟现实技术在电子战中的应用展望

虽然具有分布特性的沉浸式虚拟现实系统也可以应用于娱乐、教育、医疗、工业设计、建筑设计等众多领域,但是在此我们主要关注该技术在电子战领域中的应用。概要来讲,主要涉及如下几个方面:

(1) 电子战作战指挥。

实际上这是最直接的应用,前述内容基本上都是以此为例进行展开的,通过沉浸式虚拟现实来实现战场电磁态势的显示,相对于其他纯粹以火力攻击为主的指挥员来讲,电子战指挥员直接面对的就是战场电磁态势的掌控,以及各种战场电子装备的部署、调动、指挥与控制。由于在现实空间中微波频段的电磁波对于人来讲看不见摸不着,电子对抗装备对各种目标辐射源实施侦察与干扰,对于人来说也只能基于基本物理概念来构建相互之间的作用关系。但在这一虚拟空间中,各种电磁态势要素,包括装备类型、部署平台、所在位置、运动特性、工作状态、交联关系、作用范围、信号参数、性能与频谱特性等都可以得到全面而有效的可视化显示。电子战指挥员还可以与这一虚拟场景进行主动交互,通过试探性调整己方的电磁要素来观察战场电磁态势的变化,评估之后选择较优的电子对抗行动方案,下达作战指令。

(2) 电子战训练评估。

如果上述战场电磁态势中的各个要素与真实战场中的电磁装备之间没有实际的对应关系,那么可以采用计算机合成方式,根据不同的作战预案,以及对手的假设估计,由计算机生成敌我双方的电子对抗兵力部署,在此条件下指挥员可以进入到该虚拟空间中实施电子对抗作战指挥,就如同指挥一场真实的电子对抗战役一样。最后根据推演结果,可以对这一指挥员的指挥能力进行评估,同时该系统还可以通过记录回放方式对指挥员的每一次指令调度的合理性与有效性进行分析,查找存在的问题。指挥员根据反馈的问题对自己的指挥方式进行改进,这实际上起到了对电子战指挥人员进行训练的目的。指挥员通过这样的反复训练,可以不断提升自己的指挥能力,这将为优秀电子对抗指挥员的大批量培养提供一个重要的平台。

(3) 电子战效能仿真。

传统的电子战效能仿真结果展示主要还是基于桌面计算机屏幕窗口来现实的,大多数系统采用的是二维平面电子地图,只有较少的系统采用了三维电子地图。如前所述,即使在三维电子地图上对战场电磁态势的展示效果也是极其受限制的,只能对数量较少的电磁交战平台和简单场景实施电磁态势的清晰展现。一旦仿真中的电子装备的数量增加,作战场景复杂度增大,战场上的各种电磁信息交织混杂在一起,密密麻麻地几乎重叠在平面式计算机屏幕上,显得极其杂乱,仿真结果的视觉展示效果较差。如果采用了沉浸式虚拟现实来对战场电磁态势进行呈现,用户通过相关的虚拟现实设备进入到虚拟空间中,可以从不同的视角、不同的维度来观察自己所感兴趣的电磁态势要素,不仅极大地满足了用户的个体需求,给用户带来了身临其境的沉浸感和震撼感,而且用户还可以参与到其中,为人在回路的电子对抗效能仿真提供了一个重要的实现手段。

5.3.3.3 电磁大数据的挖掘与利用

如前所述,在多军种联合作战的新形势下,围绕电子战作战筹划、指挥决策、行动控制、效果反馈评估等信息保障要求,将大数据挖掘技术与电磁大数据相结合,开展基于电磁空间大数据的电子目标数据挖掘分析,不仅能够进一步丰富电磁目标数据库的内容,而且为作战筹划、态势分析、指挥决策、行动控制、火力打击等军事行动提供目标精确的属性、位置、参数、活动规律、状态、威胁、意图、运用规则乃至目标个体信息等重要情报,对获得战场电磁优势并打赢信息化条件下的高技术战争具有重要意义。

1) 电磁大数据挖掘的分类

从电磁空间作战全流程中的数据加工和情报产品服务的时效性来看,电磁大数据挖掘应用可分为两大类:在线挖掘和离线挖掘。

(1) 电磁大数据的在线挖掘,又称为实时、近实时挖掘,重点服务于电子战的实时指挥决策和行动控制,具体包括电磁态势生成、威胁态势分析、预测和威胁告警、对抗重点目标分析及措施建议,以及为电子战部队行动提供威胁目标引导数据等。从信息处理层级上可分为目标级挖掘、态势级挖掘和决策级挖掘三个层次,具体体现如下:

① 目标级挖掘主要利用电磁目标一段时间的活动情况数据、海空活动数据等,基于总结的知识规则与规律,对目标活动状态及异常情况进行挖掘,辅助完成目标属性识别、异常分析、活动预测与威胁告警等,为认清、辨明目标身份,掌握活动状态提供支撑。

② 态势级挖掘主要根据战场电磁态势生成要求,利用目标级挖掘的结果、历史数据及电磁目标一段时间的活动情况数据,结合其他情报、事件数据等,从总体电磁态势和专题态势生成出发,进行态势挖掘分析,重点包括:电磁信号环境、目标电磁活动对我方的影响、目标行为意图预测,以及专题态势等多个方面,为战场电磁态势生成、一致理解和综合运用提供支撑。

③ 决策级挖掘主要根据电磁空间作战任务和电子对抗行动要求,基于任务和行动数据,利用目标级、态势级挖掘的结果、历史数据及电磁目标一段时间活动情况数据,挖掘分析重点电磁目标及电子信息系统组网威胁发展趋势,提出对策及行动建议清单,支撑电磁空间作战指挥决策和联合作战指挥决策。

(2) 电磁大数据的离线挖掘主要服务于作战全流程,指挥决策及筹划方面,提供目标基础数据、作战目标清单、目标活动规律、常用作战运用方式等目标数据和目标应用案例产品;在态势生成方面,为态势生成提供目标组成,目标判别规则、知识、案例等数据支撑;在部队行动控制和对抗装备加载方面,提供针对任务和装备的电磁目标基础数据、电磁信号环境数据、目标识别特征数据、目标威胁告警数据等。从信息处理层级和处理对象层次关系上可分为目标电磁特征挖掘、平台活动特征挖掘、系统运用特征挖掘三个层次,具体体现如下:

① 目标电磁特征挖掘主要利用电磁目标长时间活动情况数据,结合电磁环境、气象水文环境数据,分析目标常用信号样式、使用特点、识别规则、工作模式切换规律等,为目标特征数据积累、识别知识规则生成、活动规律总结等提供手段,为电磁目标识别、异常检测等提供知识规则支持。

② 平台活动特征挖掘主要利用陆海空天各类电磁目标长时间活动情况数据、海空活动数据,以及相关军事与民用目标、军事事件数据等,分析陆、海、空、天各类平台目标时空特征与电磁活动特征,分析海空编队、海空多目标配合关系及使用特点,为陆、海、空、天电磁目标电磁作战知识规则积累、活动规律及各类案例积累提供手段,为平台目标行为识别、异常分析等提供知识、规则和案例支持。

③ 系统运用特征挖掘主要利用陆、海、空、天各类电磁目标长时间活动情况数据、海空活动数据,以及相关军事与民用目标、军事事件数据等,分析挖掘各类系统目标作战运用规则、电磁管制、电磁运用及威胁等,为各类系统目标作战运用研究提供手段,为系统目标行为认知、威胁分析等提供知识、规则和案例支持。

2) 电磁大数据应用的未来发展趋势

电子战发生并聚焦于高维电磁空间,电磁空间中的斗争先于实体空间中的战争发生并贯穿战争的始终,通常电子战成为敌我双方首选的作战手段。电磁数据具有典型的"模糊性、广域性、强对抗、高时效、高价值、专业化"等特点,基于传统样本、抽样数据的分析处理,已难以适应信息化时代的战场。运用电磁大数据技术挖掘提取海量数据信息价值,深度刻画和掌握目标、发现潜在的隐藏规律、洞悉体系的薄弱环节,辅助指挥人员拨开"战争迷雾",实现单向透明化战场,降低决策风险,让作战指挥更加科学高效,这也推动了未来的电磁大数据应用向如下几个方面继续发展:

(1) 多源异构全量数据汇集与处理。

电子战具有隐蔽性、秘密性、出其不意、防不胜防等优势。在战前、战中和战后全流程频繁使用,呈现出隐蔽、全域、全程等特征,作战指挥对抗异常激烈,海量数据的并行、快捷、高效处理能力需求强烈。电子战作战方式独特,使得战场的界限具有很大的模糊性、广域性,难以区分前线还是后方,战场还是非战场。从而要求作战指挥全面统筹考虑敌、我、环境等诸多电磁要素,掌握纷繁复杂的关联关系。作战数据具备典型多源、海量、异构等大数据特点。所以要求对不同传感器来源的数据进行汇集,在采集层面尽可能多地收集敌、我、环境等电磁要素。采集过程中需要考虑传感器的类型、机理、探测范围等不同技术条件,发挥多源、异构等各类数据信息的优势,从各个角度对电磁大数据进行收集和存储。针对海量多源异构数据在存储空间、通信能力及计算速度等方面带来的挑战,在多源异构数据挖掘平台构建、数据挖掘预处理、网电多源数据关联规则挖掘分析和基于主题的情报信息挖掘等方面,提升海量多源异构数据挖掘的实时性、精确性、鲁棒性,实现电磁大数据向各类情报产品高效转化。

(2) 高维电磁目标画像和行为预测。

电磁波以光速传播,电子战具有瞬时高效的特点,时敏高价值目标的对抗,战机稍纵即逝,时机的把握和指挥的时效性要求很高。急需采用电磁大数据技术挖掘分析作战对象,预测其行为动态,缩短指挥决策时间,先敌一步、高人一筹。电磁目标特性挖掘包括三个层次:第一层是涵盖目标在特定时刻、特定任务、特定环境条件下的频繁轨迹、周期模式等运动行为特性,辐射源状态、参数规律等工作行为特性,所属任务、威胁程度等语义行为特性等在内的多个维度不同类型的知识;第二层是在前一层的基础上不同维度交叉融合得到的同一目标特定运动行为下的工作状态、特定运动和工作行为下的语义行为等不同维度信息之间的关联关系;第三层是不同目标之间在不同维度间的协同规则与作战模式。电磁目标画像和行为预测针对上述三个层次中的前面两层,通过从海量、不完全、有噪声、模糊和随机的数据中,发现目标的高维特征与活动规律。支撑电磁作战态势精确感知和目标精确识别,为电磁威胁目标识别、作战目标能力估计、目标对抗策略生成等提供支持。

(3) 多维度视角关联关系挖掘。

多维度关联关系是在电磁目标画像的基础上,进行的第三层多目标之间的关系挖掘。由于电磁作战数据涉及维度多、覆盖面广,急需开展多维度、多层次的关联关系分析,将各种条件都变成军事事件、重大活动等关联数据。从多源数据中挖掘潜在的隐藏运用规律,作战规则与协同关系等,为电磁作战事件预测、战场演变趋势判断、战法制定提供数据支持。信息化条件下的军事行动中,不同类型的目标通常以群组目标的形式协同配合,达成特定的军事目的。通常来讲,遂行某一任务的群组目标之间的组合关系是有内在规律和联系的,将目标之间的组合规律称作目标编群规则,这些目标编群规则可以通过长时间的原始数据累积来挖掘获取。多维度关联关系挖掘,主要在时空维度、电磁维度对不同目标进行关联分析,利用原始数据以及经过处理之后的更高层次信息,提取战术目标编群规则、目标协同工作规律;在此基础上,综合考虑目标出现时间、电磁参数、活动阵位等多个维度信息,挖掘提取反映目标之间行为关联关系特征的规律,甚至作战意图信息,从而实现对重点目标协同关系的体系化分析与准确获取。

下面直接引用公开文献中报道过的利用电磁大数据挖掘技术对某大型网络化目标集群的分析结果,可视化展示如图 5.39 所示,其中包含了指挥层级分析、指挥下辖节点量分析、通信枢纽分析、通信平均跳数分析、数据流量分析和对空预警探测范围影响分析等各个方面,全面展示了该网络化目标集群的各种电磁特征与重要属性。

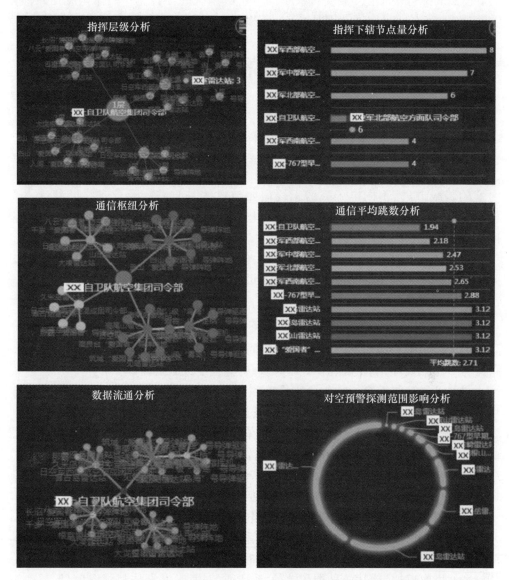

图5.39 利用电磁大数据挖掘技术对某大型网络化目标集群的分析结果

由上可见,基于电磁大数据的电磁目标数据库构建与挖掘利用是未来电子战发展的重要方向之一。

5.3.4 其他一体化的发展

前面的综合一体化主要是围绕不同电子战系统的综合化和一体化展开的,而随着现代战场隐身作战的迫切需要,电子战装备还需要与平台进行一体化的设计,主要表现在天线、结构、功能等方面;另外,随着"侦干探通一体化""电磁频谱战"等概念的不断出现,电子战与雷达、通信、导航等其他电子信息装备的一体化研究也正在蓬勃发展。

5.3.4.1 电子战装备与作战平台的一体化

电子战装备与平台的综合是指电子战装备与作战平台融为一体,变成了一种新型的电子战武器装备。

例如在隐身战机的电子战功能设计中,所有的电子装备一般都需要采用内埋的装载方式,不同电子战的天线需要与机体一起进行隐身或共形设计,尽量不增大机体的 RCS,这往往给电子战的小型化、综合化、一体化提出了较高挑战。

在电子战无人机中,电子干扰设备或者电子侦察设备与无人机融合为一体:无人机的机翼作为电子战设备的天线,无人机的发动机成为电子战设备的电源,无人机成为电子战设备的载体。

5.3.4.2 电子战与雷达、通信系统的一体化

电子战系统装备还可以与平台上的雷达、通信、导航、敌我识别等其他电子装备进行一体化设计,主要表现在共用天线、射频通道或处理器等。

最早开展这类综合一体化研究是美国的"宝石柱"计划和继"宝石柱"计划之后的"宝石台"计划,随后美国又开展集成传感器计划(ISS)。这些都是为飞机平台的综合航空电子系统提供支撑。后来,美国海军开展了支撑舰载综合电子系统的"先进多功能射频概念"(AMRFC)研究,以及后续的"多功能电子战"(MFEW)项目研究。在 AMRFC 基础上,美国海军又开展了"集成上部结构"(InTop)项目研究。

这些发展计划项目以超高速集成电路和通用模块为基础,采用高速数据总线和计算机联网等技术手段,实现航空电子系统的综合一体化,如图 5.40 所示。系统综合了各雷达、电子战以及通信、导航和识别功能,因此可实施严格的控制和共用资源,大幅度减少模块的种类和数量。

由于综合一体化已经成为电子系统的发展方向,其他军事强国也纷纷加入了研究行列,主要包括荷兰皇家海军的可伸缩多功能射频(SMRF)系统、瑞典和意大利合作的多功能相控阵系统(M-AESA)等,如图 5.41 所示。

第 5 章 电子战发展新方向：智能化、网络化、综合一体化

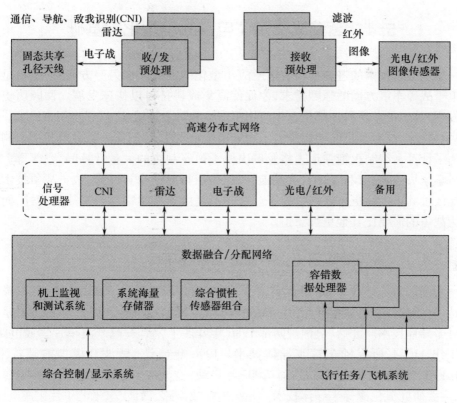

图 5.40　航空综合一体化电子系统的典型结构

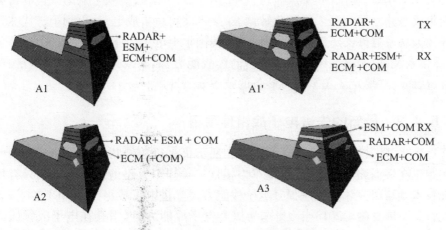

图 5.41　M-AESA 的 4 种概念模型

5.4　高集成奠定了电子战小型化的基础

集成电路技术的进步推动着电子战小型化的发展。从另一方面看，也正是因为电子战等军事方面的强烈需求，才促使高集成科技得以快速发展。回顾历史可以发现，其实很多新科技都是首先应用于国防和军事领域，之后逐步用于民生。例如：钢铁生产技术改进的初衷是为了用来制造来复线火炮；第一代计算机的研制则是为了计算和编制火炮弹道表格及解决原子弹研制中的大量计算问题；等等。英国科学家贝尔纳在《科学的社会功能》一书中所指出："自古以来，改进战争技术一直比改善和平生活更需要科学技术。这并不是由于科学家具有好战的特性，而是因为战争的需要比其他更加急迫。"

5.4.1　美国国防部史上的四大元器件项目

美国国防部早在1980年就实施了"超高速集成电路"（VHSIC）项目，以降低雷达、电子战等军事装备的尺寸、重量和功耗。"超高速集成电路"项目主要是研究硅半导体技术。此后，美国国防部1986年开展了"微波/毫米波单片集成电路"（MIMIC）项目，研究砷化镓半导体技术。1996年启动"微波和模拟前端技术"（MAFET）项目，研究毫米波技术。2002年启动"宽禁带半导体技术"（WBGSTI）项目，主要研究氮化镓等半导体技术。超高速集成电路、微波/毫米波单片集成电路、微波和模拟前端技术、宽禁带半导体技术这四个项目被誉为美国四大元器件项目。在过去几十年里，美国国防部通过这些军用元器件项目，实现了从第一代硅材料超高速集成电路发展到第二代砷化镓微波/毫米波单片集成电路，再到第三代宽禁带半导体大功率器件的跨越式发展，促进了美国军事电子工业的蓬勃发展，提高了雷达、通信系统、电子战系统等军事装备的作战能力，显著改善装备尺寸、重量、功耗特性，从而一举奠定了美军军事装备的技术先进性。

5.4.2　最新的先进电子战组件项目

近年来，随着商用器件性能的提升和便于获取，其他国家与美军电子装备的技术差距正在逐渐缩小，这引起美国军方担忧。美国军方也清楚地意识到只有加强基础技术领域研究才能快速提升电子战能力，"先进电子战组件"（ACE）项目就是在此背景下展开的。2013年，美军为提升电子战能力、巩固其在电子战领域的技术优势，启动了ACE项目。ACE项目旨在研发能对美国未来电子战产生革命性影响的先进组件。

第 5 章　电子战发展新方向：智能化、网络化、综合一体化

2013 年 6 月，美国空军研究实验室传感器部启动了 ACE 项目，共向 9 家研发商授出了 10 份合同，总额为 300 万美元，其目的是研制能对美国未来电子战能力产生革命性影响的先进组件，要求相比于使用全球可得商用组件的电子战系统要有能力上的跃升。ACE 项目借鉴 1980 年美国国防部开展的"微波/毫米波单片集成电路"（MIMIC）项目模式，美国空军研究实验室、陆军研究实验室、海军研究实验室、陆军通信电子研究开发与工程中心和海军研究办公室都派出专家参与了 ACE 项目总体战略的制定，并与合同承研方密切合作，确定能提供相关的技术和试验场所。

美国空军研究实验室传感器部首席工程师斯蒂芬·哈里博士担任了 ACE 项目阶段 0 的项目经理。他指出："ACE 的重点并不是发明新技术，而是要跳跃式发展，快速取得技术成果并将其成熟化，要能从实验室状态迅速转到电子战相关的试验系统中，为在 4 年后项目结束时进行技术插入做好准备。"

ACE 项目的技术选择是根据 10 年后（2023 年）需要应对的挑战而评定的，取决于其对关系到美国在所有作战域中攻击能力和生存能力的电磁频谱优势的影响，具体而言，是针对以下 6 项技术挑战而确定的。

（1）认知、自适应电子战——要求能有效超越敌方的决策和技术选择。

（2）分布式/协同电子战——对密集、复杂的威胁环境，能从空域和时域上实现多样性的响应。

（3）抢先/主动式效应——能对电子攻击的效果进行实时感知、评估和优化。

（4）宽带/多谱电子战系统——具备在尽可能宽的频谱范围内感知威胁系统并做出反应的鲁棒能力，以控制电磁频谱。

（5）模块化/开放式/可重构的系统架构——能及时部署或插入先进的电子战技术，以对快速变化的环境做出响应。

（6）先进的电子防护——能在密集的电磁频谱环境中不受限制地作战。

美军在项目的技术选择过程中考虑了多种因素，但选定的所有技术都必须满足 3 个方面的要求。

（1）与电子战系统能力相关并能对其产生巨大影响；

（2）具备足够的技术成熟度，能够在项目进行的 4 年时间内支持演示验证；

（3）是美国国防部任务所需要的、商用部门不能提供的独特能力。

整体上，ACE 项目分为 4 个技术发展领域。

（1）集成光子电路（IPC）；

（2）电子战毫米波源（MMW）和接收机组件；

（3）可重构和自适应的射频电子设备（RARE）；

（4）光子源三维异构集成（3D HIPS）。

对每个领域进行了两项研发投资,另外还要进行两项工作,从总体上研究这4个发展领域对电子战系统的影响。具体而言:Aurrion 公司和洛克希德·马丁空间系统公司进行集成光子电路领域的研究;雷声和诺斯罗普·格鲁曼公司航天系统分部进行毫米波部件的研究;雷声和罗克韦尔·柯林斯公司从事可重构和自适应的射频电子设备研究;LGS 创新公司和 HRL 实验室进行光子源三维异构集成研究;BAE 系统公司和洛克希德·马丁任务系统与训练分部则研究在这 4 个研究领域中电子战系统的应用,进一步细化演示验证的试验概念。此外,在每个研究领域和技术方向组建了由各军种和 DARPA 特定技术领域的专家组成的专家团队,在阶段 0 的整个实施阶段与工业界密切合作。

在阶段 0 的工作完成后,各家合同商提交了最终研究报告。项目管理方确定了关键的部件技术以及研发这些跨越式能力所需的大致投资经费,并向国防部和各军种提交了项目建议。项目建议包括:进行为期约 4 年、集中的部件技术投资,以提供跨越式电子战能力并在电子战系统试验中进行演示;建议从 2016 财年开始后续的项目,按照军方项目管理计划周期以及项目审批和投资程序对后续的项目进行管理。

5.4.3 先进电子战组件目前取得的成果

随着阶段 0 工作的完成,4 个发展领域都取得了大量技术成果。

在集成光子电路领域,取得的成果如下:

(1) 超宽带、敏捷的光子射频接收机前端,扩大了接收机的动态范围,信号抑制能力强,上/下变频部件小;

(2) 集成的宽带同时发射和接收(STAR)能力,能够通过部件和处理进行均衡和对消。

哈里博士讲:"同光子载波的带宽相比,即使是微波和毫米波信号也是窄带的,一旦进入了光子领域,损耗会特别低。"该领域技术研发主要集中在转换过程以及与之相关的典型性能影响。"从电子到光子和从光子到电子的转换实现起来都很困难,但一旦进入了光子领域,就会有巨大的优势,包括大带宽、极低的损耗,可以实现超长距离的传输,同时避开电导体容易受到的电磁干扰。利用光子载波,就可以考虑在同一系统上同时进行发射和接收了。"

在电子战毫米波源和接收机组件领域,取得的主要进展如下:

(1) 线性、高效的固态高功率放大器(HPA);

(2) 大动态范围、低噪声放大器(LNA)/混频器以及时延设备(TDU)/波束形成网络(BFN)/用于宽带毫米波双波束电扫阵列(ESA)的双极化辐射器;

(3) 宽带、高效的真空电子设备(VED);

(4) 高功率放大器/固态驱动器;

第5章 电子战发展新方向：智能化、网络化、综合一体化

（5）低损耗、高功率的处理控制部件。

Hary博士讲："毫米波源和接收机组件领域的主要问题在于缺乏能同时覆盖接收和发射带宽的好的部件技术。商用技术在毫米波领域获得了多种多样的窄带应用，但我们需要的是在大的宽带上具备宽带感知探测、特征分析和发射（对抗）能力。"

在可重构和自适应的射频电子设备领域，取得的主要成果如下：

（1）超宽带（0.1~40GHz）、敏捷、可重构的射频前端收发芯片，能够感知并对抗基于射频的威胁系统；

（2）认知系统，不需要进行新的硬件再设计就能对未预计到的威胁进行自主反应；

（3）系统硬件的快速获得能力，避免了针对每种新威胁进行的长期研发和采办周期。

Hary博士讲"关键是要意识到电子战猫鼠游戏的特点，它是感知、反应、开发对抗措施的一个连续环。随着基于高性能商用现货电子设备的威胁和对抗措施的不断扩散，过去几十年中，整个对抗环的发展节奏已大大加快。"目前，电子战系统对不断变化的威胁的快速应对能力，在很大程度上受限于软件和数字重构。"我们从根本上受到了微波前端的限制，如果我们能在某种程度上对其进行重构，那么就会在针对新威胁的反应上具备巨大优势。Hary博士指出这种方法将能更好地与美国国防部的全寿命周期相匹配，"与商用领域不同，我们批量小而且会使用很长时间，所以如果我们对系统在微波领域以及软件和数字领域进行重构，将对国防部带来巨大的独特好处。"

在光子源三维异构集成领域，取得的成果如下：

（1）应对多谱的下一代威胁；

（2）应对多个同时出现的威胁，这是一种来自单一孔径的全新能力；

（3）极大地降低体积、重量和功率（SWaP），同时提高可靠性；

（4）用于多波段抢先式/主动交战的新部件。

前三个领域主要集中在微波和毫米波领域的发展。第四个领域是解决如何生成新的采用更少万向节的光电/红外源——尤其是相控阵在光电/红外频谱中的应用。"采用无机械控制的波束，你就具备了同时与多个威胁交战的机会，可以用一个单个设备从传统的频段通过紫外和可见光扩展到长波红外。这是非常具有挑战性的，但我相信，我们已经确定的相关技术领域能够应对这些挑战。"

5.4.4 先进电子战组件项目的未来发展及影响

ACE项目阶段0的目标就是帮助美国政府确定最佳的技术投资领域，确定推

进这些技术形成和成熟所需进行的工作。接下来,ACE 项目预期还将进行 3 个阶段。

(1)阶段 1:研发并验证生产已确定的先进部件的方法,要求在美国国内生产,且能够满足性能要求,经济可承受、可靠,同时有足够的数量可供美国电子战系统使用。

(2)阶段 2:通过模型或样机验证这些部件的效能对美国电子战系统带来的新能力,为期 4 年。

(3)阶段 3:将研究能克服产能限制的方法、技术、工具和/或软件,该阶段将与阶段 1 和阶段 2 同期进行。虽然阶段 3 并不会展示什么新技术能力,但它将形成经济实用的生产能力,有可能重点关注先进封装和热管理技术等领域,这也是阶段 0 中确定的重点关注领域。

目前,被寄予厚望的 ACE 项目受到美国军方的高度重视,被认为可以改变未来战争的游戏规则。目前,其阶段 0 工作已经完成,取得了大量技术成果。接下来,ACE 项目还将进行 3 个阶段,验证方法和性能,提高产品的经济性和可靠性,并最终实现可大规模量产。ACE 项目一旦获得成功,不仅将提高美军雷达、通信系统、电子战系统等军事装备的作战能力,而且随着这些技术应用到民用领域,也将为美国创造巨大的经济效益,成为推动美国经济发展的主要动力源泉。

技术花絮——多普勒测向

1842 年奥地利有一位名叫多普勒的数学家及物理学家。一天,他正路过铁路交叉处,恰逢一列火车从他身旁驰过,他发现火车从远而近时汽笛声变响,音调变尖,而火车从近而远时汽笛声变弱,音调变低。他对这个物理现象感到极大兴趣,并进行了研究。发现这是由于振源与观察者之间存在着相对运动,使观察者听到的声音频率不同于振源频率的现象。这就是多普勒效应。

多普勒效应认为,物体辐射的波长因为波源和观测者的相对运动而产生变化。在运动的波源前面,波被压缩,波长变得较短,频率变得较高;在运动的波源后面时,会产生相反的效应,波长变得较长,频率变得较低;波源的速度越高,所产生的效应越大。

多普勒测向法是利用多普勒效应进行测向的。所谓的多普勒效应就是辐射源与测向设备有相对运动时,接收信号的频率或相位,与其静止不动时接收到的信号频率或相位不同。当辐射源与接收设备相向移动时,接收频率增加,相反运动时频率降低。多普勒测向是靠解调天线旋转时,信号产生的调制信号

第5章 电子战发展新方向：智能化、网络化、综合一体化

(续)

> 获得示向度的。
> 　　使一个天线围绕另一个天线旋转显然比较困难。实际工程中，通常不是直接旋转测向天线，而是将多个天线架设在同心圆的圆周上，电子开关顺序快速接通各个天线，等效于旋转测向天线。人们称这种测向机为准多普勒测向机。

5.5 高功率电磁武器成为电子战火力毁伤的重要手段

　　定向能和反辐射导弹是电子战实现硬摧毁的两大途径，而定向能技术具有以光速打击目标、单次发射成本远远低于导弹，且发射次数几乎不受限制等颠覆性优势，被美军称为是可改变游戏规则的技术。定向能技术包括高能微波技术和高能激光技术，美国国防部每年对定向能项目的投资不少于 3 亿美元。下面就分别从高功率微波武器和高能激光武器这两个方面来展现其在电子战硬摧毁中的重要作用。

5.5.1 高功率微波武器的发展

　　高功率微波（HPM）一般指峰值功率在 100MW 以上，工作频率为 1～300GHz 内的无线电电磁波。高功率微波武器是指利用高功率微波来毁坏和干扰敌方武器系统、信息系统和通信链路，以及杀伤作战人员的定向能武器。

　　HPM 作为一种强电磁辐射主要是对信息战中的电子系统进行破坏，可以暂时性干扰或永久性损坏重要的传感器，毁坏关键的电子元器件，使电子控制线路失效、中断或被破坏，使计算机系统暂时混乱或"失明"，从而影响、削弱或破坏敌方的信息系统。其实，高功率微波效应很早就引起了人们的注意。1967 年 7 月 29 日，美国"福莱斯特"航空母舰在"北越"沿海巡逻时，没有受到任何攻击而突然起火。调查后发现，事故原因是当时有一部大功率舰载雷达向着飞行甲板方向扫掠，而当舰上一枚导弹被雷达辐射的高频能量照射时，由于导弹中的电缆屏蔽不良，导致电缆接头耦合产生高的射频电压，从而使导弹点火并穿透甲板击中其他飞机，引起飞机、炸弹和导弹的相继爆炸，共造成 134 人死亡和 7200 万美元的损失。19 世纪 80 年代，美国陆军发生多起 HU-60 武器直升机在飞临地面、舰载雷达或通信发射机时突然坠毁的事故。而最终的分析原因表明，这是由雷达或通信的射频能量对直升机的飞行控制系统产生干扰造成的。

　　这些意外事故的发生，表明了利用高功率微波能量破坏武器或作战平台的可

能性。高功率电磁技术能够产生覆盖无线电和微波频段的宽频带电磁波束,从而对电子目标造成一系列暂时的或永久性的影响。高功率微波武器具有广阔的应用前景,例如,高功率电磁波能够实现非杀伤性拦截车辆和船只,干扰计算机系统,破坏目标电子设备,引爆爆炸装置,破坏安保和工业控制系统,以及阻止通信。高功率微波武器被认为是现代战争的颠覆性技术,引起了各国的广泛兴趣,是近20年来引人注目的新兴的电子战武器发展领域。

5.5.1.1 美国的高功率微波武器研发

美国军方开展了大量高功率微波技术研发。美国早在1985年"战略防御倡议"中就把高功率微波武器作为其空间武器的主攻项目列入计划中;美国陆军的"陆军技术基础总计划"确定了用于有效摧毁坦克的高功率微波武器,重点研究与试验这类武器的杀伤机理;美国空军1986年开始执行研制输出功率为几百兆瓦至几千兆瓦的高功率微波武器的发展计划,并进行了利用高功率微波武器毁坏飞机等目标的试验,研究了用高功率微波武器毁坏电子设备的机理及对友邻电子设备的影响;美国海军水面武器中心也制定了研制高功率微波武器的计划,为未来海上防空提供新的武器装备,主要用于对付威胁日益严重的反舰导弹。

近年来美军最著名的高功率微波项目当属空军的"反电子高功率微波先进导弹项目"(CHAMP)。CHAMP项目的目标是发展能辐射多个脉冲、攻击多个目标、损伤或扰乱电子系统的空基高功率微波演示器。美国空军2009年启动CHAMP项目。2009年4月,波音公司作为项目主承包商与美国空军签订合同,经费3800万美元,周期39个月,所研制的高功率微波载荷可集成到巡航弹平台上,也可集成到无人机平台上。2011年5月,在美国希尔空军基地犹他州试验与训练靶场成功完成了首次飞行试验,确认了导弹在受控状态下使用高功率微波武器系统瞄准多个目标和场所的能力。2012年10月,又进行了第二次飞行试验。此次试验中巡航导弹按预定航线低空飞行约1小时,通过重复发射高功率微波,损伤或扰乱了航线上7处地面目标的电子系统。美国空军公布的试验录像显示,当导弹接近一座亮着灯的目标建筑物时,导弹突然发射高功率微波,导致目标灯光熄灭,受到攻击的建筑物房间中的计算机全部瘫痪无法正常工作,监视机房的摄像机停止工作。2013年美国又启动了Super-CHAMP计划,欲进一步推动高功率微波的武器化。

2017年,美国空军授予了多家公司高功率电磁技术开发合同,目标是通过推动技术创新,提升国防部高功率电磁系统及组件的发展水平,进而加快定向能武器的发展步伐。美国近几年来的研究重点是核激励型微波弹药和可重复使用的高功率微波武器。对于前者,美国阿拉莫斯研究所已经进行了多年的深入研究,主要目的是对弹药系统进行优化,但最后的评估结论称,这种核激励型微波弹虽然会对敌方人员和电子系统造成杀伤和破坏,但其射频能量之大也会对友军造成附带性的伤害,因此还需对其干扰破坏效应作继续的研究。对于后者,根据美国官方公布的计划,不管是用于飞机自卫,还是用于舰船防御的高功率微波武器,都将在几年内进行外场技术演示和验证性试验。

5.5.1.2 俄罗斯高功率微波武器现状

俄罗斯在20世纪50年代就开始研究电磁脉冲的效应和军事应用,20世纪70年代以来其高功率微波技术获得迅速发展,多项高功率微波技术处于世界领先地位。俄罗斯在高功率微波方面的主要技术成就如下:

(1) 在等离子体加热用的回旋管方面达到了高峰值功率;

(2) 研制了驱动高峰值功率和高平均功率源的小型、重复脉冲功率源;

(3) 开发了用于回旋管的高效耦合器和兆瓦级结构的输出耦合器。

俄罗斯科学家对美国放弃的磁绝缘振荡器进行了有效的研究,并使其成为最有发展前途的高功率微波源。俄罗斯研制的陆基防空高功率微波发射系统样机,由微波脉冲功率源、高功率微波源和配套的对空监视雷达与指挥控制系统构成,分载于3辆越野卡车上,总重量为13t,可用于保护重要的军事设施和指挥中心。俄罗斯在微波弹小型化技术方面有许多独到之处。俄罗斯早在10年前就拥有微波弹,瑞典和澳大利亚军方都购买过俄罗斯早年制造的可装入手提箱,可发射10GW脉冲的电子炸弹。俄罗斯已为SS-18洲际导弹装备了电磁脉冲弹药。2001年的利马海事和宇航展览会上,俄罗斯展示了两种射频武器:Ranets-E和Rosa-E。前者为射频火炮,是一个射频可变的防御系统,输出超过500MW,工作在厘米波段,产生10~20ns的脉冲,能在60°扇形里使10km范围内的高精度制导武器失效;后者也工作在厘米波段,重600~1500kg,可安装在飞机上用于降低敌方雷达系统性能,射程达到500km。

5.5.1.3 英国的高功率微波武器进展

英国从20世纪80年代开始大力发展高功率微波技术,他们在高功率微波源的脉冲缩短问题和爆炸驱动方面的成就受到广泛的关注。1990年英国国防部利用爆炸磁压缩发生器与特种行波管制造过1GW的微波弹。英国官方研究实验室和工业部门都参与了高功率微波武器的开发工作,这种武器将被安装在诺斯罗普·格鲁曼公司的BQM-145A中程无人驾驶飞机上,使用的高速低空飞行的无人驾驶飞机可能是从地面起飞的,也可能是从F/A-18上放飞的。此外,对于部署高功率微波武器,英国国防部还安排了潜在的备选平台——风暴影子巡航导弹。另外,英国还参加了美国波音公司的X-45高功率微波无人机计划。

技术花絮——高功率微波武器

高功率微波一般指峰值功率在100MW以上,工作频率为1~300GHz内的无线电电磁波。高功率微波武器能够利用高功率微波来毁坏和干扰敌方武器系统、信息系统和通信链路。其作用机制可以分为以下几种:瞬间干扰、高压击穿、器件烧毁、微波加热等。

如图5.42所示,高功率微波武器的主要组成设备包括:初级能源、脉冲功率系统、高功率微波源、定向发射天线。

图5.42 高功率微波武器主要组成设备

(1)初级能源系统:一般由电源供电。

(2)脉冲功率系统:采用各种强流加速器把低电压长脉冲的能量在时间上压缩,转换成高电压大电流的脉冲用来推动高功率微波源。

(3)高功率微波源:高功率微波的核心部件,其阻抗一般在10~100Ω之间,电压一般为100kV~1MV,电流从1kA到数十千安。

(4)定向发射天线:把高功率微波辐射电磁能聚焦成极窄的波束,使微波能高度集中,从而以极高的能量强度发射出去照射目标。

高功率微波武器产生的微波能量到底有多强?

打个比方,如果高功率微波武器的功率为100MW(最低标准),那么它一秒钟产生的能量与1000W的家用电熨斗27.8h产生的能量相当!

5.5.2 高能激光武器彰显精准高效的定向攻击能力

高能激光武器是新概念武器中理论成熟、发展迅速、具有实战价值的前卫武器,以其自身的众多优势在光电对抗、防空、战略防御中发挥重要作用。激光武器具有精度高、速度快、打击迅速、不受电磁干扰、持续战斗力强等优点,而且每次使用的费用很低,通常在几美元左右,与每枚成本达几百万美元的导弹相比十分便宜。由于激光的优异特性,使得激光武器有许多传统武器"望尘莫及"的功能。美国相关领域专家将激光武器的功能概括为"5D":威慑(deter)、瘫痪(disable)、破坏(damage)、击败(defeat)和摧毁(destroy)。10kW级的激光武器可以破坏光电系统的传感器;50kW级的激光武器可以毁伤近距离的无人机;100kW级的激光武器可以毁伤火箭弹、迫击炮弹；300kW 级的激光武器可以拦截亚声速的反舰导弹；500kW 级的激光武器可以毁伤有人驾驶的飞机；兆瓦级别的激光武器就可以拦截超声速的战术导弹以及弹道导弹。随着技术和研发逐渐成熟，高能激光武器将成为一种攻防兼备、高效费比、优势明显的新概念武器。

5.5.2.1 机载高能激光武器

美国是最先开展高能激光武器系统研究的国家之一，其激光武器概念、技术与系统发展可追溯到 20 世纪 60 年代。机载激光武器(ABL)项目是美国弹道导弹防御系统的重要组成部分。该系统安装在经过大幅改装的波音 747－400F 飞机上，用于寻找、跟踪和击毁处于助推段的弹道导弹，该项目已于 2011 年终止。但美军并未放弃机载激光武器项目，为实现对弹道导弹的拦截，于 2013 年 3 月发布跨部门公告(BAA)，启动了分层"弹道导弹防御系统"(BMDS)项目。在战术机载高能激光武器项目上，"先进战术激光"(ATL)取得了成功。DARPA 先后布局并启动了"航空自适应/航空光束控制(ABC)项目"计划、"神剑"激光武器项目和"持久"项目等，围绕机载战术激光武器系统所涉及的光束控制、相控阵技术和激光器技术开展研究。在机载高能激光武器技术的推动下，2014 年美国空军研究实验室(AFRL)和美国海军空战中心武器分部(NAWCWD)均计划发展机载高能激光武器系统。可以预见，在不久的将来，战术目的的机载高能激光武器系统将走入世人的视野。

1）美国机载激光武器(ABL)项目

ABL 项目的任务是保护美国已部署的军队，使美国的盟国、友邦和其他利益相关地区免受弹道导弹的攻击，如图 5.43 所示。

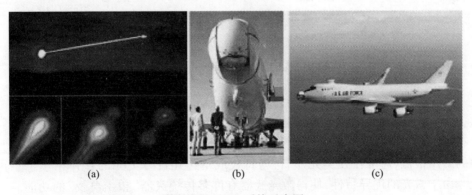

图 5.43　ABL 系统示意图

ABL 作战流程：ABL 系统首先通过被动红外传感器探测导弹尾焰，用 CO_2 激光照射目标，建立粗跟踪，随后引导信标激光和杀伤激光。其次利用信标激光对经过的大气路径进行测量,收集飞机与导弹之间的大气信息,其中的自适应光学系统根据信标激光收集到的信息进行大气补偿。最后,引导高能 COIL 化学激光器系统向导弹发射波长为 $1.3\mu m$ 的杀伤激光,以摧毁目标。

ABL 主要任务使命:除执行探测、跟踪和摧毁助推段飞行的弹道导弹任务之外,考虑可能执行的任务包括拦截地空导弹、空空导弹和来袭飞机;拦截高空和低空飞行的巡航导弹等目标;跟踪被击落目标碎片,以便为末段防御系统提供信息和为友军提供告警;用作通信中继节点;使敌方卫星暂时丧失功能;战场图像监控等。

2) DARPA"持久"项目、"神剑"激光武器项目和 AFRL 计划

美国 DARPA"持久"项目衍生自之前启动的"神剑"激光武器项目,旨在发展激光武器来防御光电/红外(EO/IR)制导的地空导弹,从而保护军用飞机安全。"持久"项目中的一部分内容是设计从粗跟踪到精跟踪和目标识别子系统,并制定激光打击效果的测试计划,它的目标之一就是设计一个小型的、低维护性的、足以击毁敌方导弹的激光器。项目还要设计一个轻量化、敏捷化的光束指向控制器,可精确控制激光跟踪移动目标。最终激光器将设计成小型化的机载防御激光武器,并进行激光打击效果试验,同时根据敌方"地对空"导弹弱点确定激光功率的水平。

"神剑"项目旨在发展相干光学相控阵技术,从而设计出结构更紧凑、功能可扩展的高能固体激光系统,该系统只有高能化学激光系统重量的 1/10。激光相控阵天线与低功率电驱动激光器结合。该计划重点在于发展激光束偏转技术,从而使激光发射窗口与飞机蒙皮共形。该机构已成功验证了由三组光纤激光器(每组为 7 个光纤激光器)组成的 21 束光学相控阵(每组面积 $10cm^2$,每束均由光纤激光放大器驱动),如图 5.44 所示,这种低功率阵列激光器能够精准地击中 7km 远的目标。

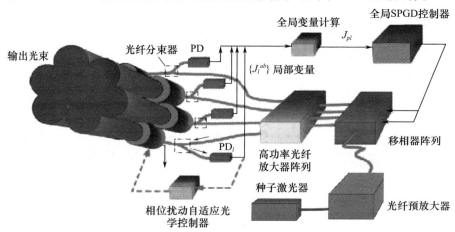

图 5.44 "神剑"项目中一组光纤激光器结构示意图

AFRL 正在计划开发高能激光技术,通过采用替代光束控制转塔的技术方案,以减少高速战术飞机的阻力并保持其低可探测性,或用于未来空军隐形作战。该光束控制系统采用基于相对成熟的光纤激光器阵列技术。同时,AFRL 计划研究光纤激光器功率提升和为增大功率而进行的多光路合束等技术,以及用低能耗电子光束控制设备代替高能耗的万向炮塔。

5.5.2.2 舰载高能激光武器

美国海军初步提出了舰载激光武器的发展草案,分 3 个阶段推进的舰载激光武器构想:60~100kW 功率的激光器主要指"激光武器系统"(LaWS),技术成熟度已达到 6 级;300~500kW 高功率激光武器处于实验室中的结构组成与功能测试阶段;1MW 以上功率的激光武器技术成熟度还处于技术概念和应用构想阶段。美国国会研究局认为舰载激光武器不仅将影响未来美海军舰船能力与资金需求,还将影响美国军用激光工业基础及现有的舰用防卫武器工业基础。美海军希望 2018 财年设定舰载激光武器采购框架,2020 或 2021 财年形成初始作战能力。在美国海军发展的高能激光武器发展计划中,LaWS(2014 年 8 月已在"庞塞"号两栖船坞登陆舰部署,型号 AN/SEQ - 3 型激光武器)、海上激光演示系统(MLD)和 MK38 - TLS 战术激光武器属于战术型舰载高能激光武器,主要用于近海环境下攻击武装小艇、无人机等作战目标。海军"创新样机"(INP)项目——大型自由电子激光(FEL)武器则仍然着重研制超大功率高能激光武器,力图在未来做到兆瓦级功率,可用于执行反卫星和反导作战等战略任务。

1)海上激光演示系统(MLD)

MLD 是由诺斯罗普·格鲁曼公司和 L3 通信公司联合研制的舰载激光武器样机,设计目的是演示固体激光武器在舰艇上装备、作战的可能性,特别是对付大群快速巡逻艇威胁的能力。其技术基础是战术高能激光器(THEL)中的精确跟瞄系统和联合高功率固体激光器(JHPSSL)项目中的高亮度固体激光器技术。该系统采用板条固态激光武器,于 2008 年开始研制样机。该系统将是首个应用到海军舰艇上的 100kW 级激光武器系统,也是军方 JHPSSL 项目的一部分,由诺斯罗普·格鲁曼公司研制。它由 7 台板条固态激光器组成,功率效率约为 20%~25%,每台激光器的功率约 15kW,合成的激光束总功率达到 105kW,波长为 $1.064\mu m$,同样非常接近避免受大气干扰的 $1.045\mu m$ 波长。2011 年 4 月 6 日,在加州外海的圣尼古拉斯岛附近海域,安装在保罗福斯特号驱逐舰上的系统,通过发射激光束,成功引燃 1.6km 外移动的遥控无人驾驶小船。此次试验是 MLD 系统首次在海上进行移动目标试验,也是美国海军第一次将激光系统与战舰雷达及导航系统整合,同时也是首次从海上移动平台发射激光(之前的海军固体激光器试验一直是地面试验)。此次海上试验标志着该技术已具备发展正式武器系统的条件。

2) MK38 战术激光系统

舰载 MK38 – TLS 系统是一种融合舰炮武器和激光武器技术的舰艇近程防御武器系统,其将主要部件 MK38 – 2 舰载机关炮、一部激光指示仪、一套 10kW 级光纤激光武器以及用于激光瞄准的定向器(MATRIX),整合到 MK38Mod2 舰炮上。该系统电光转换效率为 30%,光束功率为 10kW。其主要作战目标是 2km 内大量密集型小型船只、海面舰船、空中飞行器等。2011 年 8 月,BAE 系统公司、波音公司和美国海军在佛罗里达埃格林空军基地成功地进行了 MK38 – TLS 演示样机的作战能力评估试验。试验中,MK38 – TLS 系统对空中和水面目标进行了射击,论证了系统对目标的作战能力;并通过集群测试试验模拟了大量高速、机动并用中立船只混杂在其中的小艇来袭场景,测试论证了系统在战术范围内探测、跟踪、分类和应对威胁艇的能力。此次试验表明,MK38 – TLS 已具备舰艇自卫能力。

3) AN/SEQ – 3 激光武器系统(LaWS)

LaWS 的固体激光(SSL)武器原型机由美国海军海上系统司令部(NAVSEA)开发,集成了 6 套功率为 5.5kW 的商用光纤激光器,激光合束器由海军研究实验室(NRL)研发,采取了非相干合成技术,如图 5.45 所示。激光器设计指标:电光转换效率为 25%,设计光束功率为 33kW,波长为 $1.064\mu m$,光束质量为 17,非常接近避免受大气波干扰的 $1.045\mu m$ 波长。而 L3 通信公司则提供 KINETO K433 目标跟踪仪、500mm 焦距望远镜以及高性能红外传感器。LaWS 将作为水面舰艇的近程防御系统使用,主要用于对抗光电传感器、无人机和光电制导导弹等威胁。

图 5.45 激光武器系统

2010年，LaWS在圣尼古拉斯岛进行了海上环境模拟实战试验，4次试验中都在约1n mile(1.6km)的距离击落了4架无人机(有资料称"5架无人靶机")。此外，还成功验证了击毁0.5n mile(0.8km)外小艇的能力，同时验证了干扰和破坏光电红外传感器的能力。这是世界上首次由舰载大功率固态激光器发射强激光束，同时标志着长期困扰激光武器的近距离传输衰减问题已经得到了较好的解决。2012年，该系统在加利福尼亚圣迭戈"阿利·伯克"级导弹驱逐舰"杜威"号上完成了全系统海上演示试验。2012年7月至9月，该系统被临时安装到"杜威"号驱逐舰的飞行甲板上，测试时成功击落了3架代表威胁的无人机目标。这是高能激光武器首次在海军大型水面作战舰艇上完成目标拦截试验。在"杜威"号上的成功测试使美国海军对该项目充满信心，海军决定加快推进LaWS的部署计划。2013年4月，美国海军将LaWS命名为AN/SEQ-3(XN-1)，海军作战部长乔纳森·格林纳特(Jonathan Greener)在海-空-空间展览会上宣布将其作为"固体激光器-快速反应能力"(SSL-QRC)部署到实战环境，并检验其击毁无人驾驶飞机、蜂拥攻击船只和其他小目标的防卫效果。2014年8月底完成了LaWS系统的安装，证明了"密集阵"近防武器系统的目标跟踪能力可为激光武器提供目标指引和跟踪能力，激光武器控制台由"庞塞"号水面作战武器官员控制，在必要时控制激光武器开火，舰员可控制激光武器的输出功率，对抗不同的目标，从使其失能到彻底摧毁。美海军对激光武器系统进行了一系列海上测试。试验期间，美国海军研究办公室与海军海上系统司令部、海军研究实验室、海军水面战中心达尔格伦分部，以及工业合作伙伴共同努力，完成了一系列对抗。据称，激光武器系统在各种条件下均完美地执行了任务，包括强风、高温、潮湿等恶劣的天气条件，系统在可靠性和可维护性方面的表现均超出预期。

4) 海军"创新样机"(INP)项目

根据美国海军研究局的发展构想，美国海军将对该项目进行一次全面评估，以确定兆瓦级自由电子激光器的技术进展和兆瓦级"自由电子激光海军创新样机"项目进一步发展所需的资金，以启动具备反舰导弹防御和弹道导弹防御能力的兆瓦级自由电子激光武器系统研制。美国海军在2018年进行了自由电子激光的海上测试，2020年实现了自由电子激光的武器化，美国海军还计划2025年后装备激光束功率1MW级别的高能激光武器，从而全面具备拦截从反舰巡航导弹到使用再入机动弹头的反舰弹道导弹的能力。

5.5.2.3 陆基高能激光武器

美国战略地基高能激光武器，在反卫星领域具有良好的运用前景，仍处于发展完善阶段。1997年，美国陆军进行了一次反卫星激光武器发射试验，这是美国历史上首次使用激光武器摧毁太空中的卫星。美国曾提出过反卫星的"2010计划"，该计划主要内容就是运用激光武器致盲敌国卫星,可能由于技术、资金等方面的原因,该计划的实施没有按照预期时间完成,在 2020 年之后地基反卫星高能激光武器方能达到实战部署阶段。在反导方面,战略地基高能激光武器发展比较缓慢,尤其在中段和末端反导方面遇到的技术困难非常大,目前主要研究方向仍然集中于助推段拦截。与战略地基高能激光武器发展较慢相比,战术地基高能激光武器发展迅速,并且一些型号已经具备了实战部署的能力。

1)"宙斯 – 悍马"激光弹药销毁系统(HLONS)

20 世纪 80 年代,美国陆军提出了利用高功率激光排除简易爆炸装置(IED)和未爆弹药(UXO)的概念,并历经 10 余年研制成功"宙斯 – 悍马"激光弹药销毁系统(HLONS)。其工作原理是将激光能量聚集到目标外表面上,通过高温使内部的火药发生内燃,从而达到销毁弹药的目的。燃烧所产生的低能爆炸强度远远低于地雷和 UXO 设计时的爆炸强度。宙斯激光弹药销毁系统由高功率固体激光器、光束定向器、标记激光器、彩色电视摄像机、控制台和相应的支持系统构成,集成进装甲增强型"悍马"战车。系统产生的强激光束能够在距离目标 300m 的安全距离将目标摧毁。HLONS 为士兵提供了更为安全的途径,使他们能够从容不迫地执行销毁地雷、未爆炸弹药或临时爆炸装置的工作。2003 年 3 月 18 日 HLONS 作为美国部署到战区的第一种高能激光武器系统,开始在阿富汗执行任务。该系统在阿富汗巴格拉姆空军基地工作了 6 个月,在此期间成功销毁 200 多件 UXO。有记录显示,该系统曾在不到 100min 的时间里销毁了 51 发炮弹。通过战区实地试验,HLONS 实现了预期的检验系统性能和可靠性目的。

2)"陆基移动式防空定向能项目"

2013 年海军研究办公室发布名为"陆基移动式(OTM)地基防空(GBAD)定向能(DE)"的多机构联合公告,寻求开发立体监视雷达、指挥与控制和高能激光武器等,安装在联合轻型战术车(JLTV)上,激光持续 120s,充电 20min 即达到 80% 能量,质量不超过 1134kg。这项开发是因海军陆战队缺乏对抗低空威胁,特别是来自携带监视载荷无人机系统威胁的能力而引发的,如图 5.46 所示。当对抗部队执行侦察、监视、目标定位和交战敌方部队任务时,移动式陆基防御定向能可保护海军陆战队空地特遣部队的装备免受威胁。美国海军逐步把激光器功率提高到 30kW,并将激光武器系统搬上机动平台,开展移动战术平台场地测试,该系统开展了更复杂的测试,使得整个探测、跟踪、射击系统无缝连接。美国海军研究办公室还在与陆军开展密切合作,寻求在未来最大化地应用激光武器技术。

3)"区域防御反弹药"(ADAM)/先进高能激光试验装置

"区域防御反弹药"激光武器系统是专为前方作战基地等高价值设施开发的近距离防御系统,由美国洛克希德·马丁公司研制。系统采用 10kW 级光纤激光

第 5 章　电子战发展新方向：智能化、网络化、综合一体化

图 5.46　"陆基移动式防空定向能"项目概念图

器，可摧毁 2km 以外的威胁目标，可在复杂光学环境下精确跟踪目标，跟踪距离超过 5km。2012 年 12 月 10 日，ADAM 区域激光武器原型机进行测试，成功摧毁了一发从 1.6km 外飞来的火箭弹。高能激光从照射开始，到击毁火箭弹，仅用了 3s，如图 5.47 所示。同年，系统还成功应对了 1.5km 处飞行状态下的无人机。

图 5.47　火箭弹拦截截图

2014 年 5 月，洛克希德·马丁公司在美国加州海岸成功进行了 ADAM 原型系统攻击海上目标的验证试验，其发射的激光在不到 30s 的时间内，就让军用级橡胶制小艇的多个舱室剧烈燃烧，该系统可以精确地追踪 3.1n mile(5km) 范围内的移动目标，其功率为 10kW 的光纤激光器攻击范围为 1.2n mile(1.9km)。2015 年 3 月洛克希德·马丁公司的 30kW 光纤激光武器系统(先进测试高能设备(ATHE-NA))成功摧毁了 1.6km 之外的一个汽车发动机，如图 5.48 所示，标志着 30kW 的

287

单模光纤激光武器系统原型首次通过了外场试验,这项实地测试是激光武器系统应用军事领域并迈向未来的重要一步。

图 5.48　汽车发动机燃烧图

4）德国莱茵金属公司"空中卫士"高能激光武器

"空中卫士"防空高能激光武器是德国莱茵金属防务公司在 2012 年 11 月底成功测试的一种先进激光武器,集成在瑞士厄利孔公司的"天空盾牌"炮塔上,由"空中卫士"火控拖车负责搜索、指引目标。据分析,激光器采用商用光纤激光器,功率可达 50kW,以全功率开火可超过 6h。"空中卫士"激光武器系统能够对飞行中的目标进行跟踪和锁定,击落 3km 外以 50m/s 速度飞行的无人机,切割 1km 外厚达 15mm 的钢梁;拥有极高的精度,可击中高速运动的迫击炮弹。2011 年 11 月,"空中卫士"验证机(功率为 10kW)在瑞士奥克森布登靶场成功击毁一架"提尔"-1 型无人机。试验中,厄利孔公司提供的配套系统和莱茵金属公司的激光炮展示了强大的"猎-歼"能力,仅用几秒钟就完成了发现、跟踪、摧毁三个步骤。另一种功率为 1kW、可集成在四轮装甲车上的轻型激光武器,也在试验中成功击毁了处于航行状态的橡皮艇,并展示了摧毁路边炸弹的能力。2014 年 1 月,德国莱茵金属公司对自行研制的高能激光武器系统"空中卫士"进行了演示测试。本次测试在莱茵金属公司位于瑞士澳克森布登的靶场进行,主要有两个目的:一是演示 50kW 高能激光武器技术验证机与该公司 2011 年试验的 10kW 验证机,在作战效率上的提升;二是验证独立的多个高能激光武器模块利用"光束叠加技术"打击同一个目标的能力。

5）"铁束"高能激光武器系统

"铁束"高能激光武器系统由以色列国营拉斐尔先进防卫系统公司研制,通过发射定向高能激光束来摧毁目标，是一种模块化的、可移动的系统。"铁束"高能激光武器系统由防空雷达、指挥和管制车以及两个高能固体激光器组成，可以安装在独立的卡车上，与另一辆载有雷达设备的卡车协同作战，可有效对抗近程战术威胁，包括火箭炮、火炮和迫击炮等空中目标，以及无人机或地面目标。"铁束"武器系统是已经建立的"铁穹"防御系统的补充系统。"铁束"武器系统旨在拦截未被"铁穹"防御系统阻止的低轨道袭击，如迫击炮等，激光束可令最高射程为7km的导弹弹头"烫化"。"铁束"武器系统将产生最小的附带损害和最小的环境影响，对攻击目标周围的空中交通不产生危害。"铁束"武器系统最大拦截距离为4.5英里(约7.24km)，成功率达90%。该武器系统可作为防空系统的一部分或作为一个独立的系统，全天候作战，"铁束"武器系统部署后，应可弥补"铁穹"武器系统之不足，如图5.49所示。

图5.49 "铁束"与"铁穹"武器系统相辅相成，构成绵密防御网

5.5.2.4 高能激光武器发展趋势

通过国内外高能激光武器系统，尤其是美国高能激光武器系统的发展，可以看到如下发展趋势。

(1) 高能激光武器系统由对抗卫星、弹道导弹等战略拦截任务，重点转向了拦截无人机、炮击炮弹、火箭弹等战术目标上，但弹道导弹助推段仍作为美国长期战略发展目标予以支持。

(2) 战术目的的高能激光武器系统采用的化学激光器由于其体积大、污染有毒、机动性差等缺点，逐步让位于固体激光器，尤其是相干/非相干组束高能光纤激光器。

(3) 美国开展了多种技术体制的固体激光器实用化研究，战术高能固体激光武器系统呈现出百花齐放的发展态势，将在各军兵种得到广泛应用。

（4）提升高能固体激光器电光转换效率和光束质量，提升热管理能力，成为高能固体激光器未来推广应用的关键。

5.6 光电对抗拓展了电子对抗的作战空间

5.6.1 光波与微波相结合的电子战

电子战从诞生发展至今，已由单一的保障手段发展成为集侦察与反侦察、干扰与反干扰、摧毁与反摧毁为一体的新型作战样式。在 20 世纪末进行的海湾战争中，以美国为首的多国部队对伊拉克实施了一场"全空域、全时域、全频域"的电子战，上演了史无前例的电子作战行动，战争中有源与无源干扰、压制与欺骗干扰、雷达通信光电干扰、"软杀伤"与"硬摧毁"等多种相互结合、相互补充的电子战手段，使得电子战的作战应用已经进入了综合一体化的对抗阶段。在信息化的现代战场上，单一武器、单一领域的决胜作用已经逐渐弱化，以往传统的通信、雷达和光电自成体系的对抗形式已经成为历史，作战需求发生了显著变化，需求的牵引和技术的推动促使电子战逐渐发展为系统对系统、体系对体系的综合较量。作战需求的典型特征包括以下 3 个方面。

（1）作战对象隐身化、小型化。

隐身飞机对机载探测侦察设备构成了严峻的挑战。以美国 E-3A 预警机雷达为例，对于散射截面为 $5m^2$ 目标的探测距离可达 400km 量级，但对于 $0.01m^2$ 的隐身飞机探测距离下降到 80km 量级。随着探测距离的下降，预警时间的缩短，平台自身受到威胁的程度随之增加，对光电近距防护能力的需求随之提升。低空慢速小型无人机、超低空飞行目标、巡航导弹是摧毁严密设防目标、远距离纵深侦察打击的重要武器，在现代多次局部战争中大量应用。机载、舰载或地面雷达受到海杂波、气象杂波或多路径效应的影响，对低空慢速小型无人机、超低空飞行目标或突防的巡航导弹等目标的回波可能会落入杂波区导致无法有效探测，但把光电探测和雷达跟踪进行一体化设计，对多传感器信息综合处理，无疑对解决这些问题提供了一个新的途径。美国和欧洲国家积极推进飞行速度可达马赫数 5 以上的高超声速飞行器的研制，其中美军已多次开展 X-43 高超声速飞行器和 X-51 高超声速导弹的试验，如图 5.50 所示。高超声速飞行器速度快、轨迹复杂且难以预测，要求空基探测系统能在更远的距离发现目标并对其实时跟踪。但是对于高速、高机动飞行目标，可能出现目标跨波束、跨距离单元、跨多普勒单元等"三跨"现象，使得空基雷达对此类目标的检测能力相对于对常规目标大幅下降，更加无法满足需求。

第5章 电子战发展新方向：智能化、网络化、综合一体化

(a) X-43 高超声速飞行器　　　　(b) X-51高超声速导弹

图 5.50　高超声速飞行器

(2) 作战环境全域化、复杂化。

面对美国未来新型作战理念和武器装备的威胁，如果只具备单一领域的作战能力将无法满足未来作战需求。各军兵种能力将从单一领域能力向所有领域能力扩展，从单纯的能力同步走向全面能力整合，实现由系统级作战向陆、海、空、天、赛博空间和电磁频谱全域化作战发展。复杂地理环境对于雷达检测空中、水面和地面目标都有影响：检测空中目标时，雷达杂波的增强导致目标探测能力下降；检测水面目标时，不规则水面和多变的气象环境引起的海杂波和气象杂波使得探测距离降低，跟踪精度下降；检测地面目标时，地形、植被和人造障碍物会对电磁波的波束造成遮蔽。现代战争中，大量有意、无意的干扰使得战场空间中的电磁信号非常密集，形成了极为复杂的电磁环境。大功率、全频段、智能化的电子干扰机将使雷达致盲，或受到欺骗，导致雷达的威力降低，测量精度变差，进而严重影响雷达和通信的应用效能，而光电探测和激光通信不受电磁环境干扰的优势将可以很好地弥补雷达和通信的效能。

(3) 作战样式一体化、体系化。

世界新军事革命深入发展，武器装备远程精确化、智能化、隐身化、无人化趋势明显，太空和网络空间成为各方战略竞争新的制高点，战争形态加速向信息化战争演变。战争的样式由能量型向智能型飞跃，信息战、电子战、空袭战、精确打击、非接触和非线式作战、全方位大纵深和陆、海、空、天、电一体化作战将成为战争的主要作战样式，体系对抗将成为战场对抗的主要特征。新的作战形式促使光波与微波在对抗领域深入结合，并且将逐步完善电子战综合作战体系效能，使其具有陆、海、空、天、电一体化的电子侦察能力，多层次、多手段的电子干扰能力，体系化、高强度的电子进攻能力，适应于未来高技术局部信息化战争的需求。

从近几次局部战争可以看出，信息化战争由过去的以打击对方有生力量为重要目标的歼灭战、消耗战，向以打击对方军事体系核心为主要目标的"体系对

抗"——战略性打击转变。作战方式的更迭对电子战体系作战效能提出了新的、更高的要求,迫切需要光波与微波结合的体系化作战力量来弥补彼此能力不足与短板,下面为典型的两个作战应用。

(1) 能力互补——一体化情报侦察。

以光波与微波结合的一体化情报侦察能力在科索沃战争中得到了重要的体现。科索沃战争是20世纪末的一场重要的高技术局部战争,北约在综合电子战行动中动用了50多颗卫星,其中"锁眼"光电成像侦察卫星装备了可见光、红外探测器和微波遥感器,可以提供地面10cm大小物体的高分辨率卫星图像;"长曲棍球"卫星是一种军用雷达成像卫星,适于跟踪装甲车辆和舰船活动;"猎户座""大酒瓶"电子侦察卫星用于捕获南联盟的微波信号;GPS导航卫星为各种武器系统提供导航和制导数据,大大提高了"战斧"巡航导弹等武器的攻击精度。依托光波与微波一体化情报侦察技术的支持,北约指挥机构向一线部队下达命令只需3min,越级向导弹部队下达命令仅需要1min,配合距离战场上千千米处发射GPS制导的巡航导弹、在电子干扰机的伴随支援干扰下深入战区投射激光制导炸弹以及从防区外发射精确制导武器等3种主要战法,实现了信息与火力一体化,基本完成了"发现即摧毁"的作战效能,有效保证了北约对科索沃地区的制电磁权争夺,大大提升了对局部区域的战场感知能力,为大规模空袭的作战方式提供了强大的情报保障。这充分显示了光波与微波结合的空间侦察对战争进程和结果的巨大影响力,对世纪之交的国际战略格局和军事理论的发展均产生了重要影响。

(2) 作用接力——弹道导弹防御体系。

随着世界范围内战区导弹的扩散以及对其进行拦截的需要,探测小型化、低红外特征的目标就变得非常迫切。由于主动段导弹尾焰的强红外辐射特性,红外探测与跟踪系统在美国目前部署的弹道导弹防御体系中(尤其是在弹道导弹发射早期预警和动能拦截弹高精度制导等方面)起着关键作用。为了进一步改进和完善其弹道导弹防御体系,近年来美国正逐步发展新一代弹道导弹防御红外系统及技术,包括天基高轨道红外预警系统(SBIRS)、空间监视与跟踪系统(STSS)、机载红外探测系统以及动能拦截弹红外成像导引头,以构建涵盖天基高轨早期预警、天基低轨全弹道跟踪、机载助推段及上升段跟踪和弹载跟踪导引的全域红外探测武器装备体系,如图5.51所示。由陆基、海基和天基传感器,空基、地基、海基和天基武器系统以及指挥控制作战管理和通信系统相互联接构成的一体化、多层拦截的弹道导弹防御体系,实现对天基、地基、海基和机载平台上的雷达和红外传感器的无缝对接,红外光电与微波雷达系统的协同配合,提升对处于各个飞行阶段的、具有各种射程弹道导弹的全弹道跟踪体系化防御能力,可以使弹道导弹防御体系更早、更精确地拦截目标。

第5章 电子战发展新方向：智能化、网络化、综合一体化

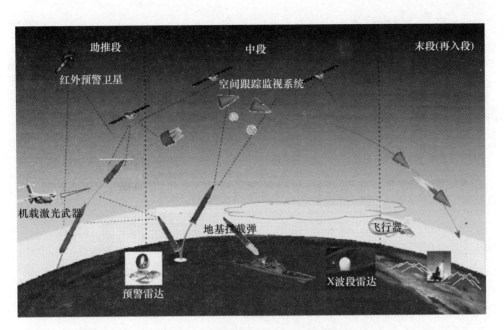

图5.51 弹道导弹防御系统示意图

在信息化联合作战的环境下，电子战体系结构必须摆脱单一功能和单一平台的状态，将光电对抗技术与微波对抗技术深入融合，光谱与微波频谱的无缝衔接，使作战样式与作战使用的协调统一，构成多频段、多维度的有机整体，在进攻或防御中达到作战效能倍增的效果，让电子战真正迈入体系对抗的殿堂。

技术花絮——太赫兹

太赫兹波(Terahertz, 10^{12} Hz, 简称THz)是红外和微波之间的电磁波段，具有独特的物理性质与应用潜质，如图5.52所示。一般认为太赫兹波是频率位于 0.1~10THz 之间的电磁波。由于在太赫兹频段缺少有效的太赫兹源和探测器，因此人们在较长一段时期将这个频段称为"太赫兹间隙"。

太赫兹波有很多独特的性质，使其具有非常重要的研究价值与应用优势。

（1）太赫兹辐射是完全非电离的，由于光子能量远低于X射线，对绝大部分的生物细胞无电离伤害，适合对活体生物或组织进行实时检查。如皮肤烧伤或皮肤癌的早期诊断、口腔疾病诊断、活体DNA鉴别等。

（2）由于许多小分子的转动能级和大分子的振动能级都是在毫电子伏量级（正好对应太赫兹频段），这类物质在太赫兹频段通常有一些特征吸收峰或

(续)

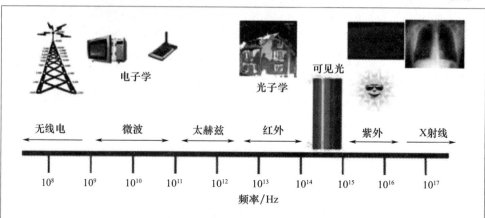

图 5.52　太赫兹的频谱范围

特殊的色散特性形成特征谱。这些特征谱信息对于生物化学物质结构,以及大气污染和天文探测有着很高的研究价值。

(3) 太赫兹波还能够作为载波,从而极大地提升无线通信的速率。100GHz～1THz 的超宽频段是太赫兹通信的可用带宽,超过长波、中波、短波、微波(30 GHz)总带宽的 1000 倍。而太赫兹强烈的大气衰减特性能使信号根本无法传播到远处的无线电技术监听设备,可实现隐蔽安全的近距离通信。

(4) 太赫兹波对于介质材料具有极强的穿透性。该特性可以广泛应用于反恐安检,进行实时快速透视成像,足够探测隐藏在衣物、鞋内的刀具、枪械等物品。另外结合太赫兹对物质鉴别的特性,能够区分身上是否携带炸药或毒品。其透射型无损检测亦可广泛应用于航天、雷达材料的检测。

进入 21 世纪以来,太赫兹波的产生和探测技术取得了突破性的进展,推动其应用技术进入加速发展时期。在不久的将来,太赫兹技术必将给工农业生产、国家安全和人民生活等各方面带来深远的影响。

5.6.2　空间光电对抗

现代战争,逐步形成了以全方位战场感知为主导,精确打击为主要攻击手段的陆海空天一体化作战模式。近年来,随着空间军事化和商业化的迅猛发展,空间已成为维护国家利益必须关注和占据的战略制高点,战争已从陆、海、空扩展到外层空间。照相侦察卫星利用可见光或红外侦察手段,可分辨出战场上的各种细节;定点于同步轨道的导弹预警卫星采用红外或紫外预警探测技术,可实现对洲际导弹

第5章　电子战发展新方向：智能化、网络化、综合一体化

的来袭进行预警。军事卫星(照相侦察卫星、导弹预警卫星、通信导航卫星和海洋监视卫星等)作为夺取信息优势的重要武器已成为空间信息战的主要作战目标，发展空间电磁频谱战已成为一项迫切的军事需求。光电对抗是信息战的重要组成部分，也是实施空间电磁频谱战的一个重要手段。空间光电对抗以光电侦察卫星为作战平台或作战对象，主要采用激光反卫星系统(陆基或星载)攻击低轨道光学侦察卫星，致盲(或干扰)星上的光电传感器，或破坏卫星供电系统，或破坏卫星热控制系统。

5.6.2.1　空间光电干扰与毁伤

1) 卫星平台的薄弱点

(1) 高探测灵敏度，器件易损。卫星上的光电探测设备为了满足远距离的检测需求(高轨对地、高轨对低轨等)，探测器的灵敏度非常高，再加上光学系统增益，更易于被干扰，甚至损伤。而且，为了控制发射成本，卫星本身的防护措施十分有限，卫星轨道周围的空间碎片对其都是致命的威胁，因此，门槛较低的技术即可实现有效的干扰影响。

(2) 在轨维修难度大。处在轨道上的卫星平台一旦受到损伤，导致某部件失效，很难进行在轨维修，即使可以维修，其时间长、难度大、成本高也是需要考虑的重要因素。因此，在轨卫星一旦发生故障或者损伤，所付出的代价是巨大的。

(3) 轨道固定，机动力有限。卫星一般是按照固定轨道运行的，所经过之处的位置与时刻是可以预知的。而且卫星的机动力有限，虽然可以机动变轨，离开正常的工作轨道，但也会因此而影响卫星的有效载荷，改变其正常工作状态，降低卫星使用寿命。

2) 天基激光干扰与毁伤

天基激光干扰也可以称为天基激光武器干扰，是把激光器与跟踪、瞄准系统装到空间平台上而构成的一种定向能武器，在实际作战中可以摧毁对方的侦察卫星、预警卫星、通信卫星、气象卫星，甚至能将对方的洲际弹道导弹摧毁在助推的上升阶段。天基激光武器主要用于在全球范围内摧毁飞出大气层的助推段弹道导弹，也可用于攻击地面目标。天基激光武器能够独立作战或者作为联合部队的一部分。当只有天基激光武器系统能够接近目标时，独立作战能力显得尤为重要。另外一个重要的作用就是空间控制。通过空间控制保护己方卫星，同时拒止对手对空间的使用。随着卫星ISR能力的提高，天基激光武器系统可能是整个战场信息控制的关键因素。因此，采用天基激光武器用于防卫和进攻不仅可以从天基监视系统获取信息，同时可以阻止敌军获取重要情报。

20世纪70年代末，DARPA开始实施一项旨在验证天基激光武器可行性的"三位一体"技术计划，即"阿尔法""大型光学演示试验"和"金爪"。1983年，美国

开始实施"战略防御倡议"(SDI)计划,1993年5月易名为"弹道导弹防御"计划,"战略防御倡议"计划旨在对付苏联的洲际弹道导弹,要求将敌方导弹扼杀在多弹头分离之前的助推段。苏联解体以后,美国作战战略发生变化,天基激光武器系统的主要任务由防御洲际弹道导弹转为防御战区弹道导弹。但天基激光武器通常会涉及政治和空间安全问题,极具敏感性,往往隐藏在太空碎片治理等方面的项目中。法国报道了用于清扫空间碎片的天基激光器方案,利用数万根光纤激光器合束输出100J的能量。2015年,日本报道了与法国合作的激光检测和清除碎片方案,通过使用国际空间站日本实验舱的超视场望远镜,实现了侦测与打击一体的功能,寻找并击落100km外的直径为1cm的太空碎片,并使这些太空垃圾脱离轨道进入大气层燃烧。

3) 空间无源对抗

空间无源对抗是利用无源干扰器材对卫星上各种传感器实施干扰的一种卫星对抗手段。它可造成星上传感器遭受污染或破坏,从而遮蔽星上传感器对地探测的光路,或阻断平台间和平台与地面间的通信链路,致使特定空间平台无法正常工作,造成敌对方C^4IRS产生缺陷和漏洞,确保己方军事系统的作战能力。

典型的空间无源对抗有两类方式:一类是在光电侦察卫星的探测路径上设置干扰;另一类是对卫星自身特性进行改变,破坏其工作条件。

(1) 气溶胶散射技术。由卫星携带气溶胶物质,在对方侦察视场内进行喷射,形成一片气溶胶悬浮区,对入射光产生散射作用,减弱入射光强度,降低成像的信噪比,使成像质量大幅度下降,无法对重要设施进行高清晰度分辨。

(2) 卫星沾染干扰技术。由于侦察卫星的光学系统直接暴露于空间环境中,可实施遮蔽的方式较少,而且卫星的运行轨道是可以预知的。因此,对卫星激光通信系统本身特性进行改变,可以在空间布撒无源对抗物质,沾染到探测设备的光学系统上,使光学系统表面受到污染,其沾染物可以造成光强的衰减,降低卫星的光学传输效率,进而影响信号收发质量。

(3) 人工气象技术。利用人工影响气象技术,在一定有利时机和条件下,通过人工催化等技术手段,对局部区域内的大气中的物理过程施加影响,用较少的能量去"诱发",就会发生巨大的能量转换,使天气向着人们的预期方向发展。因此,可以在敌方地面站上空进行气象干扰,改变大气传输信道,大幅度降低信噪比,使误码率增高,甚至可以中断传输。据报道,英国经过多年的秘密研究,突破了传统的施放催化剂影响局部天气的方式,从调节大气基本结构的思路出发,通过人工调节对流层中静电屏蔽层的密度来决定气团的运动。据悉它可以控制5000km范围内的天气,而且成功率超过93%。

(4) 遮蔽干扰技术。通过己方小卫星编队对敌方侦察卫星进行遮蔽干扰或者

第5章 电子战发展新方向：智能化、网络化、综合一体化

变轨攻击。小卫星编队在近距离范围内(从几十米到几十千米)保持一定的队形，在各自的轨道上飞行。可以是己方的小卫星编队飞行，也可以是和非己方的卫星编队飞行。这样就可以和对方的一颗重要的侦察卫星进行编队，将其布置到了对方重要侦察卫星附近。每当侦察卫星经过己方重要目标上空时，干扰卫星正好在其下方，进行被动干扰，使其不能对己方的重要目标进行光学以及微波等方面的侦察。目前，实现与侦察卫星的同步以及满足上述要求的编队飞行对侦察卫星的遮断干扰，在技术上还存在相当大的困难，还有许多的问题需要解决。

5.6.2.2 空间光电防护

20世纪70年代以来，美国、苏联等国家先后进行了多次反卫星激光武器的研究和试验，为实战提供了较完整的数据资料。由于卫星与地面之间的距离相对较远，例如低轨道侦察预警卫星轨道高度为400~1000km，利用脉冲或连续的激光直接破坏卫星主体所需激光能量很大，而作为卫星"视觉系统"的光电探测系统是一种弱光探测系统，且光学系统对激光具有很大的光学增益，因此激光辐照卫星极易造成光电探测系统受到干扰和遭到破坏。

地基激光武器是干扰侦察预警卫星的主要装备。地基激光武器发出的一定强度的激光辐射可使卫星载荷中的红外、可见光传感器致眩、致盲、毁伤甚至烧毁。因此，对卫星上的光电传感器采取抗激光防护措施是必要的。

目前，适用于光电传感器抗强激光的防护措施主要有以下几种手段。

(1) 光谱带通选择型防护。采用具有光谱带通选择特性的光学材料作为光电探测系统的滤光镜片，只允许传感器工作频段及其附近较小范围光谱带的光能量通过，抑制其他谱段特别是典型激光威胁波长的光能量通过。从而保护光电传感器使其正常工作。第一代滤光镜主要为吸收型或反射型滤光镜，第二代滤光镜则为吸收-反射型滤光镜。

(2) 光学限幅型防护。采用非线性光学材料的光学限幅型滤光镜可称为第三代滤光镜。它不是对特定波长的激光做出反应，而是对入射的激光能量做出反应。当入射的激光是微弱信号时，这种材料显示高透射性能，当入射的激光强度增加到一定程度时，这种材料则显示出低透射特性。这就是所谓的激光限幅特性。对这种防护材料要求其具有极小的反应时间和充分低的限幅阈值。极小的反应时间，是要求它能对纳秒级强激光脉冲做出反应。充分低的限幅阈值，是要求它在高透射段所允许透射的激光能量不足以引起光电传感器的饱和或损坏。1993年，美国海军研究实验室用碳60成功地将Nd:YAG纳秒脉冲限制在人眼的损伤阈值以下，这种器件利用了碳60材料的反饱和吸收和自散焦增强效应；美国威斯汀豪斯电气公司研制成功氧化钒防激光涂层，当强激光照射到卫星上镀有氧化钒膜的红外敏感窗时，具有光开关特性的薄膜立即防止激光通过，保护光电传感器。这种薄

膜可正常工作 25 年。

（3）机械快门型防护。在星载光电探测系统中安装类似照相机快门的防护装置（通常称作"眼睑"），防护传感器免遭不可预测的激光攻击。美国 MCNC 公司研制了一种能快速关闭的"眼睑"防护装置，该装置由一片薄玻璃制成，上面覆盖两个由氧化铟和锡制成的透明电极，电极之间由一个铰链似的不透明电极连接。通过在两个电极之间加载反向电压，在静电引力作用下不透明电极下拉，使"眼睑"关闭，而改变电压方向，则打开"眼睑"。经多次试验，该"眼睑"1s 内可开关 4000 次。

由此可见，一场新的军事变革正在促使全世界军事领域的各个方面发生深刻变化，其核心就是信息，而如何获取高价值信息就成了战争中的命脉。在未来的局部战争中，谁能在获取、传输、处理和利用信息方面占有优势，谁就能掌握战争的主动权。为使我国在现代空间对抗中占据有利地位，对空间光电干扰、毁伤和防护技术的研究都是必不可少的。空间光电对抗技术已成为对光学侦察卫星干扰和防护的重要手段，其发展趋势已成为现代武器技术发展的重大动向，以美国为首的发达国家正在加快空间攻防对抗装备的研究。因此，发展有效的空间光电对抗技术手段，结合多种对抗方式实现体系对抗，既能对强敌造成威慑，又能在未来空间战场上争夺制天权和制信息权。

5.6.3 激光探测技术

5.6.3.1 激光探测原理

激光探测由激光雷达实现。激光雷达是一种通过探测远距离目标的散射光特性来获取目标相关信息的光学遥感技术。随着超短脉冲激光技术、高灵敏度的信号探测和高速数据采集系统的发展和应用，激光雷达以它的高测量精度、精细的时间和空间分辨率以及大的探测跨度而成为一种重要的主动遥感工具。

激光雷达主要使用电磁波谱中的近红外、可见光及紫外等波段，波长可以从 250nm 到 11μm，比以往雷达用的微波和毫米波短得多，并且激光光束因其发散角小，有着很窄的波束，能量集中，加之光束本身良好的相干性，这样可以达到很高的角分辨率、速度分辨率和距离分辨率，更小尺度的目标物也能产生回波信号，对探测细小颗粒有着特有的优势。激光雷达探测原理如图 5.53 所示。

激光雷达的主要应用方向体现在激光雷达测距与成像两个方面。单点测距型激光雷达实际上是一台激光测距仪附加上二维测角机构，主要应用于远距离单点目标跟踪和测距。它是激光技术诞生以来最早的应用领域之一，具有测量距离长、测距精度高的特点。

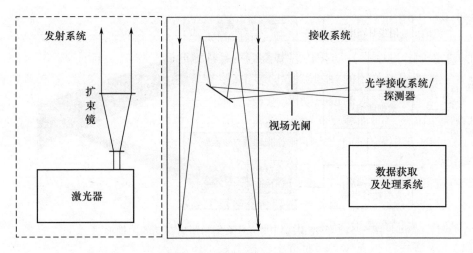

图 5.53 激光雷达探测原理

脉冲飞行时间测距是激光雷达最常采用的一种测距方法。它通过测量光脉冲在目标和雷达之间的往复时间来计算目标距离。如图 5.54 所示,基于飞行时间测距原理的激光雷达由激光发射系统、激光回波接收系统、同步时序电路、距离鉴别与计时电路、数据通信模块电路等几部分组成。其测距过程为:在时序电路的控制下,脉冲激光器产生一个高峰值功率的激光脉冲,并由激光发射系统发射向目标;激光脉冲到达目标后被目标散射,形成后向散射回波,并被激光回收系统接收,聚焦到光电探测器上,形成激光回波的电脉冲信号;电信号经前置放大电路的放大后,进行恒阈值或峰值回波鉴别,当鉴别到回波信号时,立即停止脉冲计时电路,并根据计时结果乘以光速的一半得出目标距离;最后,通过计算机接口将测距数据传给计算机,对数据进行统计和分析。

5.6.3.2 激光探测的分类

激光雷达成像技术主要包括扫描成像激光雷达,面阵三维成像激光雷达等。在激光雷达测距技术的基础上,为了能够捕获目标上多点的距离信息,出现了扫描三维激光雷达。其工作原理是利用单点测距的激光雷达在成像面上进行二维扫描而获取目标的三维信息。由于探测器的单一性特性以及往返时间占据了长距离测量过程中的大部分时间,在远距离无法提高点扫描速度,从而实时性差。美国陆军研究所在作用距离为 50m 的范围探测一幅分辨率只有 256×256 图像时间需要 40s。国内国防科技大学在 2005 年前后研制的单点测距二维扫描三维激光雷达在作用距离为 24m 时以 30 帧的速度可形成 16×101 分辨率的图像。目前脉冲扫描速率在千赫量级左右,测量距离为 1km 左右,测量精度为 0.3m 的单点测距扫描激

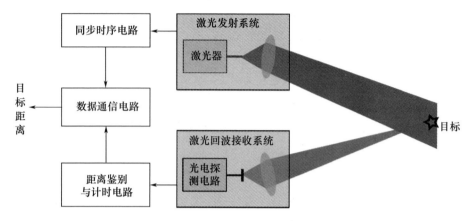

图 5.54　激光雷达回波信号采集与距离存储的原理框图

光雷达,国外有产品供应。也有用连续波扫描方式的激光雷达产品,例如德国和美国的研究人员在2000年时报道了一种面形成像扫描激光雷达,采用双频率差分测距法和360°视角旋转扫描镜,测距12m时精度达到了3mm,可用作实地三维建模和煤矿地道、地铁隧道等的轮廓捕获,其技术难点在于高频调制和雪崩光电二极管(APD)信号提取。扫描三维激光雷达技术相对成熟,优势在于测量时对每个点进行采样,能量集中,从而具有高的距离分辨率。缺点是扫描装置结构复杂,回波的延时会使整帧图像捕获时间增长,空间分辨率局限性大,对于远距离的目标,很难实现实时高分辨率面阵三维距离的信息捕获。

面阵三维成像激光雷达的出现,很好地解决了高分辨率三维信息的高帧率捕获难题,成为目前大信息量、实时三维测距的有效手段。其主要特征是利用面阵探测器技术。因为没有扫描结构,所以整机的结构紧凑,外形尺寸小。因为对目标各点进行同时捕获,帧率不会受到分辨率和测量距离的限制。从原理上具有获得500×500以上像素图像和视频帧率输出的优点,从而非常适合成为实时捕获三维信息的工具,是目前激光雷达探测的发展的一个重要方向。根据二维面阵探测器的类型不同可以分为直接探测阵列和间接探测阵列。

直接探测器阵列技术主要是指能够直接测量每点距离信息的列阵。Fibertek有限公司的Ralpha Burnham在2001年介绍,其利用72像素的探测器阵列,通过三维距离信息来进行百千米以外的目标角度识别应用,利用1.3ns的532nm激光脉冲可以达到15cm的测距分辨率。测距分辨率主要依靠对每个激光脉冲到达的时间进行鉴别,需要对应于每个像素的探测具有一个高达1GHz带宽的鉴别电路,因而高像素的集成化是个大问题。

美国的林肯实验室一直致力于采用"盖革"模式的APD测距单点模块构建

APD 测距阵列。制成的 32×32 的 APD 阵列可以在 60m 距离获得 2cm 的测距精度。利用每个 APD 的单元直接获得其时间延时，不需要进行强度计算，直接捕获到达的时刻信息。目前这种 APD 阵列已经达到了 128×32 像素，但是该方法受限于目前的工艺水平，而且测距精度也受制于单点测距模块的互相串扰的影响，该影响是由于各个单元之间的光电子串扰，目前还无法消除。这种阵列的像素分辨率一般小于 10 万像素，所以当需要获得大分辨率图像（30 万像素以上）时仍然需要配合扫描装置。

间接探测器阵列技术以 CCD、互补金属氧化物半导体（CMOS）等二维探测器阵列为基础，通过调制探测激光的信号和接收器前的光调制器件进行调制解调并获得距离维信息，像素间信号几乎不存在串扰，具有阵列像素大、光能利用率高且探测精度较高等优点。目前能够在大视场下保持调制特性一致的光调制器件主要是指以微通道板为基础的像增强器件，并因调制解调方法不一样形成了多种实现方法。根据接收门的开关时间特性，分为连续测量法和门选通测量法。

连续测量法目前主要有两类：一类是基于光强型强度调制相位相关法；另一类是采用基于采样原理的距离映射法。连续测量方法的好处在于探测速度快、测距精度高。这些方法遇到的困难是在测量远距离目标时，由于后向散射干扰造成噪声急剧增加，信号光容易被阳光等强背景辐射干扰导致信噪比急剧降低等，因此该方法的最大探测距离通常在几米到几十米。

激光雷达分辨率高，可以采集三维数据，如方位角-俯仰角-距离、距离-速度-强度，并将数据以图像的形式显示，获得辐射几何分布图像、距离选通图像、速度图像等，有潜力成为重要的战场侦察手段。

5.6.3.3 激光探测技术的发展

美国雷锡昂公司研制的 ILR100 激光雷达，安装在高性能飞机和无人机上，在待侦察地区的上空以 120~460m 的高度飞行，用 GaAs 激光进行行扫描。获得的影像可实时显示在飞机上的阴极射线管显示器上，或通过数据链路发送至地面站。

美国海军陆战队提出，现有手持摄影装置不能满足现代战场的要求，需要一种新型手持成像设备，不仅能提供及时处理的影像，而且能提供定量信息。这种设备必须能由一名海军陆战队队员携带，质量为 2.3~3.2kg，能安装在三脚架上，系统必须能自聚焦，能在低光照条件下工作，采集的影像必须足够清晰，能分辨远距离的车辆和近距离的人员，而且可先由使用者观看，然后在海军陆战队空-地特遣部队中分发。具体的性能要求是视场 15×15mrad，影像分辨率 0.15mrad，作用距离 1km，距离分辨率 15m，拍摄时间 1/3s。根据海军陆战队的要求，桑迪亚国家实验室和 Burns 公司分别提出了手持激光雷达的设计方案。一种是无扫描器的系统，使用闪光灯抽运 Q 开关 Nd:YAG 激光器、数字 CCD 摄像机和调制像增强器。另一种是扫描型系统,采用二极管抽运固体激光器、32元雪崩光电二极管、纤维光学中继系统和二元光学扫描器。据称两种方案都能满足要求。

许多国家正在研制直升机用的障碍回避激光雷达。美国诺斯罗普·格鲁曼公司与陆军通信电子司令部夜视和电子传感器局联合研制直升机超低空飞行用的障碍回避系统。该系统使用半导体激光发射机和旋转全息扫描器,探测直升机前很宽的范围,可将障碍信息显示在平视显示器或头盔显示器上。该激光雷达系统已在两种直升机上进行了试验。

在美国陆军夜视和电子传感器局的指导下,作为陆军直升机障碍回避系统计划的一部分,Fibertek公司研制了直升机激光雷达系统,用于探测电话线、动力线之类的障碍。该激光雷达由传感器吊舱和电子装置组成,使用二极管抽运1.54μm固体激光器。吊舱中安装激光发射机、接收机、扫描器和支持系统。电子装置由计算机、数据和视频记录器、定时电子系统、功率调节器、制冷系统和控制面板组成。该激光雷达系统安装在UH-1H直升机上。

德国戴姆勒-奔驰宇航公司按照联邦防卫技术合同,研制了Hellas障碍探测激光雷达。该激光雷达是1.54μm成像激光雷达,视场为32°,能探测距离300~500m、直径1cm以上的电线和其他障碍物(取决于角度和能见度)。1999年1月,德国联邦边防军为新型EC-135和EC-155直升机订购了25部Hellas障碍探测激光雷达。

德国达索电子技术公司和英国马可尼公司联合研制了Clara激光雷达。这种吊舱载激光雷达采用CO_2激光器,能探测标杆和电缆之类的障碍,并具有地形跟踪、目标测距和指示、活动目标指示功能,可用于飞机和直升机。

德国达索电子技术公司、蔡司光电公司和英国GEC-马可尼航空电子公司、马可尼SpA公司联合研制的Eloise CO_2激光雷达是另一种直升机载障碍报警系统,可提前10s提供前方有5mm电缆的报警,使直升机能在恶劣气候条件下作战飞行。

马可尼SpA公司还提供自行研制的Loam障碍回避系统。该系统使用人眼安全激光技术,探测电线、树木、桅杆等障碍。飞行员接收视觉和声音报警,显示器显示障碍的形状、位置、方位和距离。

5.7 从电子战走向电磁频谱战
——掌控电磁频谱发挥现代战争主角作用

信息从古至今都是决定战争胜败的前提条件。人类进入工业时代后,作战装

第5章　电子战发展新方向：智能化、网络化、综合一体化

备及作战形态发生了巨大改变。不仅出现了飞机大炮，在信息获取和反制方面的变革同样巨大，相继出现了雷达、电子战、通信、导航等专门的信息装备。随着以信息技术和网络化技术为标志的信息时代的到来，作战装备及作战形态再一次面临巨大变革。作战重心逐步从火力、机动向信息偏移，信息已然成为战争的核心要素。

20世纪70年代中后期，正是美国敏锐地看到信息技术迅猛发展势头给战争带来的革命，针对苏联常规军力优势，提出以精确打击技术为龙头，以信息技术为核心的"第二次抵消战略"，获得了近40年的军事优势主导地位。20世纪90年代末，美国又提出了"网络中心战"概念，反映了信息化战争由平台中心转变为网络中心的新特征，被认为是"200年来军事领域最重要的变革"。

近年来，随着中俄等国军事实力不断提升，美国认为自身依赖于先进传感器、基于计算机的战场管理、精确武器和网络化体系方面的长期军事优势正在被逐步削弱，由此提出了"第三次抵消战略"。"第三次抵消战略"实际上并不是真正的新概念，而是"第二次抵消战略"的延伸与深化，其本质仍然是以信息技术和计算技术革命为核心。"第三次抵消战略"的关键技术领域包括：人工智能与深度学习系统、人机协作、人类作战行动辅助系统、先进有人/无人作战编组、网络使能及网络加强武器等，毫无疑问这是信息技术、网络技术在军事领域的进一步深化。

同时，美国在宏观军事力量建设和发展战略上，相继发布了《联合构想2020》《联合作战顶层概念》《21世纪信息技术》《网络中心战》等框架文件，强调将信息力量作为战斗力驱动，通过信息优势，赢得战场优势和最终胜利。并通过全球信息栅格（GIG）构建全域联合作战环境，实施面向信息化军队的全面转型。

如果说信息是未来军队力量建设和军事斗争的核心，电磁则是这一切的基石。现代战争几乎所有的信息感知、信息传输、信息拒止途径与设施都依托电磁频谱而起作用，因此信息竞争的焦点就是电磁频谱。所以美国《21世纪电子战》认为："（21世纪）军事战略目标是确保在整个电磁频谱的战略优势，使己方在所有领域内自由行动并阻止敌方的自由行动。"美海军作战部长乔纳森·格林上将则认为："主要通过电磁频谱实施信息控制正在变得比地理疆域控制更为重要。"2014年2月，美国国防部公布了新版《电磁频谱战略》，指出美军陆、海、空、天和赛博行动对电磁频谱需求不断增加，所有联合功能——机动、火力、指挥控制、情报、防护以及后勤供给均依靠应用电磁频谱的能力，电磁频谱已成为重要的国家战略资源。甚至有人认为"控制电磁频谱将成为新一轮军备竞赛。"2016年，美国国防部开始推动把电磁频谱作为第六个作战域。

一直以来，美军高度重视电磁频谱。美国陆军频谱管理条令中有一句经典名言："频谱和子弹一样重要"。美国前任国防部常务副部长沃尔福威茨说过："如果

不能保证对电磁频谱资源的合理利用,就无法满足美军近期作战目标和国土防御任务的要求,也就不能实现军队转型的目标"。新的电磁频谱战略指出,电磁频谱使用已经成为当前实施军事行动的先决条件。所有的联合功能——机动、火力、指挥控制、情报、防护以及供给均须依靠应用频谱的能力,美国需要确保电磁频谱的使用以及控制。

曾担任美国海军战术电子战第四中队指挥官的杰森·斯库特中校撰文指出,海、陆、空、天和电磁频谱这5个作战域中,静止防御的作战理念和战术都是有害的。为了掌控战场局势,必须在这5个作战域中实施机动。对于海、陆、空、天这4个传统的作战域,作战条令已经明确了实施机动所需要的资源。对于电磁频率作战域,战术人员的作战理念必须从静态控制电磁频谱转向频谱机动的作战理念,即在己方指挥官选择的时间和地点控制电磁频谱。作者认为,指挥官在确定作战机动方案时必须统筹考虑所有的作战域。因为这五个作战域是相互作用和相互依赖的,如果指挥官丢掉了在一个作战域中的机动自由,就有可能丢掉其他作战域中的机动自由。在这五个作战域中,电磁频谱作战域与其他作战域的联系更为紧密,频谱战对海、陆、空、天这些传统作战域中的行动影响更为严重,所以电磁频谱作战域对21世纪的战争来说是至关重要的。

曾在美国空军担任了20年电子战军官的杰西·布尔克撰文指出,电磁频谱是连接海、陆、空、天、赛博等作战域的统一媒介(信息和数据并不足以成为统一媒介),是战斗空间的"氧气"。美军以网络为中心的协同作战模式高度依赖于电磁频谱,而美国的对称和非对称对手都计划将电磁频谱拒止作为对付美国的高效费比战略之一。美军需要通过电磁战斗管理(EMBM)来实现对频谱的控制。电磁频谱可以提供物理上的无处不在性,可以实现跨域的一致性。美军未来的军事优势依赖于对电磁频谱的控制。只有通过有效的电磁战斗管理才能持续地控制电磁频谱,从而在未来的战斗空间中掌握主动权。

美国著名军事观察人员布伦丹·科纳撰文指出:"频谱控制是取得作战成功的关键能力。如果无法可靠地接入电磁频谱,美军的诸多武器将无法发挥作用。与发展航空母舰和隐身轰炸机相比,发展频谱战设备无论是在资金门槛还是在技术门槛方面都要低得多,以至于一些恐怖分子和无政府组织都可以轻易地获取频谱战设备,并对美军发起有效的频谱攻击。对手的规模和财力越大,在电磁频谱上形成的威胁就越大……有效控制频谱的能力已经成为一种新的军备竞赛,就如同冷战时期的洲际导弹竞赛一样。"文章毫不讳言地将中国列为美国在频谱领域中的头号对手。为了对抗中国在亚洲不断增强的影响力,美军的长期战略方向转向"太平洋枢纽"。美国正急切地在澳大利亚和关岛部署更多军队,在新加坡驻扎更多海军,向菲律宾等区域性盟国提供更多协助,目的都是向中国施压。但由于该地

第5章 电子战发展新方向：智能化、网络化、综合一体化

区的地理特性，美军的指挥、控制和通信网络容易受到攻击，而中国已认识到美军"太平洋枢纽"战略的实质就是美军凝聚能力以保护其网络不受电磁破坏，故中国军方正积极加强其频谱作战能力。尽管中美之间不太可能发生全面的军事对抗，但获得频谱控制的技术优势仍具有重要的战略意义。通过控制频谱可以预测和对抗敌方的武器，进而能够获得政治和外交上更为广泛的优势。文章认为，中国的一些机载干扰设备可以干扰空空导弹等雷达制导武器系统。美国相信这种干扰技术经过改进后可以干扰有源制导的巡航导弹，而这是美国海军至关重要的武器。中国还在努力发展航天事业，战时可以使用自己的北斗卫星导航系统，并瘫痪美军的GPS。没有GPS的精确制导，美军的空中机群将黯然失色。美军非常严肃地对待中国的电磁攻击威胁，正努力训练飞行员在没有GPS、雷达或无线电通信协助的条件下进行飞行和作战。更为致命的是，中国的这些频谱战装备和能力可以在国际市场上出售，对在东亚以外战场上的美军也会造成严重威胁。美军正努力开发新型技术和工具，以保持其电磁优势。但这种优势在日渐降低，如果美军将无力完全控制频谱，战争的类型可能会发生很大的变化。

曾在美国海军服役12年的菲利普·J.伦敦上校撰文指出，美国国家安全中最重要的电磁频谱部分其实并不安全。美国的军事行动、民用基础设施、重要政府功能以及公共安全等各个方面都高度依赖于电磁频谱。中国、俄罗斯等潜在的对手正在有系统地研发并部署电子攻击和赛博空间技术来降低美国军方接入电磁频谱并实施军事行动的能力。俄罗斯最近已经在乌克兰战场上展示了这种能力。接入电磁频谱是现代军事行动的先决条件，未来任何战争的首场战斗都将是夺取对空天和电磁频谱的控制权。但是美国没有做好应对不断增长的威胁的充分准备，也缺乏足够鲁棒的能力。美国在过去20年的关键军事优势就是其感知和生成周边环境态势图的能力。在未来的反介入/区域拒止环境中，面对既有经济体量又有先进技术的敌人，美国在电磁频谱域将不具备理所当然的优势。国防部的频谱接入将持续面对战场上敌方的挑战，国防部要应对这些挑战，在作战人员需要的时间和地点提供对频谱的接入，同时必须将电磁频谱置于国家安全的头等优先级位置。

近年来，以美国为代表的军事、学术组织频繁推出电磁频谱作战的新概念、新理论，如联合电磁频谱作战（JEMSO）、电磁频谱机动战（EMMW）、电磁频谱战（EMSW）、赛博电磁行动、电磁频谱控制（EMSC）、电磁战等。这些新概念、新理论，显示出电磁频谱将成为未来战争的主角。

除了发展新的电磁频谱作战概念，美军还多措并举，加强对电磁频谱的管控。目前，美军从统帅部到野战师都设有专门的频谱管理机构和人员，从国防部、联合参谋部到诸军兵种，都建立了一套完整的联合战役频谱管理体系，形成了成熟的管理机制。2016年10月，美国参联会发布《JDN 3-16 联合电磁频谱作战条令》，为

美军联合电磁频谱作战的组织、规划和执行提供顶层规范。联合电磁频谱作战应实现与陆、海、空、天、网络空间的集成,并应基于一种全政府、国际化运作方式。

电磁频谱管理是实现频谱高效利用的基本要求,电磁频谱态势感知是实现高效频谱利用的前提,动态频谱接入(DSA)是支持高效频谱共享的重要手段,一直是电磁频谱技术努力发展的方向,美军及早认识到了频谱管理、感知和接入的重要性,并持续在这几个方面研究和开发了大量的新技术、新项目,以期更好地共享和利用电磁频谱,缓解电磁频谱资源不足的现状。

总之,电磁频谱在未来的战场上极其重要。可以说,19世纪是海战的世纪,20世纪是空战的世纪,21世纪是电磁频谱战的世纪!

参考文献

[1] 吕跃广. 美推行电磁频谱战的思考与启示[J]. 电子对抗,2018(1):1-6.
[2] POISEL R A. 电子战与信息战系统[M]. 兰竹,常晋聃,史小伟,等译. 北京:国防工业出版社,2017.
[3] 庞立. 高功率微波效应及高功率微波武器的发展现状与展望[J]. 国外核技术与高新技术发展,2004.
[4] 顾耀平,等. 电子战发展趋势分析[J]. 航天电子对抗,2006,22(2):24-27.
[5] 陈晓红,等. 从电子战技术发展历程看电子战作战思想演变[J]. 空军雷达学院学报,2009,23(5):327-330.
[6] 范晋祥,等. 美国弹道导弹防御系统的红外系统与技术的发展[J]. 红外与激光工程,2006,35(5):536-540.
[7] 王建华,等. 美军天基和机载激光反导研究计划及调整分析[J]. 激光与红外,2012.
[8] 程勇,等. 战术激光武器的发展动向[J]. 激光与光电子学进展,2016.
[9] 白宏,等. 空间及卫星光电对抗技术[J]. 红外与激光工程,2006.
[10] 唐凤兰,等. 光电对抗手段在现代防空作战中的应用[J]. 红外与激光工程,2007.
[11] 庄振明,等. 科索沃战争中光电武器装备使用和光电对抗情况简述[J]. 飞航导弹,2000(8):60-62.
[12] 刘侃. 世界导弹大全[M]. 北京:军事科学出版社,2011.
[13] 朱松,王燕. 美军电磁频谱战辨析与思考[J]. 电子对抗,2018(1):31-35.
[14] 杨帆. 红外对抗技术概述[J]. 光电技术应用,1999(2):9-12.
[15] 汪中贤,樊祥. 红外制导导弹的发展及其关键技术[J]. 飞航导弹,2009(10):14-9.
[16] 石荣,徐剑韬,邓科. 基于外军典型便携式电子战装备的单兵电子对抗发展[J]. 舰船电子对抗,2018,41(1):7-13,36.
[17] 李云霞,马丽华. 光电对抗原理与应用[M]. 西安:西安电子科技大学出版社,2009.
[18] 汤永涛,林鸿生,陈春. 现代导弹导引头发展综述[J]. 制导与引信,2014,35(1):12-7.

[19] 李斌,李明,范东启,等. 红外点源导引头的分类及工作原理简析[J]. 红外技术,2000,22(3):4-7.

[20] 王恒坤,王兵,陈兆兵. 对抗激光制导武器的光电装备的发展分析[J]. 舰船电子工程,2011,31(8):14-7.

[21] 刘志春,孙玉铭,苏震,等. 国外激光干扰技术的发展[J]. 舰船电子工程,2009,29(7):21-4.

[22] 刘铭. 国外激光武器技术的发展[J]. 舰船电子工程,2011,31(4):18-23.

[23] 彭和平. 国外军用发烟器材发展现状与趋势[J]. 火工品,1995(2):27-42.

[24] 方有培. 对激光制导武器的干扰技术研究[J]. 航天电子对抗,1999(3):18-23.

[25] 李慧,吴军辉,张文攀,等. 激光制导武器角度欺骗干扰半实物仿真系统设计的探讨[J]. 光电子技术,2011,31(1):37-41.

[26] 石荣. 从矛盾与博弈的视角对电子对抗概念的再理解[J]. 电子对抗,2018(1):1-6.

[27] 王狂飙. 激光制导武器的现状、关键技术与发展[J]. 红外与激光工程,2007,36(5):651-5.

[28] 宋正方. 应用大气光学基础[M]. 北京:气象出版社,1990.

[29] SCHILLING B W,BARR D N,TEMPLETON G C,et al. Multiple-return laser radar for three-dimensional imaging through obscurations[J]. Applied Optics,2002,41(15):2791.

[30] HU C. An extremely fast and high-power laser diode driver module[C]//Proceedings of the Semiconductor Lasers and Applications II,F,2005.

[31] FRHLICH C,METTENLEITER M,HRTL F,et al. Imaging laser radar for 3-D modelling of real world environments[J]. Sensor Review,2000,20(4):273-82.

[32] BURNHAM R L. Three-dimensional laser radar for long-range applications[C]//Proceedings of SPIE-The International Society for Optical Engineering,2001:35-45.

[33] AULL B F,MARINO R M,MCINTOSH A K,et al. Three-dimensional laser radar with APD arrays[C]//Proceedings of SPIE-The International Society for Optical Engineering,2001,4377:106-117.

[34] VERGHESE S,MCINTOSH K A,LIAU Z L,et al. Arrays of 128×32 InP-based Geiger-mode avalanche photodiodes[C]//Proceedings of SPIE-The International Society for Optical Engineering,2009,7320:73200M-73200M-8.

[35] AULL B F,LOOMIS A H,YOUNG D J,et al. Three-dimensional imaging with arrays of Geiger-mode avalanche photodiodes[C]//Proceedings of SPIE-The International Society for Optical Engineering,2003,6014:467-468.

[36] NELLUMS R O,HABBIT R D,HEYING M R,et al. 3D scannerless LADAR for Orbiter inspection[C]//Proceedings of SPIE-The International Society for Optical Engineering,2006,6220:62200G-62200G-17.

[37] KAWAKITA M,IIZUKA K,NAKAMURA H,et al. High-definition real-time depth-mapping TV camera:HDTV Axi-Vision Camera[J]. Optics Express,2004,12(12):2781-94.

[38] 倪树新. 新体制成像激光雷达发展评述[J]. 激光与红外,2006,36(s1):732-6.

[39] 倪树新,李一飞. 军用激光雷达的发展趋势[J]. 红外与激光工程,2003,32(2):111-114.

[40] 王永仲. 现代军用光学技术[M]. 北京:科学出版社,2003.

[41] 常壮,冯书兴,孙健,等. 美军电磁频谱作战发展综述[J]. 知远战略与防务研究所,2018.

[42] 李荷. 美军多措并举加强电磁频谱管控[J]. 电科小氙,2018.

[43] 尼克. 人工智能的起源:六十年前,一场会议决定了今天的人机大战[EB/OL]. [2016-03-01]. https://www.thepaper.cn/newsDetail_forward_1442982.

[44] 李尊. 中国工程院高文院士39张PPT带你看懂人工智能60年浪潮[EB/OL]. [2016-10-01]. https://www.leiphone.com/news/201610/6TwNRZrsvWOU2ESW.html.

[45] 朱松纯. 浅谈人工智能:现状、任务、构架与统一[EB/OL]. [2017-11-01]. https://mp.weixin.qq.com/s/-wSYLu-XvOrsST8_KEUa-Q.

[46] 中航爱创客. 机器学习的发展历程及启示[EB/OL]. [2017-03-01]. http://baijiahao.baidu.com/s?id=1563025901009674&wfr=spider&for=pc.

[47] 计算机的潜意识. 从机器学习谈起[EB/OL]. [2014-12-01]. https://www.cnblogs.com/subconscious/p/4107357.html.

[48] 曲晓峰. 人工智能、机器学习和深度学习之间的区别和联系[EB/OL]. [2016-09-01]. https://www.leiphone.com/news/201609/gox8CoyqMrXMi4L4.html.

[49] 计算机的潜意识. 神经网络浅讲:从神经元到深度学习[EB/OL]. [2015-12-01]. https://www.cnblogs.com/subconscious/p/5058741.html.

[50] 吴军. 数学之美[M]. 2版. 北京:人民邮电出版社,2014.

[51] 踢围. 未来电子战趋势:认知电子战从软件算法到硬件系统(上)[EB/OL]. [2017-08-01]. http://www.sohu.com/a/163866587_99964929.

[52] 踢围. 未来电子战趋势:认知电子战从软件算法到硬件系统(下)[EB/OL]. [2017-08-01]. http://www.sohu.com/a/165610295_99964929.

[53] 田渊栋. 阿尔法狗围棋系统的简要分析[J]. 自动化学报,2016,42(5):671-675.

[54] 任翔宇,陈志宏. 美军认知电子战技术取得巨大进展[EB/OL]. [2016-07-01]. http://chuansong.me/n/1033184851279.

[55] 王燕. 电子战进入认知时代[J]. 国际电子战,2017(01):10-14.

[56] 石荣. 从电磁域到认知域:电子战中的心理战特征浅析[J]. 电子信息对抗技术,2017,32(4):1-5,67.

[57] 王晓东. 机载电子攻击的发展趋势[J]. 国际电子战,2017(01):15-20.

[58] 刘晓明,等. 高能激光武器的发展分析[J]. 战术导弹技术,2014(1):5-9.

[59] 宛东生,等. 关注美国机载激光武器(ABL)计划[J]. 激光与光电子学进展,2006,43(3):28-31.

[60] 陈军燕,等. 美军高能固体激光武器实战化的技术瓶颈[J]. 激光与红外,2016,46(4):381-386.

[61] 梁海朝,等. 美国激光武器发展研究[J]. 飞航导弹,2015(2):32-35.

[62] BURGER C. Google deepmind's AlphaGo:How it works[EB/OL]. [2016-05-16]. https://www.tastehit.com/blog/google-deepmind-alphago-how-it-works/.

[63] SILVER D. Mastering the game of Go With deep neural networks and tree search[J]. Nature,2016,529:484-489.

[64] 公子天. 论文笔记:Mastering the game of Go with deep neural networks and tree search[EB/OL]. [2016-05]. https://www.cnblogs.com/iloveai/p/5470981.html.

[65] 袁行远. 左右互搏,青出于蓝而胜于蓝?——阿尔法狗原理解析[EB/OL]. [2017-06-01]. https://www.zhihu.com/question/41176911/answer/90118097.

[66] KEVINLIALI. 近期看到AlphaGo算法最清晰的解读[EB/OL]. [2016-05-01]. https://yq.aliyun.com/articles/53737?spm=5176.100244.teamhomeleft.21.mIDTKd#.

[67] 金志恒牙医整理. AlphaGo人工智能创始人演讲PPT[EB/OL]. [2016-09-01]. http://www.360doc.com/content/16/0927/22/36376003_594246336.shtml.

[68] AUTHOR G I. Smarter AI for electronic warfare[EB/OL]. [2017-11-01]. https://www.afcea.org/content/smarter-ai-electronic-warfare.

主要缩略语

3D HIPS	3 Dimensional Heterogeneous Integration of Photon Sources	光子源三维异构集成
5D	Deter Disable Damage Defeat Destroy	威慑、瘫痪、破坏、击败和摧毁
ABC	Aviation Beam Control	航空光束控制
ABL	Airborne Laser	机载激光
ACE	Advanced Components for EW	先进电子战组件
ADAM	Area Defense Anti – Munitions	区域防御反弹药
ADC	Analog – to – Digital Converter	模拟/数字转换器
AEA	Airborne Electronic Attack	机载电子攻击
AESA	Active Electronically Scanned Array	有源相控阵
AFRL	Air Force Research Laboratory	空军研究实验室
AI	Artificial Intelligence	人工智能
ALB	Airborne Laser Bathymeter	机载激光水深探测器
ALCM	Air Launched Cruise Missile	空射巡航导弹
AMRFC	Advanced Multifunction RF Concept	先进多功能射频概念
ANN	Artificial Neural Network	人工神经网络
AOA	Angle of Arrival	到达角度
AOL	Airborne Oceanographic Lidar	机载水文激光雷达
APD	Avalanche Photodiode	雪崩光电二极管
ARC	Adaptive Radar Countermeasure	自适应雷达对抗
ARM	Anti – Radiation Missile	反辐射导弹
ATHENA	Advanced Test High Energy Asset	先进测试高能设备
ATL	Advanced Tactical Laser	先进战术激光
ATLID	Atmospheric Lidar	大气激光雷达
BAA	Broad Agency Announcement	跨部门公告
BBC	British Broadcasting Corporation	英国广播公司
BLADE	Behavior Learning for Adaptive EW	自适应电子战行为学习
BMDS	Ballistic Missile Defense System	弹道导弹防御系统
BP	Back Propagation	反向传播
C^3I	Command, Control, Communications and Intelligence	指挥、控制、通信和情报

主要缩略语

C^4	Command, Control, Communications and Computers	指挥、控制、通信和计算机
C^4I	Command, Control, Communications, Computers and Intelligence	指挥、控制、通信、计算机与情报
C^4ISR	Command, Control, Communications, Computers, Intelligence, Surveillance and Reconnaissance	指挥、控制、通信、计算机、情报、监视与侦察
CCD	Charge Coupled Device	电荷耦合器件
CCS	Communication Countermeasure System	通信对抗系统
CHAMP	Counter-electronics High Power Microwave Advanced Missile Project	反电子高功率微波先进导弹项目
CMOS	Complementary Metal Oxide Semiconductor	互补金属氧化物半导体
CNI	Communication Navigation IFF	通信、导航、敌我识别
COIL	Chemical Oxygen Iodine Laser	化学氧碘激光器
CREW	Counter Remote-controlled Improvised Explosive Device Electronic Warfare	反遥控简易爆炸物装置电子战
CRT	Cathode Ray Tube	阴极射线显像管
CSBA	Center for Strategic and Budgetary Assessments	战略与预算评估中心
CVRJ	CREW Vehicle Radio Jammer	反遥控简易爆炸物装置电子战车载干扰器
DAC	Digital-to-Analog Converter	数字/模拟转换器
DARPA	Defense Advanced Research Projects Agency	国防高级研究计划局
DCNN	Deep Convolution Neural Network	深度卷积神经网络
DE	Directional Energy	定向能
DEM	Digital Elevation Models	数字地面模型
DRFM	Digital Radio Frequency Memory	数字射频存储器
DSA	Dynamic Spectrum Access	动态频谱接入
DSMAC	Digital Scene Matching Area Correlation	数字式景象匹配区域相关
DSP	Digital Signal Processor	数字信号处理器
	Defense Support Program	国防支援计划
ECM	Electronic Counter Measure	电子对抗措施
ELINT	Electronic Intelligence	电子情报
EMBM	Electromagnetic Battle Management	电磁战斗管理
EMC^2	Electromagnetic Maneuver Command and Control	电磁机动指挥与控制
EMMW	Electromagnetic Maneuver Warfare	电磁频谱机动战
EMSC	Electromagnetic Spectrum Control	电磁频谱控制
EMSW	Electromagnetic Spectrum Warfare	电磁频谱战
EO/IR	Electric Optical/Infra Red	光电/红外
ES	Electronic Support	电子支援
ESA	Electronic Scan Array	电扫阵列

缩写	英文	中文
ESM	Electronic Support Measure	电子支援措施
EW	Electronic Warfare	电子战
EWPMT	EW Planning and Management Tools	电子战规划与管理工具
FCC	Federal Communications Commission	联邦通信委员会
FEL	Free Electronic Laser	自由电子激光
FH	Frequency Hop	跳频
GBAD	Ground – Based Air Defense	地基防空
GIG	Global Information Grid	全球信息栅格
GPS	Global Position System	全球定位系统
HF	High Frequency	高频
HLONS	HMMWV Laser Ordnance Neutraligation System	"宙斯－悍马"激光弹药销毁系统
HPA	High Power Amplifier	高功率放大器
HPM	High Power Microwave	高功率微波
ICMS	Integrated Crystal Measurement System	高级"水晶"测量系统
IED	Improvised Explosive Device	简易爆炸装置
IEEE	Institute of Electrical and Electronics Engineers	电气与电子工程师协会
INCANS	Interference Cancel System	干扰对消系统
INEWS	Integrated EW system	一体化电子战系统
INP	Initiative Project	创新样机
INS	Inertial Navigation System	惯性导航系统
IPC	Integrated Photonic Circuit	集成光子电路
IRNSS	Indian Regional Navigation Satellite System	印度的区域导航卫星系统
ISR	Intelligence Surveillance Reconnaissance	情报、侦察和监视
JDAM	Joint Direct Attack Munition	联合直接攻击弹药
JEMSO	Joint Electromagnetic Spectrum Operations	联合电磁频谱作战
JHPSSL	Joint High Power Solid State Laser	联合高功率固体激光器
JLTV	Joint Light Tactical Vehicle	联合轻型战术车
JSM	Joint Strike Missile	联合攻击导弹
JSOW	Joint Standoff Weapon	联合防区外武器
JSR	Jamming Signal Ratio	干信比
LaWS	Laser Weapon System	激光武器系统
LBI	Long Baseline Interferometer	长基线干涉仪
LBT	Low Band Transmitter	低频段发射机
LED	Light Emitting Diode	发光二极管
LF	Low Frequency	低频
LNA	Low Noise Amplifier	低噪声放大器
M – AESA	Multifunctional Active Electronically Scanned Array	多功能有源电子扫描阵

MAFET	Microwave and Analog Front End Technology	微波和模拟前端技术
MALD	Miniature Air-Launched Decoy	微型空射诱饵
MATT	Multipurpose Advanced Tactical Terminal	多用途先进战术终端
MCTS	Monte Carlo Tree Search	蒙特卡洛树搜索
MF	Medium Frequency	中频
MFEW	Multifunctional Electronic Warfare	多功能电子战
MIDS	Multifunctional Information Distribution System	多功能信息分发系统
MIMIC	Microwave Millimeter wave Monolithic Integrated Circuit	微波/毫米波单片集成电路
MLD	Marine Laser Demonstration System	海上激光演示系统
MMW	Millimeter Wave Source	毫米波源
MTI	Moving Target Indicator	动目标指示
NASA	National Aeronautics and Space Administration	美国国家航空航天局
NAWCWD	Naval Air War Center Weapons Division	海军空战中心武器分部
NGJ	Next Generation Jammer	下一代干扰机
NRL	Naval Research Laboratory	海军研究实验室
NSM	Naval Strike Missile	反舰导弹
OODA	Observation Orientation Decision Action	观察、判断、决策、执行
OPA	Optical Phased Array	光学相控阵技术
OTM	On-The-Move	移动式
PC	Pulse Compression	脉冲压缩
PD	Pulse Doppler	脉冲多普勒
	Preliminary Design	初步设计
	Pulse Doppler	脉冲多普勒
PLADS	Pulsed Light Airborne Depth Sounder	机载脉冲激光测深系统
PVT	Position, Velocity, Time	位置、速度、时间
QZSS	Quasi-Zenith Satellite System	准天顶区域卫星导航系统
RARE	Reconfigurable and Adaptive RF Electronic Equipment	可重构和自适应的射频电子设备
Radar	Radio Detecting and Ranging	雷达
RCS	Radar Cross Section	雷达散射截面
RF	Radio Frequency	射频
RTB	Return to Base	自动返回基地
RWR	Radar Warning Receiver	雷达告警接收机
SAM	Surface Air Missile	地对空导弹
SAR	Synthetic Aperture Radar	合成孔径雷达
SBIRS	Space Based High Orbit Infrared Early Warning System	天基高轨道红外预警系统
SDI	Strategic Defense Initiative	战略防御倡议
SDR	Software Defined Radio	软件定义的无线电

SEI	Specific Emitter Identification	辐射源个体识别
SEWIP	Surface Electronic Warfare Improvement Project	水面电子战改进项目
SMRF	Scalable Multifunction Radio Frequency	可伸缩多功能射频
SoSITE	System of System Integrated Technique and Experiment	系统之系统集成技术与试验
SRTM	Shuttle Radar Topography Mission	航天飞机雷达地形测绘计划
SSL	Solid State Laser	固体激光(器)
SSL – QRC	Solid State Laser – Quick Reaction Capability	固体激光器-快速反应能力
STAR	Simultaneous Transmission and Reception	同时发射和接收
STSS	Space Tracking and Surveillance System	空间监视与跟踪系统
SVM	Support Vector Machine	支持向量机
SWaP	Sige, Weight and Power	体积、重量和功率
TDOA	Time Difference of Arrival	到达时间差
TDU	Time Delay Unit	时延设备
TERCOM	Terrain Contour Matching	地形轮廓匹配
TERN	Tactical Exploited Reconnaissance Node	战术侦察节点
TFW	Tactical Fighter Wing	战术战斗机联队
THEL	Tactical High Energy Laser	战术高能激光
THz	Terahertz	太赫兹波
TOA	Time of Arrival	到达时间
UEU	Universal Exciter Upgrade	通用激励器升级
UHF	Ultra High Frequency	超高频
UMOP	Unintentional Modulation on Pulse	脉冲无意调制特征
UXO	Unexploded Ordnance	未爆弹药
VED	Vacuum Electronic Device	真空电子设备
VHF	Very High Frequency	甚高频
VHSIC	Very High Speed Integrated Circuit	超高速集成电路
WBGSTI	Wide Band Gap Semiconductor Technology Initiative	宽禁带半导体技术

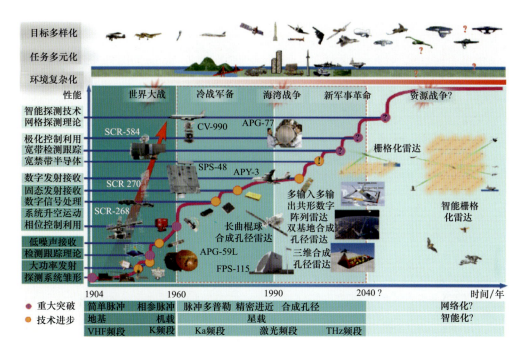

图 1.7　雷达的发展历程

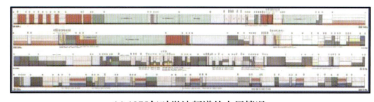

(a) 1975年对微波频谱的占用情况

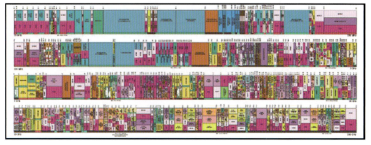

(b) 2007年对微波频谱的占用情况

图 1.11　日益密集的频谱占用与纷繁复杂的电磁环境

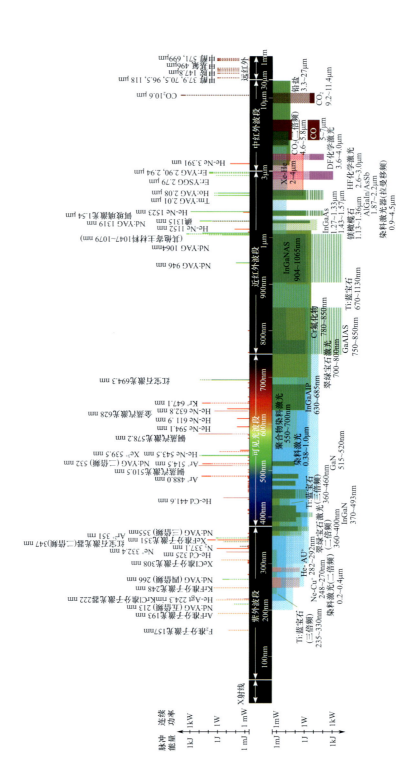

图1.14 现有的激光器波长及功率分布图

图 1.15　大气对阳光和激光的散射

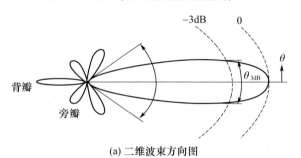

(a) 二维波束方向图

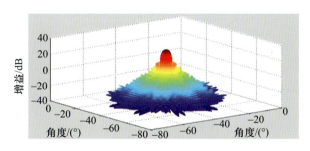

(b) 三维波束方向图

图 2.8　单天线增益方向图

图 2.10 "弯腿"无线电导航系统工作原理

图 2.14 "X-装置"无线电导航系统工作原理

图2.16　配备了"Y-装置"导航系统的德军典型进攻路线图

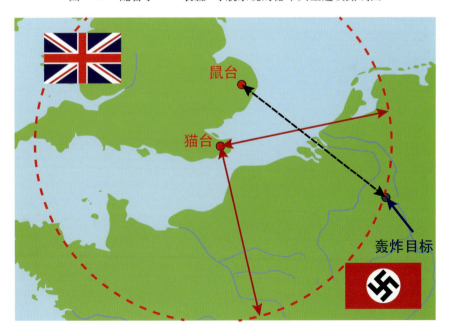

图2.21　"双簧管"导航系统工作原理

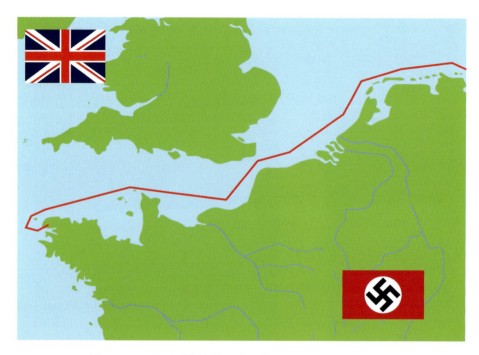

图 2.26　在电磁干扰掩护下德军战舰成功通过英吉利海峡

图 2.27　盟军在电子佯攻掩护下轰炸里昂

图 2.40　诺曼底登陆作战中各个攻击方向

图 3.5　DC-130 母机空射"火蜂"无人机

图 3.9　F-100F "野鼬鼠" 战斗机的改造情况

图 3.24　闪光诱饵弹

图 3.27　军用飞机投放多元红外诱饵

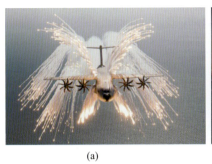
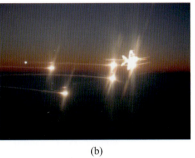

(a)   (b)

图 3.28　机载诱饵弹效果图

图 3.32　美国 Teledyne 超轻型伪装网

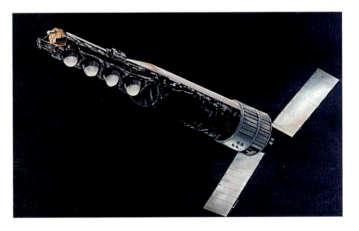

图 3.46　KH-9 照相侦察卫星

图 4.3 EC-130H 电子战飞机

图 4.5 EF-111A 电子战飞机

图 4.16 遥控简易爆炸装置干扰机

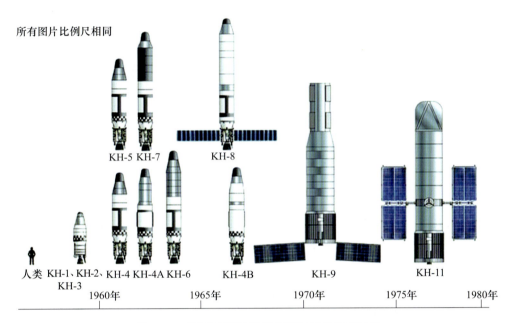

图 4.25　美国"锁眼"照相侦察卫星的演变过程

图 4.26　KH–11 太空侦察卫星

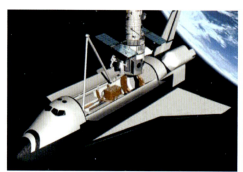

图 4.27　KH-12 太空侦察卫星

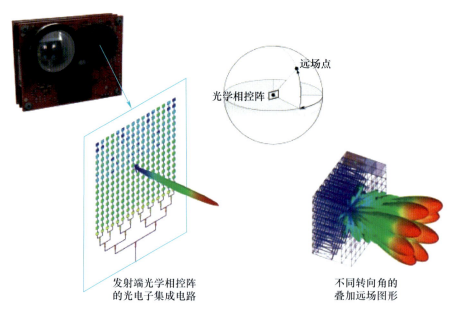

图 4.33　光学相控阵原理示意图

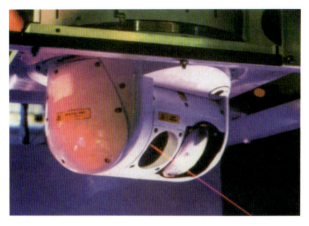

图 4.35　美国 AN/AAQ-24(V)"复仇女神"定向红外对抗系统

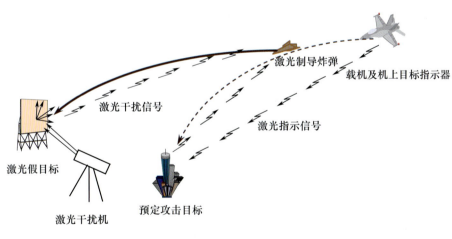

图 4.35　激光有源欺骗干扰示意图

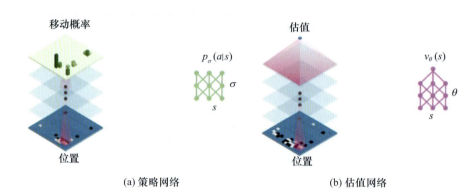

图 5.13 AlphaGo 的策略网络与估值网络

图 5.20 网络化协同技术作战示意图

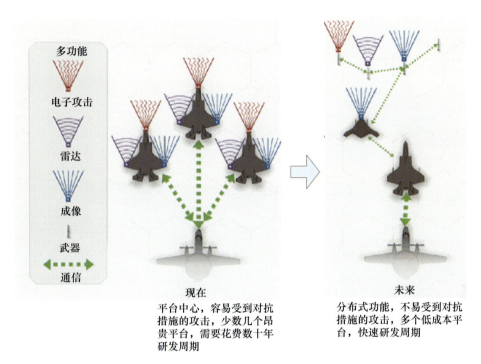

图 5.22 美 DARPA(SoSITE)"项目

图 5.23 网络化的电磁频谱作战

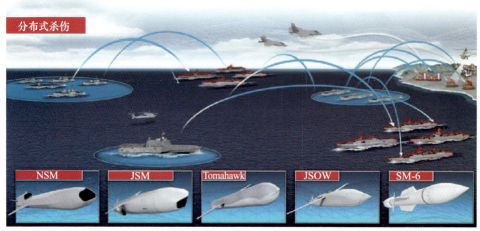

NSM—反舰导弹；JSM—联合攻击导弹；JSOW—联合防区外武器。

图 5.24　美军"分布式杀伤"作战概念

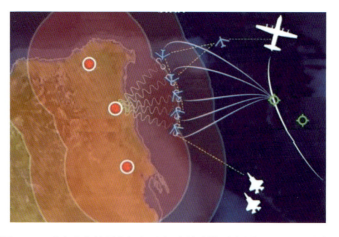

图 5.27　多架"小精灵"在防区内对付威胁示意图（DARPA 图片）